한국의 야생화

한국의 야생화

초판인쇄	2015년 9월 10일
초판발행	2015년 9월 15일

지 은 이	정연옥 · 임진희
펴 낸 이	고명흠
펴 낸 곳	푸른행복

출판등록	2010년 1월 22일 제312-2010-000007호
주　　소	경기도 고양시 덕양구 통일로 140(동산동) 삼송테크노밸리 B동 329호
전　　화	(02)3216-8401 / FAX (02) 3216-8404
E-MAIL	munyei21@hanmail.net
홈페이지	www.munyei.com

ISBN　　979-11-5637-025-3 (13480)

※ 이 책의 내용을 저작권자의 허락 없이 복제, 복사, 인용, 무단전재하는 행위는 법으로 금지되어 있습니다.
※ 이 도서의 국립중앙도서관 출판시도서목록(CIP)은 서지정보유통지원시스템 홈페이지 (http://seoji.nl.go.kr)와 국가자료공동목록시스템(http://www.nl.go.kr/kolisnet) 에서 이용하실 수 있습니다.(CIP제어번호: CIP2015019997)

주머니 속
건강백과

한국의 야생화

정연옥 · 임진희 공저

푸른행복

머리말 preface

 야생화에 관한 많은 서적들이 출판되고 있고 이와 함께 야생화를 좋아하고 찾는 동호회의 인구도 해마다 늘어나고 있는 실정이다. 산과 들에 피는 작은 꽃들을 관찰하는 인구들이 해마다 늘어나고, 이에 따른 동호회가 늘어난다는 것은 분명 반가운 일이다.

 동호회가 늘어나면서 평일이나 주말을 이용해 근교나 멀리 있는 산에 가기도 하고, 인터넷에 그날 본 꽃들의 사진을 올리며 행복해하는 사람들이 많다는 것은 분명 야생화가 가진 힘이 아닌가 한다.

 짙은 화장을 한 듯한 화려한 원예종을 보며 좋아하다가 길가에 피어난 작은 들꽃을 보고 그 단아함에 매료되어 야생화를 보러 다니는 분들도 많다. 또 주변에 계신 몇몇 분들 가운데에는 희귀식물을 보려고 여기저기 수소문하여 세상 부러울 것이 없다는 표정을 지으며 신이 나서 찾아가는 경우도 있다. 이처럼 꽃을 사랑하고 좋아하는 분들이 삼삼오오 짝을 지어 여가생활을 즐기거나 함께 다니는 모습을 보면 참 행복하다. 무엇인가 자신이 좋아하는 것을 하고, 또 보려고 하는 마음을 가졌다는 것은 그 자체로 어떤 아름다운 꽃보다 더 아름답게 느껴지며, 그 열정에 감복하게 된다.

 야생화에 관한 관심은 해마다 높아지고 있다. 특히 등산 인구가 늘어나고 주말 여가활동 인구가 늘어나면서 야생화와 더불어 건강에 대한 관심도 무척이나 높아졌다. 이 책 『한국의 야생화』에서는 등산 및 여가생활을 하며 야생화, 약용식물을 즐겨 찾는 분들, 관련 전공자들에게 조금이나마 도움이 되고자 계절별로 주변에서 쉽게 볼 수 있는 품종들을 위주로 총 407종을 선별 수록하였다.

 특히 필자들이 이 책을 기획하면서 한국의 야생화를 선별한 기준점은 1) 주변에서 흔히 볼 수 있는 식물, 2) 관상가치가 있는 식물, 3) 등산로 주변에서 쉽게 볼 수 있는 식물, 4) 고산지역 산행에서 쉽게 볼 수 있는 식물이었다. 아울러 야생화가 자생하는 곳의 생태계를 독자들에게 시각적으로 많이 보여주기 위해 주

변 식물들과 함께 최대한 담으려고 노력하였으며, 야생화 사진에서 다소 산만한 부분은 깔끔하고 자연스럽게 보이도록 처리하였다.

계절은 쉼 없이 바뀌고 더불어 자연에서 피고 지는 꽃들도 계절마다 새로운 품종들로 바꿔 핀다. 계절의 변화에 시시각각으로 피는 모든 품종을 이 책에 수록하지는 못했지만 특정 지역에서 볼 수 있는 품종과 멸종위기종으로 일반인들이 보기 어려운 품종들은 모두 제외하고 쉽게 볼 수 있으면서 알 수 있을 만한 품종들은 가급적 수록하고자 하였다.

예를 들자면 제주도의 특정 지역에서 나는 품종(예 : 한라구절초, 한라감자란), 설악산의 특정 지역에서 나는 품종, 복주머니란은 수록되어 있지만 이와 유사한 광릉요강꽃, 노랑복주머니란, 흰복주머니란은 모두 특정지역에서 살아가고 복주머니란과 유사한 형태를 지니고 있어 이런 꽃들은 제외시켰다. 하지만 특정지역에서 살아가는 품종이라 하더라도 산행하면서 쉽게 볼 수 있는 품종들은 수록하였다. 그 예로 바닷가에서 자생하여 이름에 "갯"이 들어가는 품종들과 고산지역에서 자생하는 품종 중 "금강애기나리", "모데미풀", "닻꽃", "생열귀", "연령초" 등은 고산지역을 산행할 때 등산로 주변에서 쉽게 관찰할 수 있는 품종들이다. 또한 습지에서 많이 볼 수 있는 품종들 중 고산 습지에서 자라는 품종은 제외하고 낮은 습지나 웅덩이에서 볼 수 있는 품종들을 책에 수록하였다.

이 책을 완성할 수 있도록 처음부터 끝까지 하나하나 꼼꼼하게 챙겨주신 출판사 편집장님과 대표님께 감사의 인사를 드린다.

2015년 꽃들의 향연을 만끽하며
저자 일동

차례

contents

● 머리말 / 4

ㄱ

1
가는오이풀
22

가는장구채
24

3
가시여뀌
26

4
가시연꽃
28

5
각시붓꽃
30

6
각시취
32

7
갈퀴나물
34

8
감국
36

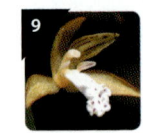
9
감자난초
38

10
개감수
40

11
개구리자리
42

12
개미자리
44

13
개발나물
46

14
개별꽃
48

15
개불알풀
50

16
개사상자
52

17
개승마
54

18
개시호
56

19
개쑥부쟁이
58

6

 20 개아마 60	 21 개질경이 62	 22 갯금불초 64	 23 갯기름나물 66	 24 갯까치수염 68
 25 갯메꽃 70	 26 갯방풍 72	 27 갯사상자 74	 28 갯쑥부쟁이 76	 29 갯씀바귀 78
 30 갯완두 80	 31 갯패랭이꽃 82	 32 계요등 84	 33 고광나무 86	 34 고깔제비꽃 88
 35 고들빼기 90	 36 고려엉겅퀴 92	 37 고마리 95	 38 고삼 97	 39 고추나물 100
 40 골무꽃 102	 41 곰취 104	 42 관중 106	 43 광대나물 108	 44 광대수염 110
 45 괭이밥 112	 46 구릿대 114	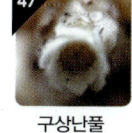 47 구상난풀 116	 48 구슬댕댕이 118	 49 구절초 120

국수나무
123

궁궁이
126

금강애기나리
128

금강초롱꽃
131

금꿩의다리
134

금마타리
136

금불초
138

금붓꽃
140

금창초
142

기름나물
144

기린초
146

긴병꽃풀
148

까마중
150

까실쑥부쟁이
152

까치수염
154

깽깽이풀
156

꼬리조팝나무
159

꼭두서니
161

꽃다지
164

꽃마리
166

꽃쥐손이
168

꽃창포
170

꽃향유
172

꿀풀
174

꿩의바람꽃
176

꿩의비름
178

끈끈이주걱
180

ㄴ

나도개감채
182

나도바람꽃
184

 나도송이풀 186	 나도승마 188	 나비나물 190	 낚시돌풀 192	 난쟁이바위솔 194
 남산제비꽃 196	 낭아초 198	 너도바람꽃 200	 네귀쓴풀 202	 노랑무늬붓꽃 204
 노랑어리연꽃 207	 노랑제비꽃 209	 노루귀 211	 노루발 214	 노루삼 216
 노루오줌 218	 누리장나무 220	 누린내풀 222	 눈개승마 224	 눈괴불주머니 226
 눈빛승마 228	ㄷ	 단풍취 230	 달래 232	 닭의난초 234
 닭의장풀 236	 당개지치 238	 닻꽃 240	 더덕 242	 덩굴꽃마리 244

덩굴닭의장풀
246

도라지
248

돌가시나무
250

돌나물
252

돌단풍
254

돌양지꽃
256

동강할미꽃
258

동의나물
261

동자꽃
263

두루미꽃
266

두루미천남성
268

둥굴레
270

둥근이질풀
272

둥근잎꿩의비름
274

둥근털제비꽃
276

들현호색
278

등골나물
280

등대풀
282

등칡
284

딱지꽃
286

땅귀개
288

땅나리
290

땅비싸리
292

땅채송화
294

때죽나무
296

뚜껑덩굴
298

뚝갈
300

마타리
302

만주바람꽃
304

137
말나리
306

138
매화노루발
308

139
매화마름
310

140
맥문동
312

141
머위
314

142
메꽃
316

143
며느리밑씻개
318

144
며느리배꼽
320

145
멸가치
322

146
모데미풀
324

147
모래지치
326

148
모시대
328

149
무릇
330

150
물달개비
332

151
물레나물
334

152
물매화
336

153
물봉선
338

154
물질경이
340

155
물참대
342

156
미나리냉이
344

157
미나리아재비
346

158
미선나무
348

159
미역취
350

160
미치광이풀
352

161
민들레
354

162
민백미꽃
356

ㅂ

163
바늘꽃
358

164
바디나물
360

165
바람꽃
362

11

166  바위떡풀 364	167  바위솔 366	168  바위채송화 368	169  바위취 370	170  박새 372
171  박주가리 374	172  반디지치 376	173  반하 378	174  방아풀 380	175  배초향 382
176  백리향 384	177  백선 386	178  백양꽃 388	179  백작약 390	180  백화등 392
181  벌깨덩굴 394	182  벌노랑이 396	183  범꼬리 398	184  범부채 400	185  변산바람꽃 402
186  별꽃 404	187  병아리난초 406	188  병아리풀 408	189  보춘화 410	190  복수초 412
191  복주머니란 414	192  봄맞이 416	193  부들 418	194  부처꽃 420	195  부처손 422

196  분홍바늘꽃 424	197  붉은병꽃나무 426	198  붓꽃 428	199  비비추 430	200  비수리 432
201  뻐꾹나리 434	202  뻐꾹채 436	ㅅ	203  사마귀풀 439	204  사위질빵 441
205  산골무꽃 443	206  산괭이눈 445	207  산괴불주머니 448	208  산국 450	209  산딸기 452
210  산딸나무 454	211  산마늘 456	212  산박하 458	213  산솜다리 460	214  산솜방망이 462
215  산수국 464	216  산앵도나무 466	217  산오이풀 468	218  산자고 470	219  산층층이 472
220  산해박 474	221  삼백초 476	222  삼지구엽초 479	223  삽주 482	224  삿갓나물 484

13

상사화
486

새콩
488

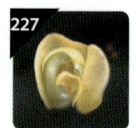
새팥
490

생강나무
492

생열귀나무
495

석산
498

석잠풀
500

석창포
502

선밀나물
504

설앵초
506

세뿔투구꽃
508

세잎종덩굴
511

소엽맥문동
514

속단
516

솔나리
519

솔나물
521

솔체꽃
523

솜나물
526

솜방망이
528

송이풀
530

송장풀
532

쇠뜨기
534

쇠비름
536

수까치깨
538

수리취
540

수염가래꽃
542

수정난풀
544

순비기나무
546

술패랭이꽃
548

숫잔대
550

 255 쉽싸리 553
 256 시호 555
 257 실새삼 557
 258 쑥부쟁이 559
 259 쓴풀 562

 260 씀바귀 564
 ㅇ
 261 앉은부채 566
 262 앉은좁쌀풀 568
 263 알록제비꽃 570

 264 알며느리밥풀 572
 265 애기골무꽃 574
 266 애기괭이눈 576
 267 애기괭이밥 578
 268 애기나리 580

 269 애기똥풀 582
 270 애기풀 584
 271 앵초 586
 272 약모밀 588
 273 양지꽃 590

 274 어리연꽃 592
 275 어수리 594
 276 얼레지 596
 277 엉겅퀴 599
 278 여로 602

 279 여우구슬 604
 280 연꽃 606
 281 연복초 608
 282 연영초 610
 283 염주괴불주머니 612

284 영아자 614

285 오리방풀 616

286 오이풀 618

287 옥녀꽃대 620

288 옥잠난초 622

289 옹굿나물 624

290 왕고들빼기 626

291 왜박주가리 628

292 왜솜다리 630

293 왜현호색 632

294 요강나물 634

295 우산나물 636

296 원추리 638

297 윤판나물 640

298 으름덩굴 642

299 으아리 644

300 은난초 646

301 은방울꽃 648

302 이삭귀개 650

303 이삭여뀌 652

304 이질풀 654

305 익모초 657

306 인동덩굴 659

307 일월비비추 662

ㅈ

309 자주꽃방망이 666

308 자주괴불주머니 664

310 자주꿩의다리 668

311 자주쓴풀 670

312 잔대 672

 313 잠자리난초 674	 314 장구채 676	 315 장대나물 678	 316 절국대 680	 317 점현호색 682
 318 정영엉겅퀴 684	 319 제비꽃 686	 320 제비동자꽃 688	 321 조개나물 690	 322 조밥나물 692
 323 조팝나무 694	 324 족도리풀 696	 325 졸방제비꽃 698	 326 좀가지풀 700	 327 좀딱취 702
 328 좁쌀풀 705	 329 주름잎 707	 330 줄딸기 709	 331 중의무릇 712	 332 쥐방울덩굴 714
 333 쥐오줌풀 716	 334 지리터리풀 719	 335 지치 722	 336 지칭개 724	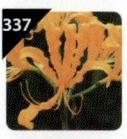 337 진노랑상사화 726
 338 진달래 728	 339 진득찰 730	 340 질경이 732	 341 짚신나물 734	 342 찔레꽃 736

ㅊ

 343 참골무꽃 738

 344 참꽃마리 740

 345 참나리 742

 346 참나물 744

 347 참당귀 746

 348 참바위취 748

 349 참배암차즈기 750

 350 참조팝나무 752

 351 참좁쌀풀 754

 352 참취 756

 353 창포 758

 354 처녀치마 760

 355 천남성 763

 356 천마 765

 357 청미래덩굴 767

 358 초롱꽃 770

 359 초종용 772

 360 촛대승마 774

 361 층꽃나무 776

 362 층층잔대 778

 363 칠보치마 780

 364 취 782

ㅋ

 365 콩제비꽃 784

 366 큰개불알풀 786

 367 큰괭이밥 788

 368 큰구슬붕이 790

 369 큰꽃으아리 792

 370 큰뱀무 794

371
큰앵초
796

372
큰제비고깔
798

ㅌ

373
타래난초
800

374
택사
802

375
터리풀
804

376
털머위
806

377
털중나리
808

378
토현삼
810

379
톱풀
812

380
통발
814

381
투구꽃
816

ㅍ

382
파리풀
818

383
패랭이꽃
820

384
풀솜대
822

385
피나물
824

386
피막이
826

ㅎ

387
하늘말나리
828

388
하늘매발톱
830

389
하늘타리
832

390
한계령풀
834

391
한련초
836

392
할미꽃
838

393
할미밀망
840

394
함박꽃나무
842

395
해국
844

396
해당화
846

397
해란초
848

19

현호색
850

홀아비꽃대
852

홀아비바람꽃
854

활나물
856

활량나물
858

회리바람꽃
860

흑삼릉
862

흰괭이눈
864

흰진범
866

히어리
868

- 부록 : 야생화 이름의 유래 / 871
- 참고문헌 및 웹사이트 / 875

한국의 야생화

01 가는오이풀

Sanguisorba tenuifolia Fisch. ex Link

- ▶ **이 명**: 흰오이풀, 애기오이풀, 붉은오이풀, 좁은잎오이풀
- ▶ **과 명**: 장미과
- ▶ **개화기**: 7~9월

생육 특성

가는오이풀은 전국의 산지에서 흔히 자라는 여러해살이풀이다. 생육환경은 햇볕이 잘 들고 물 빠짐이 좋은 경사진 곳에서 자란다. 키는 1m 정도이고, 잎은 타원형으로 표면은 녹색이며 뒷면은 흰빛이 돌고 가장자리에 톱니가 있으며 길이는 3~8cm, 폭은 0.5~2cm가량 된다. 꽃은 원줄기와 가지 끝에서 달리며 끝이 약간 아래로 처지고 털이 있고, 꽃 색은 흰색이며 길이는 3~6cm, 폭은 1~1.2cm가량이다. 꽃 앞부분에 붉은색을 나타내는 것이 있는데 이는 수술이다. 열매는 10월경에 달리며, 검은색으로 변해 꽃 부분에 그대로 달려 있고 만지면 먼지처럼 날아간다. 관상용으로 쓰이며 어린순과 뿌리는 식용 및 약용으로 쓰인다.

관리 및 번식법

물 빠짐이 좋은 곳을 선정하여 심고 주변에 낙엽수가 있으면 좋다. 물은 3~4일 간격으로 주고 잎이 많은 한여름에는 2~3일 간격으로 준다. 10월경에 달리는 종자를 종이에 싸서 냉장고에 보관 후 이듬해 봄에 뿌린다. 종자가 미세하기 때문에 이끼에 날리듯 뿌리거나 모래나 상토에 뿌릴 때는 위에 모래나 상토를 얕게 덮어준다.

• 가는오이풀_ 잎

• 가는오이풀_ 꽃대 올라오는 모습

02 가는장구채

Silene seoulensis Nakai

- ▶ 이 명 : 동굴장구채, 가지가는장구채, 수양장구채
- ▶ 과 명 : 석죽과
- ▶ 개화기 : 7~8월

생육 특성

가는장구채는 우리나라 중부 이남의 산지에서 자라는 한해살이풀이다. 생육환경은 반그늘 혹은 양지의 토양이 비옥한 곳에서 자란다. 키는 약 50cm이고, 잎의 길이는 1.5~3cm, 폭은 1~1.5cm로 양끝이 좁고 윗부분이 뾰족하며 마주난다. 꽃은 황백색 또는 흰색이며 원줄기와 가지 끝에 원추형으로 많은 꽃이 달린다. 작은 꽃줄기는 가늘고 길며, 화관의 지름은 1.2cm 내외이다. 꽃받침은 녹색으로 종형이고 5갈래이며 끝이 뾰족하다. 열매는 9~10월경에 작은 씨방이 여러 개로 나누어져 난형으로 달리고, 종자는 황갈색이며 작다. 관상용으로 쓰인다.

관리 및 번식법

아파트에서는 햇볕이 잘 드는 곳에 두는 것이 좋고, 일반 화단에 심을 때는 약간 그늘진 곳에 심는 것이 좋다. 물은 윗부분의 흙이 마르지 않을 정도로 주면 된다. 1년생이므로 꽃이 진 뒤 9월 중순경에 씨를 받아 이듬해 봄 화분이나 화단에 뿌린다.

● 가는장구채_ 꽃봉오리

● 가는장구채_ 종자 결실

03 가시여뀌

Persicaria dissitiflora (Hemsl.) H. Gross ex Mori

- ▶ **이 명** : 별여뀌
- ▶ **과 명** : 마디풀과
- ▶ **개화기** : 7~8월

생육 특성

가시여뀌는 우리나라 각처의 나무 밑에서 나는 한해살이풀이다. 생육환경은 반그늘이 지고 물 빠짐이 좋으며 토양의 부엽질이 많은 곳에서 자란다. 키는 약 1.5m이고, 잎의 길이는 3~13cm, 폭은 1~7cm로 뾰족하고 어긋나며 양쪽의 찢어진 잎은 뾰족하고 밖으로 튀어나와 있으며 맥 위에 가시 같은 털이 있다. 줄기는 곧게 서고 원줄기에서 많은 잔가지가 갈라지며 윗부분은 꽃줄기와 함께 붉은색 털이 많이 있다. 줄기는 자라면서 꽃대와 더불어 붉은색 털이 자라 끈적거리며 향기가 난다. 꽃은 윗부분의 잎겨드랑이와 갈라진 가지 끝에 연한 홍색으로 달린다. 꽃덮개는 5개로 가장자리가 흰색으로 찢어진 것은 뾰족하거나 둥글고, 수술은 8개이고 암술대는 3개가 있다. 열매는 9~10월경에 약 0.3cm 정도로 달리며 흰색이다.

관리 및 번식법

어느 곳에서나 잘 자라는 품종이다. 나무 그늘 쪽에 심으면 좋고 화분용으로는 적합하지 않다. 여뀌는 종류들이 많아, 교육용으로 비교하면 좋은 식물이다. 가시여뀌는 특히 다른 품종들과 달리 줄기에 있는 털이 끈적이는 것을 보고 쉽게 알 수 있다. 물은 2~3일 간격으로 준다. 10월경에 받은 종자를 종이나 솜에 싸서 수분 증발을 억제하여 냉장고에 보관한 후 이듬해 봄에 뿌린다. 종자 발아율은 높다. 자연 발아는 원래 묘가 있는 근처의 흙을 호미나 농기구를 이용하여 부드럽게 만들고 위에 물을 뿌려주면 발아율이 높게 나온다.

● 가시여뀌_잎

● 가시여뀌_줄기

04 가시연꽃

Euryale ferox Salisb.

- ▶ 이 명 : 개연, 가시연, 가시련, 칠남성
- ▶ 과 명 : 수련과
- ▶ 개화기 : 8월

생육 특성

가시연꽃은 중부 이남에 자생하는 한해살이 수초다. 생육환경은 물이 고여 있는 늪지와 연못과 같은 곳에서 자란다. 잎은 종자가 발아하여 수면 위로 처음 올라오는 잎은 작지만 타원형 모양을 거쳐 큰 잎이 나오며 완전히 자라면 둥글게 되고 약간 파진다. 지름은 작게는 20cm에서부터 큰 것은 2m에 이르기까지 크기가 다양하고, 표면에는 주름이 지고 광택이 있으며 뒷면은 흑자색이고 앞과 뒷면에 가시가 돋는다. 가시가 있는 긴 꽃줄기는 잎 사이 혹은 잎을 뚫고 자라 줄기 끝에 지름 약 4cm의 자색 꽃이 1개 달리는데, 오전과 오후 2~3시경에 피었다 밤에 오므라든다. 열매는 10~11월에 구형으로 달리며 지름은 5~7cm이며 겉에 가시가 있다. 검은색의 종자는 꽃대가 형성될 때 이미 결실되어 있으면서 성숙하고 딱딱하다.

관리 및 번식법

큰 연못에 심는다. 오래된 연못일수록 좋고 깊어도 관계없으나 물이 너무 많이 차면 꽃을 잘 피우지 못한다. 또한 주변에 마름이 너무 많이 있어도 생육에 지장을 받아 자라지 못한다. 11월에 받은 종자를 이듬해 봄까지 물속에 두어야 한다. 발아가 되지 않을 경우는 몇 년을 그대로 두어도 된다. 현재까지 보고된 바에 의하면 약 500년 전의 종자도 발아가 된다고 할 정도로 저장성이 좋기 때문이다.

● 가시연꽃_ 잎 전개된 모습

● 가시연꽃_ 꽃대 올라오는 모습

05 각시붓꽃

Iris rossii Baker

- ▶ 이 명 : 애기붓꽃
- ▶ 과 명 : 붓꽃과
- ▶ 개화기 : 4~5월

생육 특성

각시붓꽃은 우리나라 각처의 산지에서 자라는 여러해살이풀이다. 생육환경은 햇살이 잘 드는 양지바른 곳에서 주로 서식하며 큰 군락을 이루는 곳은 별로 없고 대부분 군데군데 모여 핀다. 키는 10~20cm이고, 잎의 길이는 약 30cm, 폭은 약 0.2~0.5cm로 칼처럼 휘어지고 표면은 녹색이며 뒷면은 분백색이다. 꽃은 보라색이며 크기는 3~4cm로, 꽃잎 안쪽에 수술과 암술이 들어 있고 꽃줄기 하나에 꽃이 한 송이씩 달린다. 열매는 6~7월경에 갈색의 긴 타원형으로 달리고 안에는 광택이 나는 검은 종자가 들어 있다. 햇살이 잘 드는 곳에 피지만 봄이 가기 전 하고현상(여름이 되면 꽃과 잎이 땅에서 모두 없어지는 현상)이 빨리 일어나 없어지고 만다. 옮겨 심는 것을 싫어하는 품종이어서 가급적 있는 자생지를 그대로 보존하는 것이 좋다. 관상용으로 쓰인다.

관리 및 번식법

봄철 햇살이 좋은 화단에 심는다. 특히 굴광성(빛을 따라 움직이는 성질)이 강한 식물이어서 화분을 돌려주면서 키워도 좋다. 이른 봄과 가을에 포기나누기를 하며, 6~7월경에 종자를 받아서 바로 화분이나 화단에 뿌리거나 이듬해 봄에 뿌릴 때는 물속에 2~3일 정도 담갔다가 뿌린다.

● 각시붓꽃_ 새싹 올라오는 모습

● 각시붓꽃_ 꽃봉오리

06 각시취

Saussurea pulchella (Fisch.) Fisch.

- ▶ **이 명** : 나래취, 참솜나물, 고려솜나물, 가는각시취, 홑각시취, 나래솜나물, 민각시취, 큰잎솜나물
- ▶ **과 명** : 국화과
- ▶ **개화기** : 8~10월

> 생육 특성

각시취는 우리나라 각처의 산과 들에서 자라는 두해살이풀이다. 생육환경은 양지 혹은 반그늘의 풀숲에서 자란다. 키는 30~150cm이고, 뿌리에서 나온 잎은 꽃이 필 때쯤 없어지며 잎의 표면과 뒷면에는 작은 털이 있다. 꽃은 자주색이며 길이는 1~1.5cm로, 원줄기 끝과 가지 끝에서 달리는데 꽃가지가 밑에 있는 것은 길고 위의 것은 짧아 거의 편평하게 된다. 열매는 10~11월경에 달리고 자줏빛이 돌며, 길이가 0.7~0.8cm 정도 되는 관모가 두 줄로 있다.

> 관리 및 번식법

토양이 비옥한 화단에 심는다. 물은 2~3일 간격으로 준다. 11월에 받은 종자를 이듬해 봄 화단에 뿌린다.

● 각시취_ 잎

● 각시취_ 꽃과 줄기

07 갈퀴나물

Vicia amoena Fisch. ex DC.

- ▶ **이 명** : 갈기나물, 녹두두미, 갈퀴덩굴, 말굴레풀, 참갈귀, 큰갈퀴나물
- ▶ **과 명** : 콩과
- ▶ **개화기** : 6~9월

생육 특성   갈퀴나물은 우리나라 각처에서 나는 여러해살이풀이다. 생육환경은 햇볕이 잘 들어오는 곳의 비옥한 경사지에서 자란다. 키는 80~180cm이고, 잎은 어긋나며 작은 잎의 길이는 1.5~3cm, 폭은 0.4~1cm이고 긴 타원형이거나 피침형이며, 엽축 끝에 2~3개로 갈라진 덩굴손이 있다. 꽃은 홍자색으로 한쪽으로 치우치며 피고 길이는 1.2~1.5cm이다. 꽃받침은 종형으로 5개의 불규칙한 조각으로 갈라지며 밑부분의 것이 가장 길고 꽃받침통보다 짧거나 길이가 같다. 8~9월경에 길이 2~2.5cm, 폭 0.5cm의 긴 타원형 열매를 맺으며 열매에는 검고 둥근 종자가 들어 있다. 어린순은 식용으로 쓰인다.

관리 및 번식법   햇볕이 잘 들고 물 빠짐이 좋은 토양이 비옥한 곳에 심는다. 다른 식물과 경합을 많이 하기 때문에 한곳에 집단적으로 심고, 다른 곳으로 퍼져나가는 것을 막는 것이 좋다. 잎이 많아 생육 초기에는 많은 물을 필요로 하므로 1~2일 간격으로 물을 주고 꽃이 진 후에는 2~3일 간격으로 준다. 9월에 받은 종자를 바로 뿌리거나 종이에 싸서 냉장고에 보관한 후 이듬해 봄에 뿌린다. 종자 발아는 잘 되기 때문에 넓은 면적에 심을 때는 많이 뿌리지만 작은 공간에는 조금만 뿌려도 된다.

● 갈퀴나물_ 잎 전개되는 모습

● 갈퀴나물_ 꽃이 시드는 모습

08 감국

Chrysanthemum indicum Linne.

- ▶ 이 명 : 국회, 들국화, 선감국, 황국
- ▶ 과 명 : 국화과
- ▶ 개화기 : 9~11월

생육 특성

감국은 전국의 산과 들에서 자라는 여러해살이풀이다. 생육환경은 양지 혹은 반그늘의 풀숲에서 자란다. 키는 30~80cm이고, 잎의 길이는 3~5cm, 폭은 2.5~4cm이며 새의 날개처럼 깊게 갈라지고 끝에 톱니가 있다. 꽃은 황색으로 줄기와 가지 끝에 펼쳐지듯 뭉쳐 달리며 지름은 2.5cm 정도이다. 열매는 12월경에 달리고 작은 종자들이 많이 들어 있다.

관리 및 번식법

비료를 많이 필요로 하기 때문에 유기질이 많은 화단에 심는다. 심고 2년이 지나면 흙에 새로운 유기질을 공급해줘야 한다. 물은 2~3일 간격으로 준다. 11월에 종자를 수확한 후 바로 화분이나 화단에 뿌려서 이듬해에 새싹을 옮겨 심거나 이듬해 봄에 땅을 파 새싹이 올라오는 것을 나눈다.

● 감국_잎

● 감국_꽃봉오리

09 감자난초

Oreorchis patens (Lindl.) Lindl.

- ▶ 이 명 : 잠자리난초, 감자난, 댓잎새우난초, 감자란
- ▶ 과 명 : 난초과
- ▶ 개화기 : 5~6월

생육 특성

감자난초는 남부지방의 낙엽수가 많은 숲 아래에 주로 자생하며, 생육환경은 반그늘이다. 난초과 식물 대부분이 그렇듯 여러해살이풀로, 뿌리 부분은 둥근 알뿌리로 되어 있다. 키는 30~50cm로 난과 식물 가운데 큰 편이며, 잎은 옆에서 1~2장이 나오는데 약 30cm가량 될 만큼 크고, 잎의 폭 또한 넓어 0.5~3cm 가량 된다. 꽃은 황갈색이며 꽃받침이 뒤에 둘러싸고 있다. 열매는 7~8월경에 갈색으로 달리고 씨방 안에는 무수히 많은 종자가 먼지처럼 들어 있다. 아래에서 위쪽으로 올라가면서 꽃이 피는데, 다른 난초과 식물에 비해서 크고 숫자도 많은 편이어서 쉽게 알 수 있는 품종이다.

관리 및 번식법

비교적 따뜻한 곳에서 자라는 습성을 가지고 있어 햇살이 강한 곳에 두면 좋다. 가을경에 잎이 지상부에서 사라지며 이때부터 물을 1주일에 한 번씩 주면서 화분의 상토가 마르지 않게 하는 것이 좋다. 또한 봄에 개화하기 전에 화분에 물이 많으면 뿌리가 상하기 쉬우므로 토양 윗부분이 말랐을 때쯤 관수해줘야 한다. 결실기는 7~8월이고 씨방이 갈색으로 변해 터지기 전 단계인 녹색에서 갈색으로 변하는 때 따서 솜과 같이 수분을 잘 머금은 곳에 종자를 뿌려주면 발아율이 높다. 뿌리나누기는 해마다 옆에서 1~2개의 벌브(땅속에 숨어 있는 뿌리 부분)가 생긴 것을 나누는 것이 가장 빨리 개화시킬 수 있는 방법이다.

● 감자난초_ 새순

● 감자난초_ 종자 결실

10 개감수

Euphorbia sieboldiana Morren & Decne.

- ▶ 이 명 : 감수, 능수버들, 산감수, 산개감수, 산참대극, 좀개감수, 참대극
- ▶ 과 명 : 대극과
- ▶ 개화기 : 4~6월

생육 특성   개감수는 전국의 산과 들에 자라는 여러해살이풀이다. 생육환경은 양지 혹은 반그늘의 토양이 비옥한 곳에서 자란다. 키는 30~60cm이고 잎은 긴 타원형이며, 앞부분은 녹색이지만 뒤쪽은 홍자색을 띠고 있다. 꽃은 녹황색이고 한 줄기에 한 개의 암꽃이 있으며 나머지는 모두 수꽃이다. 목본류에서 수꽃과 암꽃이 따로 피는 것은 많이 볼 수 있지만 초본류에서는 보기 드문데, 특이하게 암꽃과 수꽃이 따로 피는 초본류 중 하나이다. 열매는 9월경에 달린다. 잎을 자르면 흰색의 유액이 나오며, 독성이 강하므로 식용은 하지 않는다. 다른 식물들과 대별되는 가장 큰 특징은 꽃이 잎 색과 거의 유사하며 꽃 모양 또한 별 모양을 하고 있는 것이다. 큰 군락을 이룬 곳은 없지만 많이 뭉쳐서 자라는 것이 쉽게 관찰된다.

관리 및 번식법   이른 봄 일찍 싹이 올라오기 때문에 햇살이 많이 들어오는 곳에 심는다. 유독성이 있는 식물이기 때문에 어린아이들이 만지지 못하도록 하는 것이 좋다. 종자 발아가 잘 되는 품종으로, 9월경 익은 종자를 화분에 바로 뿌리거나 이듬해 봄에 뿌리며 가을이나 봄에 뿌리에서 나오는 새순을 나누어 화분이나 화단에 심어도 좋다.

● 개감수_ 시드는 모습

● 개감수_ 종자 결실

11 개구리자리

Ranunculus sceleratus L.

▶ **이   명** : 놋동이풀, 늪바구지
▶ **과   명** : 미나리아재비과
▶ **개화기** : 4~5월

생육 특성

개구리자리는 우리나라 중부 이남의 논이나 개울에서 자라는 두해살이풀이다. 생육환경은 물기가 많고 빛이 잘 들어오는 곳에서 자란다. 키는 50cm이고, 잎은 긴 잎자루가 있고 잎몸은 길이가 1~4cm로 세 갈래로 갈라지며 옆으로 갈라진 두 개의 잎은 끝에 둔한 톱니가 있다. 줄기는 털이 없고 매끈하며 광택이 나고 속은 비어 있다. 꽃은 원줄기나 가지 끝에 노란색으로 한 송이씩 달리고 지름은 0.6~0.8cm이다. 열매는 7~8월경에 달리며 길이 0.1cm 정도의 작은 종자가 많이 들어 있다. 어린잎과 줄기는 식용한다.

관리 및 번식법

야외에 물기가 많은 작은 웅덩이나 연못가 주변에 심으면 좋다. 온도 조건만 좋으면 9월까지도 꽃을 피우기 때문에 관상용으로 좋다. 키가 큰 식물이기 때문에 실내에서 키울 때는 오후에 빛이 잘 들어오는 베란다에 두는 것이 좋다. 물은 바닥 흙이 마르지 않게 해주면 된다. 8월경에 받은 종자를 주변에 뿌리거나 종이에 싸서 냉장고에 보관 후 이듬해 봄에 일찍 뿌려준다. 종자 발아는 잘 되는 식물이기 때문에 흩어 뿌려주는 것이 좋다.

● 개구리자리_ 잎

● 개구리자리_ 줄기

12 개미자리

Sagina japonica (Sw.) Ohwi

- ▶ 이 명 : 개미나물, 수캐미자리
- ▶ 과 명 : 석죽과
- ▶ 개화기 : 6~8월

생육 특성

개미자리는 우리나라 각처의 밭이나 길가에서 자라는 두해살이 풀이다. 생육환경은 햇볕이 잘 들고 물이 잘 빠지는 양지에서 자란다. 키는 5~20cm이고, 잎의 길이는 약 0.1~0.2cm가량이며, 폭은 약 0.1cm이다. 잎은 마주나고 뾰족하며, 가장자리는 밋밋하고 짙은 녹색이다. 잎겨드랑이에서 긴 줄기가 나와 흰색의 꽃이 끝에 한 송이씩 달리거나 가지 끝에 펼쳐지듯 달린다. 꽃잎과 꽃받침은 모두 5장씩으로 되어 있고 끝부분은 약간 둥글다. 열매는 9~10월경에 둥글게 달리며, 종자는 작고 넓은 달걀형으로 잔 돌기가 있으며 짙은 갈색이다. 전초는 약용으로 사용된다.

관리 및 번식법

뭉쳐서 자라는 특성을 가진 식물이어서 화분이나 화단에 많이 심는 것이 좋다. 화단은 햇볕이 잘 들어오는 곳에 심고 화분은 밑부분에 큰 돌을 넣고 배수가 잘 되게 한 후 심는다. 물은 1~2일 간격으로 준다. 10월경에 받은 종자를 종이에 싸서 보관 후 이듬해 봄에 뿌린다. 종자 발아율은 높은 편이어서 많은 개체를 얻을 수 있다.

● 개미자리_ 지상부

13 | 개발나물

Sium suave Walter

- ▶ 이 명 : 당개발나물, 가는개발나물, 가락잎풀
- ▶ 과 명 : 산형과
- ▶ 개화기 : 8~9월

생육 특성

개발나물은 우리나라 중부 이남 지역에서 자라는 여러해살이풀이다. 생육환경은 물 빠짐이 좋고 토양 비옥도가 높은 곳의 반그늘 혹은 양지에서 자란다. 키는 약 1m이고, 잎은 끝이 뾰족하고 길이 5~15cm, 폭 0.7~5cm로 가장자리에 예리한 톱니가 있으며, 위로 올라갈수록 잎이 작아진다. 꽃은 흰색이며 모여 있는 줄기는 10~20개로, 이들은 각각 작게 퍼진 줄기로 갈라지고 각 10여 개의 꽃이 원줄기 끝과 가지 끝에 달린다. 열매는 10~11월경에 달리고 길이는 0.25~0.3cm로 작고 둥글다.

관리 및 번식법

직접적으로 햇빛을 받지 않는 화단에 심는다. 약용식물로 재배하는 곳이 많다. 11월에 받은 종자는 보관 후 이른 봄 화단에 뿌리고, 가을이나 봄에 포기나누기를 한다.

• 개발나물_ 잎

• 개발나물_ 꽃 피기 전

14 개별꽃

Pseudostellaria heterophylla (Miq.) Pax ex Pax & Hoffm.

- ▶ **이 명** : 미치광이풀, 섬개별꽃, 다화개별꽃, 들별꽃, 좀미치광이풀
- ▶ **과 명** : 석죽과
- ▶ **개화기** : 4~5월

> 생육 특성   개별꽃은 우리나라 각처의 산과 들에서 자라는 여러해살이풀이다. 생육환경은 빛이 잘 들어오는 곳이면 어디에서든지 잘 자란다. 키는 8~12cm이고, 잎은 마주나며 길이는 1~4cm, 폭은 0.2~0.4cm이다. 꽃은 흰색으로 줄기 끝에서 길이 0.6cm 정도로 위를 향해 핀다. 열매는 6~7월경에 둥글게 달린다. 관상용으로 쓰이며 어린순은 식용, 전초는 약용으로 사용한다.

> 관리 및 번식법   음지가 아니면 잘 자라는 식물이기 때문에 어느 곳에 심어도 상관없다. 번식력이 좋으므로 가능하면 한곳에 심어야 다른 식물에 피해를 주지 않는다. 6~7월에 받은 종자를 받아 화단에 바로 뿌리거나 종자를 종이에 싸서 냉장보관 후 이듬해 봄에 뿌린다.

● 개별꽃_ 새순 올라오는 모습

● 개별꽃_ 무리

15 개불알풀

Veronica didyma var. *lilacina* (H. Hara) T. Yamaz.

- ▶ 이 명 : 지금, 봄까지꽃, 개불꽃
- ▶ 과 명 : 현삼과
- ▶ 개화기 : 5~6월

생육 특성

개불알풀은 유럽이 원산으로 우리나라 남부의 밭이나 들에서 자라는 두해살이풀이다. 생육환경은 햇빛이 잘 들어오는 곳이면 어디에서든지 자란다. 키는 5~15cm 정도이고, 잎은 밑부분이 둥글며 길이와 폭이 각각 0.6~1cm로 톱니가 있다. 줄기는 부드러운 짧은 털이 있으며 밑에서부터 가지가 갈라져 옆으로 자라거나 비스듬히 선다. 꽃은 윗부분의 잎겨드랑이에서 연한 홍자색으로 달리며 수술 2개와 1개의 암술이 있다. 열매는 8~9월경에 달걀 모양으로 달리는데, 종자를 싸고 있는 씨방에는 전면에 부드러운 털이 있고 중앙부에 세로로 깊은 홈이 있으며 양끝이 둥글다. 달린 열매의 모양이 개의 불알과 유사하다고 하여 개불알풀이라 명명되었다. 관상용으로 쓰인다.

관리 및 번식법

키가 작은 식물이어서 화분에 심어두면 좋다. 실내에서 키우면 11월이나 12월에도 한 번 더 꽃을 피우기 때문에 관상용으로 좋다. 실외에서는 군집을 이루게 하면 예쁜 모습을 볼 수 있다. 물 관리는 따로 해주지 않아도 좋을 만큼 잘 자란다. 9월경에 받은 종자를 바로 뿌리거나 종이에 싸서 상온이나 냉장고에 보관 후 이듬해 봄에 일찍 뿌려준다. 번식력이 좋은 품종이다.

● 개불알풀_ 새순 올라오는 모습

● 개불알풀_ 꽃봉오리 나오는 모습

16 개사상자

Torilis scabra (Thunb.) DC.

- ▶ 이 명 : 긴사상자, 큰사상자
- ▶ 과 명 : 산형과
- ▶ 개화기 : 5~6월

> 생육 특성

개사상자는 경기도 이남의 들에서 자라는 여러해살이풀이다. 생육환경은 토양의 배수가 좋으며 비옥한 곳에서 자란다. 키는 약 60cm가량이고, 잎은 새의 날개처럼 많이 갈라져 있으며 줄기에서 자란 잎은 길이가 약 5~10cm가량이다. 줄기에는 잎과 같이 잔털이 많다. 꽃은 작은 꽃들이 뭉쳐서 피며 흰색 혹은 자주색으로 달린다. 8~9월경에 자줏빛이 도는 긴 타원형 열매가 달리며 가시 같은 돌기가 있어 다른 물체에 잘 달라붙는다.

> 관리 및 번식법

봄에 피는 식물 중 키가 큰 식물에 속하는 품종이다. 실외에서 키울 때는 물 빠짐이 좋은 땅에 퇴비를 많이 넣은 후 심는다. 9월경에 받은 종자를 10~11월경에 뿌리면 12월 중하순경에 옮겨 심을 수 있을 정도로 자란다. 이식할 때는 작은 화분에 퇴비를 거의 넣지 않은 상태로 이식하고 이듬해 봄에 실외로 옮기면 된다. 3~4월경에 뿌린 종자는 약 20일 후에 발아하여 이식할 시기가 되는데, 5월경에 심으면 이듬해에 꽃을 피운다. 종자 발아는 잘 되는 편이고 발아율은 80% 이상이다.

● 개사상자_ 잎

● 개사상자_ 종자 결실

17 개승마

Cimicifuga biternate (Siebold & Zucc.) Miq.

- ▶ 이 명 : 승마, 큰개승마, 황새승마, 왜승마, 산승마
- ▶ 과 명 : 미나리아재비과
- ▶ 개화기 : 7~8월

생육 특성

개승마는 제주도, 거제도, 지리산의 산지에서 자라는 여러해살이풀이다. 생육환경은 물 빠짐이 좋고 토양 비옥도가 높으며 햇빛이 잘 드는 곳에서 자란다. 키는 30~100cm이고, 잎의 길이는 7~20cm, 폭은 6~18cm이고, 단풍잎과 유사하게 5~9갈래로 갈라지며 끝이 뾰족하고 불규칙한 톱니가 있다. 잎의 전면에는 잔털이 있고 뒷면은 맥 위에 잔털이 드물게 난다. 꽃은 흰색으로 뿌리에서 자란 줄기에서 위쪽으로 올라가면서 길게 달린다. 열매는 9~10월경에 긴 타원형으로 달린다. 뿌리는 약용으로 이용한다.

관리 및 번식법

다른 초본류와 함께 심으려면 가운데에 심어서 관리하는 것이 좋다. 이유는 햇볕을 많이 받아야 하고 물 빠짐이 좋은 곳에 심어야 하기 때문이다. 집 안이나 화분에서 키우는 것은 바람직하지 않다. 어린싹이 올라올 때는 3~4일 간격으로 물을 주지만 잎이 무성하게 자라는 여름에는 매일 물을 준다. 10월경에 달리는 종자를 받아 바로 뿌리는 것이 가장 좋으며 보관할 때는 종이에 싸서 냉장고에 보관 후 이듬해 봄 일찍 뿌린다. 종자는 검고 딱딱하기 때문에 물에 이틀 정도 불린 후 뿌리면 발아율이 높아진다. 싹이 올라오는 상태가 다른 식물에 비해 연약하기 때문에 새순이 올라오고 약 2개월이 지난 후 옮겨심기하는 것이 바람직하다. 가을에 뿌렸을 경우 이듬해 봄까지 종자상에 놔두고 봄에 옮기는 것도 좋다.

● 개승마_잎

● 개승마_꽃봉오리

18 개시호

Bupleurum longeradiatum Turcz.

- ▶ 이 명 : 큰시호
- ▶ 과 명 : 산형과
- ▶ 개화기 : 7~8월

생육 특성

개시호는 제주도, 지리산, 덕유산, 경남, 강원, 경기도에 분포하는 여러해살이풀이다. 생육환경은 양지 혹은 반그늘이며 토양의 비옥도가 높은 곳에서 자란다. 키는 40~150cm이며, 잎은 뿌리에서 나온 것은 잎자루가 길며 타원형이고, 줄기에서 나온 잎은 잎자루가 없으며 길이는 5~15cm, 폭은 2~3.5cm이고 뾰족하다. 꽃은 황색으로 윗부분의 잎겨드랑이와 줄기 또는 가지 끝에서 10~15개의 꽃이 달린다. 열매는 9~10월경에 달리고 긴 타원형이다. 어린잎은 식용으로 이용된다.

관리 및 번식법

산지에서 약용으로 재배한다. 부엽질이 많은 토양을 선택하고 물 빠짐이 좋은 곳에 심는다. 물은 3~4일 간격으로 준다. 10월에 결실되는 종자를 바로 화분이나 화단에 뿌리는 것이 좋고 종이에 싸서 냉장보관 후 이듬해 봄에 뿌리면 발아율이 낮다. 이른 봄 새싹이 올라올 때 포기나누기를 한다.

● 개시호_ 새순 올라오는 모습

● 개시호_ 시드는 모습

19 개쑥부쟁이

Aster meyendorfii (Regel & Maack) Voss

- ▶ 과 명 : 국화과
- ▶ 개화기 : 7~8월

생육 특성

개쑥부쟁이는 전국의 산과 들의 건조한 곳에서 자라는 여러해살이풀이다. 생육환경은 비교적 건조한 곳에서 잘 자라며 습기가 많은 곳에서 자라는 개체는 그해에 꽃을 피우지 못하고 고사하는 경우가 대부분이다. 키는 50~100cm이고, 잎의 길이는 6~8cm, 폭은 2.5~3.5cm이며 타원형이다. 줄기에는 잔털이 있고 잔가지를 많이 낸다. 꽃은 담자색으로 길이 0.7~0.8cm, 지름이 1.5~1.8cm로 가지 끝과 원줄기 끝에 달린다. 열매는 9~11월경에 달리고 길이는 0.3cm, 폭은 0.15cm 정도로 털이 있으며, 붉은 빛이 도는 갓털은 길이가 0.25~0.3cm이다.

관리 및 번식법

어느 곳에서나 잘 자라지만 유기질이 많은 화단에 심으면 좋다. 잎과 꽃이 많아 토양이 비옥해야 하기 때문이다. 화분에 심어 집 안에서 키워도 좋다. 물은 1~2일 간격으로 준다. 11월에 받은 종자는 보관 후 이른 봄 화단에 뿌린다. 또한 새순이 올라오는 이른 봄에 포기나누기를 한다. 포기나누기의 경우는 1개당 약 10~15개 정도의 새순을 얻을 수 있다.

● 개쑥부쟁이_ 잎

● 개쑥부쟁이_ 종자 결실

20 개아마

Linum stelleroides Planch.

- ▶ 이 명 : 들아마
- ▶ 과 명 : 아마과
- ▶ 개화기 : 6~8월

생육 특성

개아마는 우리나라 각처의 다소 건조한 풀밭이나 들에 나는 두해살이풀이다. 생육환경은 햇볕이 잘 들어오는 양지의 물 빠짐이 좋은 마른 땅에서 자란다. 키는 40~60cm이고, 잎은 생장 초기에는 부채꽃 모양으로 뭉쳐나고 줄기 잎은 앞뒷면이 분백색을 띤 남녹색으로 털이 없고 가장자리는 밋밋하며 밑부분이 좁아져 나중에는 원줄기에 붙으며 길이는 1~3cm, 폭은 약 0.3cm로 어긋난다. 줄기는 가늘고 곧게 서며 털이 없고, 원줄기는 둥글고 윗부분에서 가지를 친다. 꽃은 줄기나 가지 윗부분의 잎겨드랑이에 꽃대가 아래에서 위쪽으로 올라가며 옆으로 펴지면서 지름 1cm 정도의 연한 남자색으로 달린다. 꽃잎은 도란형으로 길이는 0.5~1cm이며 꽃받침잎은 길이 약 0.3cm 정도의 타원형으로 5개가 달리는데, 끝이 뾰족하고 3맥이 있으며 검은색의 선점이 있고 다소 막질이다. 열매는 9~10월경에 둥글게 달리고 지름은 약 0.4cm이고 종자는 갈색으로 광택이 난다.

관리 및 번식법

마른 땅에 살아가는 품종이어서 어디에 심어도 잘 산다. 조건을 맞춰 심으려면 키가 크므로 화단에 심을 때는 가운데에 심고 화분에 심을 때는 물 빠짐이 좋은 흙을 사용하여 심는다. 10월경에 종자를 받아 종이에 싸서 보관 후 이듬해 봄에 뿌린다. 두해살이풀이므로 종자 발아를 시킨 후 화분에 심어 뿌리가 완전히 내리면 외부에 심는다.

● 개아마_ 줄기와 잎

● 개아마_ 개화 직전

21 개질경이

Plantago camtschatica Cham. ex Link

- ▶ **이 명** : 갯질경이
- ▶ **과 명** : 질경이과
- ▶ **개화기** : 5~6월

생육 특성

개질경이는 우리나라 각처의 해변이나 들에서 자라는 여러해살이풀이다. 생육환경은 해변의 돌 틈이나 물기가 많은 곳의 사람 왕래가 많고 햇볕이 잘 드는 곳에서 잘 자란다. 키는 15~30cm이고, 잎의 길이는 5~20cm, 폭은 2.5~5cm로 긴 타원형이고 흰색 털이 많으며 뿌리에서 뭉쳐 나와 비스듬히 자란다. 꽃은 흰색으로 잎 사이에서 줄기가 나와 꽃이 조밀하게 꽃줄기를 따라 올라가며 핀다. 열매는 8~9월경에 타원형으로 달리고, 안에는 흑갈색 종자가 약 4개 정도 들어 있다. 어린잎은 식용하며 잎과 열매는 약재로 사용한다.

관리 및 번식법

화단이나 화분에 심어도 좋다. 토양 조건은 모래를 충분히 채운 뒤 심어야 하고 물 빠짐 또한 좋아야 한다. 이런 갯가 식물을 심을 때는 퇴비를 사용하지 않는 것이 좋다. 모래가 아닌 일반 흙을 사용했을 때는 물 빠짐이 좋지 않아 뿌리가 빨리 부패하고, 쉽게 고사하기 때문이다. 9월경에 달리는 종자를 받아 바로 뿌린다. 씨방에는 많은 종자가 들어 있기 때문에 한꺼번에 다 뿌리지 말고 시기를 두고 나누어 여러 차례 뿌리는 것이 좋다. 종자 발아율이 높다. 뿌리 번식은 이른 봄 새순이 올라올 때 여러 개로 나누어 심으면 된다.

● 개질경이_ 꽃봉오리

● 개질경이_ 꽃

22 갯금불초

Wedelia prostrata Hemsl.

▶ 이 명 : 모래덮쟁이, 털개금불초
▶ 과 명 : 국화과
▶ 개화기 : 7~10월

생육 특성

갯금불초는 제주도 해안의 모래땅에서 나는 여러해살이풀이다. 생육환경은 척박한 모래땅이나 해안의 바위틈에서 자란다. 키는 30~60cm이고 잎은 난형으로 짧고 굳센 털이 있고 표면은 녹색으로 두텁고 광택이 나며 마주난다. 잎 길이는 1.3~3.7cm, 폭은 0.4~1.4cm이다. 줄기는 옆으로 뻗어 땅에 붙어 나가며 마디에서 뿌리가 내리고 가지가 갈라져 비스듬히 선다. 꽃은 비스듬히 위로 뻗은 가지 끝에 지름 1.6~2.2cm로 한 개씩 황색으로 달리고 위를 향해 피며, 꽃잎이 합쳐져서 한 개의 꽃잎처럼 된 꽃은 7~8개로 암꽃이며 한 줄로 일정한 간격을 유지하고 있다. 꽃부리는 길이가 0.8~1.1cm, 폭은 약 0.4cm이며, 꽃잎이 서로 붙어 있는 꽃다발의 길이는 약 0.3cm이고, 꽃부리 뒷면에는 털이 있다. 삼각형의 열매는 10~11월경에 맺는데 길이는 약 0.4cm, 지름은 약 0.2cm로 털이 있고 끝에 짧게 관모가 돋아 있다. 지역이 한정되어 있고 개체가 많이 없어 취약종으로 분류되어 있다.

관리 및 번식법

모래땅이나 화분처럼 바위 위에 흙을 조금 올려 바람이 잘 통하는 곳에 두고 키운다. 자생지에는 바람이 많고 주변 습도가 높으므로 이와 같이 조건을 알맞게 해줘야 한다. 따라서 물을 줄 때는 분무기를 이용하여 공중에 물을 뿌려 습도를 높이면서 관리하며 식물체 주변에 자주 물을 준다. 11월에 받은 종자를 바로 뿌리거나 종이나 솜에 싸서 수분 증발을 억제시킨 후 냉장고에 보관하여 이듬해 봄에 뿌린다. 또 가을이나 이른 봄에 원뿌리에서 나온 순들을 분리하여 상토에 심어 번식시켜도 좋다.

● 갯금불초_잎

● 갯금불초_꽃봉오리

23 갯기름나물

Peucedanum japonicum Thunb.

- ▶ **이 명** : 개기름나물, 목단방풍, 미역방풍, 보안기름나물
- ▶ **과 명** : 산형과
- ▶ **개화기** : 6~8월

> **생육 특성**   갯기름나물은 우리나라 남부와 경상북도 해변에 자라는 여러해살이풀이다. 생육환경은 반그늘이고 물 빠짐이 좋은 곳에서 자란다. 키는 60~100cm이고, 잎의 길이는 3~6cm이며 3개로 갈라지고 회녹색이다. 꽃은 흰색으로 줄기 끝이나 가지 끝에 10~20개의 작은 꽃줄기들이 갈라져 그 끝에 20~30개의 꽃이 달린다. 열매는 9월경에 타원형으로 달린다. 관상용으로 쓰이며 어린잎은 식용으로 이용한다.

> **관리 및 번식법**   따뜻한 곳에서 자란다. 주변에 습기가 많은 양지쪽에 심으면 좋다. 물은 여름에는 1~2일, 봄과 가을에는 2~3일 간격으로 준다. 9월에 익은 종자를 바로 뿌리거나 종이에 싸서 냉장보관 후 이듬해 봄에 뿌린다. 포기나누기는 이른 봄 새순이 올라올 때 한다.

● 갯기름나물_ 꽃봉오리

● 갯기름나물_ 종자 결실

24 갯까치수염

Lysimachia mauritiana Lam.

- ▶ 이 명 : 갯좁쌀풀, 갯까치수영, 갯꽃꼬리풀
- ▶ 과 명 : 앵초과
- ▶ 개화기 : 7~8월

생육 특성

갯까치수염은 제주도와 울릉도를 비롯한 남해안에서 자라는 다육질의 두해살이풀이다. 생육환경은 볕이 좋은 곳의 바위틈이나 마른땅에서 자란다. 키는 약 10~40cm 정도이고, 잎은 광택이 많이 나며 두터운 육질로 되어 있고 주걱처럼 뒤로 약하게 말리며 길이는 2~5cm, 폭은 1~2cm 정도이다. 꽃은 흰색으로, 줄기 끝에 여러 송이가 뭉쳐 피며 길이는 1~2cm이다. 꽃은 끝이 5갈래로 갈라졌고 뒷면에 검은색 점이 있는 것도 있다. 열매는 10월경에 지름 0.4~0.6cm의 둥근 갈색으로 달리고, 안에는 작은 종자들이 들어 있다. 관상용으로 쓰인다.

관리 및 번식법

마른 토양을 좋아하고 꽃이 피면 오래가기 때문에 양지에 심고 물은 3~4일 간격으로 준다. 옆에서 많은 가지가 나오기 때문에 식물끼리 겹치지 않게 일정한 간격을 유지해야 한다. 측지를 이용하여 삽목을 하거나 10월경에 달리는 종자로 번식시킨다.

● 갯까치수염_ 종자 결실

● 갯까치수염_ 무리

25 갯메꽃

Calystegia soldanella (L.) Roem. & Schultb

- ▶ 이 명 : 해안메꽃, 개메꽃
- ▶ 과 명 : 메꽃과
- ▶ 개화기 : 5~6월

생육 특성

갯메꽃은 우리나라 각처의 해안가에서 자라는 덩굴성 여러해살이풀이다. 생육환경은 햇볕이 잘 들어오는 바닷가의 물이 잘 빠지는 모래가 많은 곳에서 자란다. 잎의 길이는 2~3cm, 폭은 3~5cm로 끝이 오목하거나 둥글며 표면은 큐티클층이 발달하여 광택이 나고 어긋나게 달린다. 줄기는 뿌리줄기에서 줄기가 갈라지며 기근(밖으로 나오며 뻗는 뿌리를 말함)이 나와 땅으로 뻗어가거나 다른 식물을 감고 올라간다. 꽃은 지름이 4~5cm이고 연한 홍색으로 깔때기 모양이며 꽃잎 안쪽으로는 5갈래의 흰색 줄이 선명하게 있다. 열매는 8~9월경에 지름 약 1.5cm가량으로 둥글게 달리고, 안에는 검고 단단한 종자가 들어 있다. 어린순과 땅속줄기는 식용 및 약용으로 사용한다.

관리 및 번식법

일반 흙보다는 모래를 이용하여 심는 것이 좋다. 다른 식물과는 달리 모래에서 자라 부엽물이나 유기질이 많은 토양에서는 잘 자라지 않기 때문이다. 뿌리가 내리면 다른 식물과 경합하기 때문에 가능하면 한 품종만 심는 것이 좋다. 화단을 이용하기보다는 화분에 심어 관리하는 것이 좋은 식물이다. 물은 매일 준다. 9월경에 받은 종자를 종이에 싸서 냉장고에 보관 후 이듬해 봄에 뿌린다. 종자를 뿌리기 전에 물에 2~3일 정도 담가둔 후 뿌리는 것이 좋다. 뿌리 번식을 할 때는 가을에 한 줄기를 떼어 줄기에 나온 기근이 붙은 마디를 잘라서 상토에 심는다. 뿌리 발육이 좋은 식물이다.

● 갯메꽃_잎

● 갯메꽃_시든 모습

26 갯방풍

Glehnia littoralis F. Schmidt ex Miq.

- ▶ 이 명 : 갯향미나리, 방풍나물
- ▶ 과 명 : 산형과
- ▶ 개화기 : 6~7월

> 생육 특성

갯방풍은 우리나라 해변의 모래땅에서 자라는 여러해살이풀이다. 햇볕이 잘 드는 곳의 모래땅이나 해안가 절벽에 붙어 주로 살아간다. 키는 5~20cm이고, 잎의 길이는 10~20cm이다. 뿌리에서 발달한 잎은 땅에 올라와서 삼각형으로 퍼지고 작은 잎의 길이는 2~5cm, 폭은 1~3cm로 세 갈래로 갈라지며 가장자리에는 불규칙한 톱니가 나 있다. 뿌리는 황색으로 굵게 땅속에 수직으로 뻗어 있으며 빈방풍(浜防風)이라 부른다. 꽃은 흰색으로 작은꽃 줄기의 길이는 약 4~6cm로 20~40개의 꽃이 빽빽이 뭉쳐 달린다. 둥근 열매가 9~10월경에 달리며 긴 털로 덮여 있고, 길이는 약 0.1cm이다. 뿌리는 약용으로 쓰이며 잎자루는 식용으로 이용한다.

> 관리 및 번식법

일반 가정에서는 잘 키울 수 없는 식물이다. 해변에 위치한 곳에서 키울 때는 모래가 많은 곳에 심거나 바위틈에 심는다. 10월에 성숙된 종자를 받아 바로 뿌리는 것이 좋다.

• 갯방풍_잎

• 갯방풍_줄기

27 갯사상자

Cnidium japonicum Miq.

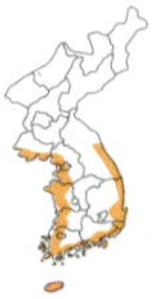

- ▶ 이 명 : 갯미나리, 개사상자
- ▶ 과 명 : 산형과
- ▶ 개화기 : 8~10월

> **생육 특성**   갯사상자는 우리나라 중부 이남의 해변과 황해도 및 강원도의 바닷가에서 자라는 두해살이풀이다. 생육환경은 바다 모래나 바위틈의 척박한 곳에서 자란다. 키는 10~30cm이고, 뿌리에서 나온 잎은 잎자루가 길고 한군데에서 여러 장이 나온다. 줄기에서 나온 잎은 잎집이 줄기를 약간 감싸고 가운데 잎의 길이는 3~6cm로 긴 타원형이고 광택이 나고 끝이 둔하다. 줄기는 뭉쳐 비스듬히 자라고 좁은 선이 있으며 뿌리는 한 개가 깊게 들어가며 굵다. 꽃은 줄기 끝에 10여 개의 작은 꽃들이 뭉쳐서 꽃대 끝에서 다시 부챗살 모양으로 갈라져 피며, 작은 꽃줄기는 길이가 약 0.3cm이고 꽃잎은 5장으로 안쪽으로 굽으며 수술은 5개이다. 열매는 10~11월경에 원형으로 편평하게 달린다.

> **관리 및 번식법**   모래땅에 심어 관리한다. 화단에 심을 때는 화단 앞쪽의 척박하고 마른 땅에 심고, 화분에 심을 때는 물 빠짐을 좋게 한 후 심어 관리한다. 물은 2~3일에 한 번씩 준다. 11월경에 받은 종자를 바로 뿌리거나 종자를 종이나 솜에 싸서 수분 증발을 억제하고 냉장고에 보관했다가 이듬해 봄에 일찍 뿌린다. 종자 발아율이 낮은 품종이어서 종자를 물에 2~3일 정도 불린 후 모래와 섞어 뿌린다.

● 갯사상자_ 잎

● 갯사상자_ 종자 결실

28 갯쑥부쟁이

Heteropappus hispidus (Thunb.) Less.

- ▶ **이 명** : 개쑥부장이, 개쑥부쟁이, 구계쑥부쟁이, 들쑥부쟁이, 묵국화, 흰개쑥부장이
- ▶ **과 명** : 국화과
- ▶ **개화기** : 8~11월

> **생육 특성** 갯쑥부쟁이는 제주도 및 남해안, 동해안 각처의 해변가 암벽이나 산지의 건조한 땅에서 자라는 두해살이풀이다. 생육환경은 물이 많지 않은 건조한 땅이나 햇볕이 잘 드는 해변의 암벽에서 자란다. 키는 30~100cm이고, 잎의 길이는 7~13cm, 폭은 1~1.5cm로 끝이 둔하며 윗부분의 잎은 넓지만 아랫부분의 잎은 좁아지는 경향이 있다. 가장자리에는 톱니와 함께 잔털이 많으며 표면과 뒷면에도 잔털이 많다. 꽃은 자주색으로 지름이 3~5cm이고, 원줄기 끝이나 곁가지 끝에 달리며 꽃잎의 길이는 1.5~2.5cm, 폭은 0.3cm 내외로 20~30장가량 달려 있다. 열매는 11월경에 맺는데, 흰색으로 된 관모가 있으며 길이는 0.25~0.3cm, 폭은 0.15~0.2cm로 달린다.

> **관리 및 번식법** 물기가 많지 않아도 살아가는 품종이기 때문에 습기가 많지 않은 곳을 선택하여 심고 햇볕이 잘 드는 곳에 심어 관리한다. 11월에 종자를 받아 종이에 싸서 냉장보관한 후 이른 봄 화분에 뿌린다. 종자 발아율은 높은 편이기 때문에 많이 뿌리지 않아도 된다.

● 갯쑥부쟁이_ 잎

● 갯쑥부쟁이_ 종자 결실

29 갯씀바귀

Lxeris repens (L.) A. Gray

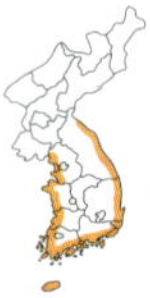

▶ **이 명** : 갯씀바기, 개씀바귀
▶ **과 명** : 국화과
▶ **개화기** : 6~7월

생육 특성   갯씀바귀는 우리나라 각처의 해안가 모래땅에서 자라는 여러해살이풀이다. 생육환경은 햇볕이 잘 들어오는 물 빠짐이 좋은 모래땅에서 자란다. 잎은 길이와 지름이 약 3~5cm이고, 긴 잎자루가 땅속에서 나오며 삼각형 또는 오각형으로 된 심장형 모양이고 어긋난다. 잎맥에는 가는 줄이 5개 정도 나 있으며 큐티클층이 발달해 있다. 뿌리는 모래 부근을 중심으로 길게 뻗으면서 잎이 자란다. 꽃은 노란색으로 높이는 3~15cm이고, 가지가 여러 갈래로 갈라지며 잎은 없고 2~5개의 꽃이 달린다. 열매는 8~9월경에 맺으며 길이 약 0.5cm의 관모가 달린 종자가 달린다. 관상용으로 이용한다.

관리 및 번식법   일반 가정에서는 잘 키울 수 없는 식물이다. 해변에 위치한 곳에서 키울 때는 모래가 많은 곳에 심거나 바위틈에 심는다. 9월에 성숙된 종자를 받아 바로 뿌리는 것이 좋다.

● 갯씀바귀_ 새순 올라오는 모습

● 갯씀바귀_ 시드는 모습

30 갯완두

Lathyrus japonicus Willd.

▶ **과　명** : 콩과
▶ **개화기** : 5~6월

생육 특성

갯완두는 제주, 전남, 전북, 경남, 충남, 강원, 경기의 해안가 모래땅에서 자라는 여러해살이풀이다. 생육환경은 모래가 많아 물 빠짐이 좋고 햇볕을 많이 받는 곳에서 자란다. 키는 20~60cm이고, 난형의 잎은 어긋나며 3~6쌍의 작은잎으로 구성되어 있다. 잎의 길이는 1.5~3cm, 폭은 1~2cm이고 덩굴손이 나오며 일반적으로는 갈라지지 않지만 2~3갈래로 덩굴손이 갈라지는 것도 있다. 원줄기에는 뾰족한 모서리가 있으며 비스듬히 자란다. 꽃은 적자색이고 한쪽으로 치우치며 긴 꽃대에 여러 개의 꽃이 어긋나게 붙어서 달린다. 긴 타원형의 열매가 8~9월에 길이 약 5cm, 폭 약 1cm로 달리며 안에는 5개 정도의 종자가 들어 있다. 어리고 연한 순을 약재로 사용하며 방사림으로 이용한다.

관리 및 번식법

옆으로 뻗어가는 식물이기 때문에 다른 식물과의 혼식은 어렵다. 갯가에 자생하는 식물이지만 육지에서도 어느 정도는 키울 수 있다. 9월경에 달린 종자를 바로 뿌리거나 종이에 싸서 상온에 보관한 후 이듬해 봄에 일찍 뿌린다. 발아율이 높은 식물이다.

● 갯완두_ 잎

● 갯완두_ 종자 결실

31 | 갯패랭이꽃

Dianthus japonicus Thunb.

▶ **과 명** : 석죽과
▶ **개화기** : 7~8월

> **생육 특성**

갯패랭이꽃은 경상남도와 제주도의 해안지역에서 나는 여러해살이풀이다. 생육환경은 바닷가 모래땅이나 해안과 인접한 마른땅과 바위틈에서 자란다. 키는 20~50cm이고, 잎은 뿌리에서 나온 것은 길이가 5~9cm로 방석처럼 퍼지고 가장자리에는 털 같은 돌기가 있으며, 줄기에서 나온 잎의 길이는 5~9cm, 폭은 1~2.5cm로 길고 뾰족하며 타원형이고 가장자리에 털이 있다. 줄기는 원주형이다. 꽃은 줄기 끝이나 잎자루에서 나온 가지 끝에 홍자색으로 모여 달리고 꽃받침의 길이는 1.9~2.1cm로 5갈래의 통모양이며, 꽃잎의 길이는 약 0.6cm로 5장으로 갈라지고 끝에 이빨 모양의 톱니가 있다. 열매는 9~10월경에 맺는데, 길이 약 2cm 정도의 검은 종자가 원통형 열매 안에 많이 들어 있다.

> **관리 및 번식법**

햇볕이 잘 드는 곳이면 어디든지 잘 자란다. 키가 크고 개화기간이 길어서 화단의 가운데에 집단적으로 심어 관리한다. 화분에 심어 키울 때는 햇볕이 잘 들어오는 곳에 두고 상토는 배수가 잘 되는 곳에 심는다. 10월경에 받은 종자는 바로 뿌리거나 종자를 종이나 솜에 싸서 수분 증발을 억제시키고 냉장고에 보관 후 이듬해 봄에 일찍 뿌린다. 종자 발아율이 높아 작은 면적에 심을 때는 종자를 조금만 뿌려도 된다. 종자 발아 후에는 약 1주일 후에 본엽이 전개되고 뿌리가 어느 정도 발달되면 바로 이식해야 한다.

● 갯패랭이꽃_ 지상부

● 갯패랭이꽃_ 시드는 모습

32 계요등

Paederia scandens (Lour.) Merr. var. *scandens*

- ▶ 이 명 : 계뇨등, 구렁내덩굴
- ▶ 과 명 : 꼭두서니과
- ▶ 개화기 : 7~9월

> **생육 특성**   계요등은 충청 이남의 산지에서 자라는 덩굴성 식물이다. 생육 환경은 산지의 양지바른 곳이나 골짜기에 자생한다. 덩굴 길이는 5~7m가량으로 긴 편이며, 잎 길이는 5~12cm, 폭은 1~6cm로 잎 끝은 약간 뾰족하며 난형이다. 꽃은 흰색이며 길이는 1~1.5cm, 폭은 0.4~0.6cm이고 둥근 안쪽에는 자주색이 선명하게 있다. 9~10월경에 황갈색의 둥근 열매가 달리는데, 지름은 0.5~0.6cm 정도이다. 계요등은 냄새가 나기 때문에 쉽게 발견할 수 있지만 꽃의 모양이 특이하고 또 흰 바탕에 자주색이 들어가 있어 더 알아보기 쉽다. 다른 식물을 감고 올라가는 특성을 가지고 있기 때문에 덩굴식물이라는 것을 모르면 처음에는 다른 식물로 자칫 오해할 수 있다. 관상용으로 쓰이며 줄기와 잎을 약용으로 이용한다.

> **관리 및 번식법**   화분에 심을 때는 줄이나 막대기로 길게 유인해주어야 덩굴을 감고 올라가 꽃을 피울 수 있다. 화분이나 화단 어느 곳에 심어도 좋다. 물은 2~3일에 한 번 준다. 봄이나 가을에 삽목을 하고 10월에 익은 종자를 바로 화분이나 화단에 뿌리거나 이듬해 봄에 뿌린다.

● 계요등_ 잎

● 계요등_ 열매

33 고광나무

Philadelphus schrenkii Rupr.

- ▶ 이 명 : 오이순, 쇠영꽃나무, 털고광나무
- ▶ 과 명 : 범의귀과
- ▶ 개화기 : 4~6월

생육 특성   고광나무는 우리나라 각처의 골짜기에서 자라는 낙엽활엽관목이다. 생육환경은 토양의 물 빠짐이 좋고 주변습도가 높으며 부엽질이 풍부한 곳에서 자란다. 키는 2~4m가량이고, 잎은 어긋나며 길이는 7~13cm, 폭은 4~7cm로 표면은 녹색이고 털이 거의 없으며 뒷면은 연녹색으로 잔털이 있고 달걀 모양을 하고 있다. 가지는 2개로 갈라지고 작은 가지는 갈색으로 털이 있으며 2년생 가지는 회색이고 껍질이 벗겨진다. 정상부 혹은 잎이 붙은 곳에서 긴 꽃대에 여러 개의 향기가 있는 꽃들이 흰색으로 달린다. 열매는 9월경에 길이 0.6~0.9cm, 지름 0.4~0.5cm로 타원형으로 달린다. 관상용으로 쓰이며, 어린잎은 식용한다.

관리 및 번식법   이른 봄에 많은 꽃이 피기 때문에 정원수로 심으면 좋은 품종이다. 물 빠짐이 좋은 곳이어야 하고 햇빛을 잘 받는 곳이어야 하기 때문에 정원의 가운데에 심는 것이 좋다. 퇴비는 다른 식물들보다 많이 넣어 3.3㎡에 20kg 한 포를 넣으면 된다. 5월, 9월경에 올해 새로 나온 가지를 이용하여 삽목한다. 삽목할 때는 가지를 45°로 잘라서 많은 면적이 땅에 묻혀 수분을 받는 방법을 이용한다. 시중에서 판매되는 뿌리촉진제를 묻혀서 삽목하면 더 좋다. 9월경에 받은 종자는 땅속에 묻어두거나 받은 후 3~4일 정도 물을 채운 상태에서 냉장고에 넣어두고 꺼낸 후 모래와 섞어 손으로 수차례 비빈 후 뿌리면 된다.

● 고광나무_잎

● 고광나무_씨방

34 고깔제비꽃

Viola rossii Hemsley

- ▶ 이 명 : 고깔오랑캐
- ▶ 과 명 : 제비꽃과
- ▶ 개화기 : 4~5월

생육 특성

고깔제비꽃은 우리나라 전역의 산과 들에 자라는 여러해살이풀이다. 생육환경은 양지 혹은 반그늘의 물 빠짐이 좋은 곳에서 자란다. 키는 약 15cm 정도이고 잎의 길이는 4~7cm, 폭이 4~8cm로서 양면, 특히 뒷면 맥 위에 털이 있고 뿌리에서 2~5개씩 모여 난다. 다 자란 잎은 심장형이고 끝이 뾰족하다. 꽃은 홍자색으로 길이는 1.5~2cm로 한쪽을 향하여 핀다. 열매는 7~8월경에 길이 1~1.5cm로 타원형으로 달린다.

관리 및 번식법

화단이나 화분에 심는다. 물 빠짐이 좋은 곳이면 어디서나 잘 자란다. 물은 2~3일 간격으로 준다. 8월에 종자를 받아 보관 후 9월에 뿌리거나 이른 봄 새순이 올라올 때 포기나누기를 한다.

● 고깔제비꽃_ 잎

● 고깔제비꽃_ 뒷모습

35 고들빼기

Crepidiastrum sonchifolium (Bunge) Pak & Kawano

- ▶ **이　명** : 참꼬들빽이, 빗치개씀바귀, 씬나물, 좀두메고들빼기, 애기벌줄씀바귀
- ▶ **과　명** : 국화과
- ▶ **개화기** : 7~9월

> **생육 특성**   고들빼기는 전국의 산과 들에서 자라는 두해살이풀이다. 생육 환경은 양지 혹은 반그늘에서 자란다. 키는 20~80cm이고, 잎 길이는 2.5~5cm, 폭은 1.4~1.7cm로 표면은 녹색, 뒷면은 회청색이고 끝은 빗살처럼 갈라진다. 꽃은 연황색으로 가지 끝에 펼쳐져 뭉치며 달리고 꽃줄기는 2~3개 정도로 길이는 0.5~0.9cm이다. 검은색 열매가 9~10월경에 달리는데 길이는 0.2~0.3cm 정도로 편평한 원추형이며, 흰색으로 된 갓털은 길이가 0.3cm 정도이다.

> **관리 및 번식법**   어느 곳에서나 잘 자란다. 식용을 목적으로 재배할 경우는 토양이 거름진 곳에 심고 물은 2~3일 간격으로 준다. 10월경 받은 종자는 보관 후 이른 봄 화단에 뿌린다.

● 고들빼기_ 꽃

● 고들빼기_ 꽃(흰색)

36 고려엉겅퀴

Cirsium setidens (Dunn) Nakai

- ▶ **이 명**: 독깨비엉겅퀴, 도깨비엉겅퀴, 곤드래, 구멍이
- ▶ **과 명**: 국화과
- ▶ **개화기**: 7~10월

생육 특성

고려엉겅퀴는 우리나라 각처의 산에서 자라는 여러해살이풀이다. 생육환경은 토양 비옥도에 관계없이 양지 또는 반그늘에서 자란다. 키는 약 1m까지 자라고, 잎은 길이가 15~35cm로 표면은 녹색이며, 뒷면은 흰색으로 가장자리에 톱니가 있고 뿌리에서 나온 잎과 밑부분에서 자란 잎은 꽃이 필 때 말라 죽는다. 꽃은 자주색으로 줄기나 가지 끝에 1개가 달리고 지름은 3~4cm이다. 10~11월경에 긴 타원형 열매가 달리는데, 길이는 약 0.4cm 정도이다. 갓털은 갈색이며 길이는 1.1~1.6cm이다. 관상용으로 쓰이며 어린잎과 연한 순은 식용으로 이용된다.

관리 및 번식법

햇볕이 강하면 잎 끝이 타는 현상이 생기므로 반그늘이 지는 화단에 심는다. 물은 1~2일에 한 번 주며 물기가 많으면 잎이 연해지기 때문에 물 빠짐이 좋은 곳에서는 하루에 한 번 준다. 가을에 뿌리를 나누거나 종자를 받으면 바로 화단에 뿌리거나 종이에 싸서 냉장보관하여 이듬해 봄에 뿌려준다. 발아율이 높기 때문에 뿌리나누기보다는 종자 번식이 좋다.

● 고려엉겅퀴_ 잎

● 고려엉겅퀴_ 꽃봉오리

● 고려엉겅퀴_ 종자 결실

● 흰고려엉겅퀴_ 꽃

● 흰고려엉겅퀴_ 지상부

37 고마리

Persicaria thunbergii (Siebold & Zucc.) H. Gross ex Nakai

- ▶ **이 명** : 고만이, 꼬마리, 조선꼬마리, 줄고만이, 큰꼬마리
- ▶ **과 명** : 마디풀과
- ▶ **개화기** : 8~9월

생육 특성

고마리는 전국 각처에서 자라는 덩굴성 한해살이풀이다. 생육 환경은 양지바른 곳이나 반양지에서 잘 자란다. 키는 약 1m 정도이고 잎은 표면에 털이 있으며 가장자리에는 짧은 녹색 털이 있고 길이는 4~7cm, 폭은 3~7cm로 창처럼 앞이 뾰족하다. 꽃은 가지 끝에 10~20개 정도가 뭉쳐서 피고 꽃받침은 흰색 바탕 끝에 붉은색 빛이 도는 것과 흰빛이 도는 것이 있다. 열매는 8~9월경에 황갈색으로 달린다. 관상용으로 이용되며 어린순은 식용으로 쓰인다.

관리 및 번식법

고마리는 번식력이 좋으며 다른 식물을 감고 올라가기 때문에 다른 식물보다 뒤쪽에 심고, 물은 2~3일에 한 번 준다. 10월에 익은 종자로 번식시킨다.

● 고마리_ 잎

● 고마리_ 잎 올라온 모습

38 고삼

Sophora flavescens Solander ex Aiton

▶ **이 명**: 도깨비지팡이, 도둑놈의 지팡이, 너삼, 넓은잎능암, 느삼, 뱀의정자나무
▶ **과 명**: 콩과
▶ **개화기**: 6~8월

생육 특성

고삼은 우리나라 전역의 산과 들에서 자라는 여러해살이풀이다. 생육환경은 햇볕이 잘 들어오고 토양에 부엽질이 풍부하며 물 빠짐이 좋은 곳에서 자란다. 키는 약 1m 정도이고, 잎은 줄기에 15~40여 개의 작은잎들이 달려 있고 길이가 15~25cm이다. 작은 잎의 길이는 2~4cm, 폭은 0.7~1.5cm로 긴 난형이고 표면과 뒷면에는 털이 있다. 줄기는 검은빛이 돌고 윗부분에서 가지를 친다. 뿌리는 황갈색으로 굵으며 맛이 매우 쓰다. 꽃은 연황색으로 원줄기 끝과 가지에 길이 1.5~1.8cm가량의 많은 꽃이 달린다. 열매는 9~10월경에 길이 7~8cm, 폭 약 0.8cm로 달리는데, 안에는 갈색으로 둥글며 지름이 약 0.5cm가량 되는 종자가 들어 있다. 뿌리는 약용으로 사용한다.

관리 및 번식법

키가 큰 식물이어서 재배하기 좋은 품종이다. 대단위로 재배할 때는 밭이랑을 넓게 하고 퇴비를 많이 넣는다. 또한 가정에서 관상용으로 키울 때는 물 빠짐이 좋은 곳을 택하고 화단의 가운데나 끝부분에 심는다. 다른 식물과의 경합이 치열하지 않은 식물이기 때문에 많이 심어도 무방하다. 물은 봄에는 3~4일 간격으로 주고 여름에는 1~2일 간격으로 준다. 10월경에 종자를 받아 물에 2~3일 정도 불린 후 뿌린다. 이 품종은 바로 뿌리면 종자 발아에 오랜 시간이 소요되고 발아율도 높지 않다. 보관할 때는 종이에 물을 조금 적신 후 종자를 넣고 밀봉하여 냉장고에 보관한 후 이듬해 봄에 뿌린다.

● 고삼_ 순 올라오는 모습

● 고삼_ 새순 올라오는 모습

● 고삼_ 잎

● 고삼_ 꽃봉오리

● 고삼_ 종자 결실

● 고삼_ 씨방

39 고추나물

Hypericum erectum Thunb.

▶ 과 명 : 물레나물과
▶ 개화기 : 7~8월

생육 특성

고추나물은 전국의 산과 들에 자라는 여러해살이풀이다. 생육 환경은 주변에 습기가 많은 양지 혹은 반그늘에서 잘 자란다. 키는 20~60cm이고, 줄기는 둥글고 가지가 갈라지며 자란다. 잎의 길이는 2~6cm, 폭은 0.7~3cm이고, 끝부분은 둔한 모양이며 뾰족하다. 꽃은 노란색으로 가지 끝에 뭉쳐서 달리고, 지름은 1.5~2cm 정도이다. 열매는 10월경 달걀 모양으로 달리는데 안에는 많은 종자가 들어 있다. 이른 봄 순이 올라오는 모습이 부드러운 채소와 같아 나물로 많이 먹으며, 고추나물이라는 이름은 꽃이 진 후 종자 결실 과정에서 마치 붉은색의 고추가 하늘을 보고 있는 듯한 데서 유래한 것이 아닌가 한다. 어린순은 식용하고, 성숙한 것은 약용으로 쓰인다.

관리 및 번식법

화단의 양지바른 곳이면 어디에서나 잘 자란다. 잎이 크지 않기 때문에 2~3일에 한 번 물을 준다. 10월경 익은 종자를 바로 화단에 뿌리거나 이듬해 봄에 일찍 뿌린다.

● 고추나물_ 잎 올라오는 모습

● 고추나물_ 종자 결실

40 골무꽃

Scutellaria indica L.

▶ **과 명** : 꿀풀과
▶ **개화기** : 5~6월

생육 특성

골무꽃은 우리나라 중부 이남의 산과 들에 자라는 여러해살이풀이다. 생육환경은 부엽질이 풍부한 반그늘에서 잘 자란다. 키는 약 20~30cm 정도이며, 잎은 넓은 난형으로 길이는 약 2cm 정도이다. 꽃은 자주색으로 피며 줄기 윗부분에서 꽃대가 나와서 아래에서 위쪽으로 올라가며 핀다. 꽃 길이는 약 3~5cm가량 되며 폭은 0.7~1cm 정도이다. 꽃은 앞부분은 넓지만 뒤쪽으로 오면서 좁아지는 특성을 가지고 있다. 열매는 7~8월경에 작은 원추형으로 달리고 안에는 약 0.1cm 정도 되는 종자가 들어 있다. 골무꽃의 종류는 그늘골무꽃, 흰골무꽃, 연지골무꽃, 좀골무꽃, 광릉골무꽃, 참골무꽃 등 다양한데 대부분 잎과 꽃을 보고 구분한다.

관리 및 번식법

화분에 심을 때는 퇴비를 많이 넣고 배수가 잘 되게 심는 것이 좋다. 공기가 잘 통하는 곳에 두고 꽃이 지면 화분을 화단이나 햇볕이 많이 들어오는 곳에 둔다. 종자가 익는 9월경에 받아 화분이나 화단에 바로 뿌리거나 남은 종자를 종이에 싸서 냉장보관하여 이듬해 봄에 뿌리면 된다.

● 골무꽃_잎

● 골무꽃_줄기

41 곰취

Ligularia fischeri (Ledeb.) Turcz.

▶ 이 명 : 왕곰취, 큰곰취
▶ 과 명 : 국화과
▶ 개화기 : 7~9월

생육 특성

곰취는 우리나라 각처의 깊은 산에서 자생하는 여러해살이풀이다. 생육환경은 산에 물기가 많은 곳에서 주로 자라며, 키는 1~2m 정도이다. 잎은 심장형이며 길이는 약 30~35cm, 폭은 40cm가량이다. 잎 가장자리에는 규칙적인 톱니가 있으며, 잎 표면은 녹색이고 뒷면은 엷은 녹색을 하고 있다. 꽃은 노란색이며 지름은 약 4~5cm 정도이고, 잎 가운데 줄기에서 자주색을 띤 꽃대가 올라오고, 줄기에는 3~4장의 잎이 달려 있다. 열매는 10월경에 원통형으로 달리고, 종자에는 갈색 혹은 갈색 빛을 띤 자색의 갓털이 있다. 웰빙 시대에 쌈으로 먹는 식물들 중 빠질 수 없는 것 가운데 하나이지만 너무 많은 자생지 훼손으로 인해 지금은 보호가 절실한 식물이다. 관상용으로 이용되며 어린잎은 식용, 뿌리줄기와 잔뿌리는 약용으로 쓰인다.

관리 및 번식법

가능한 한 반그늘이나 음지의 화단을 택해서 심어야 한다. 이유는 강한 빛을 보면 잎이 억세어지고 잎 끝이 타서 검게 변해 식용에 적합하지 않기 때문이다. 잎이 많이 올라오는 시기인 늦은 봄에는 하루 간격으로 물을 준다. 10월경에 열리는 종자를 바로 화단에 뿌리거나, 이른 봄 포기나누기를 한다.

● 곰취_ 꽃 피기 전

● 곰취_ 종자 결실

42 관중

Dryopteris crassirhizoma Nakai

- ▶ 이 명 : 호랑고비, 면마
- ▶ 과 명 : 면마과

생육 특성

관중은 우리나라 각처의 산지에서 나는 숙근성 양치류이다. 생육환경은 습기가 많고 토양이 거름진 곳에서 자란다. 키는 50~100cm이고, 잎의 길이는 약 1m 내외, 폭은 약 25cm 정도이며 뿌리에서 나온다. 줄기에는 광택이 많이 나는 황갈색 혹은 흑갈색의 비늘과 같은 것이 있다. 포자낭군은 잎 윗부분 가운데 가까이에 2줄로 붙어 있다.

관리 및 번식법

습기가 많은 화단이나 화분에 심는다. 토양에 유기질이 많이 함유된 곳에서 자라기 때문에 퇴비와 같은 거름기가 많은 것을 넣고 심는다. 물은 2~3일 간격으로 준다. 포자로도 번식이 가능하나 일반적으로 잘 번식시킬 수 있는 방법은 아니다. 이른 봄 새순이 지상부로 올라올 때 바로 화분에 포기나누기를 한다.

● 관중_ 순 올라오는 모습

● 관중_ 잎(안에서 본 모습)

43 광대나물

Lamium amplexicaule L.

- ▶ 이 명 : 작은잎꽃수염풀, 긴잎광대수염
- ▶ 과 명 : 꿀풀과
- ▶ 개화기 : 4~5월

생육 특성

광대나물은 우리나라 각처의 밭이나 길가에서 자라는 두해살이풀이다. 생육환경은 비교적 햇볕이 많이 드는 양지쪽에서 자란다. 키는 10~30cm 가량 되며, 줄기는 네모지고 자줏빛이 돈다. 잎은 둥근 모양을 하고 있으며, 지름은 1~2cm 정도이다. 꽃은 붉은색으로 잎겨드랑이에 여러 송이의 꽃이 붙어 돌려난 것처럼 보인다. 꽃 지름은 약 0.7~1.2cm 정도이고 길이는 2~3cm 정도 된다. 열매는 7~8월경에 달걀 모양으로 달린다. 이른 봄 집주변에서 많이 볼 수 있는 종이다.

관리 및 번식법

음지와 양지의 구분 없이 잘 자라는 식물이지만 햇빛이 잘 들어오는 곳에 심는 것이 좋다. 화분이나 화단에 심어 관리해도 좋다. 두해살이풀이므로 종자로만 번식한다. 8월경에 종자를 받아 이듬해 봄에 화단에 뿌리면 많은 개체를 얻을 수 있다.

● 광대나물_ 새순

● 광대나물_ 줄기

44 광대수염

Lamium album var. *barbatum* (Siebold & Zucc.) Franch. & Sav.

▶ 이 명 : 산광대, 꽃수염풀
▶ 과 명 : 꿀풀과
▶ 개화기 : 5~6월

생육 특성

광대수염은 우리나라 각처의 산과 들에서 자라는 여러해살이풀이다. 생육환경은 토양의 비옥도에 관계없이 잘 자라며 약간 그늘진 곳에서 자란다. 키는 약 30~60cm 정도이며 줄기는 네모지고 잔털이 나 있다. 잎은 난형이며 길이는 5~10cm, 폭은 3~8cm이고, 끝이 약간 뾰족하고 가장자리에 톱니가 있다. 꽃은 흰색 혹은 연한 홍자색으로 줄기가 올라오면서 잎이 전개되는 가운데에서 5~6송이가 뭉쳐서 핀다. 열매는 7~8월경에 달린다. 꽃을 앞에서 보면 잔털이 나 있으면서 잎을 벌리고 있는 모양을 하고 있다.

관리 및 번식법

햇살이 많이 드는 창가에 화분으로 만들거나 화단에 심어도 좋다. 내부 온도가 따뜻하면 5월부터 9월까지도 개화하는 특성을 가지고 있다. 8월경에 익은 종자를 바로 화분에 뿌리거나 종자를 신문지나 화장지 같은 종이에 싸서 보관하다가 이듬해 2월경에 뿌려 발아시킨 후 화분이나 화단에 옮겨심기한다.

● 광대수염_ 잎 올라온 모습

● 광대수염_ 종자 결실

45 괭이밥

Oxalis corniculata L.

- ▶ **이 명** : 괭이밥풀, 선괭이밥, 선시금초, 선괭이밥풀, 눈괭이밥, 덤불괭이밥, 시금초, 괴싱이, 외풀
- ▶ **과 명** : 괭이밥과
- ▶ **개화기** : 5~8월

생육 특성

괭이밥은 우리나라 각처의 들이나 밭에서 흔히 나는 여러해살이 풀이다. 생육환경은 빛이 잘 들어오는 곳이면 어디에서나 잘 자란다. 키는 10~30cm가량 되고, 잎은 마주나며 3개의 작은 잎이 옆으로 펼쳐져 있다. 잎의 길이와 폭은 1~2.5cm가량 되며 가장자리와 뒷면에 털이 약간 있고 빛이 부족할 때는 오므라든다. 노란색 꽃이 잎겨드랑이에서 길게 나오며 지름은 약 0.8cm 정도이다. 열매는 9월경에 길이 1.5~2.5cm가량으로 달리고 안에는 많은 종자가 들어 있다.

관리 및 번식법

화분을 이용할 때는 다른 식물들 주변에 심어 밑에서 꽃이 필 수 있게 하면 좋다. 외부에 심을 때는 처음에 집단을 이루게 하고 다음 해에는 솎아주는 것이 좋다. 이유는 키가 작은 식물이기 때문에 잡초들이나 다른 식물과의 경합을 피하기 위해서이다. 물은 2~3일 간격으로 주면 된다. 어느 시기에나 뿌리를 나누어 심는 방법을 택하여도 좋고 9월경에 받은 종자를 바로 뿌리거나 종이에 싸서 냉장고에 보관했다가 이듬해 봄에 일찍 뿌려준다. 종자 발아율이 높은 식물이다.

● 괭이밥_ 잎

● 괭이밥_ 종자 결실

46 구릿대

Angelica dahurica (Fisch. ex Hoffm.)
Benth. & Hook. f. ex Franch. & Sav.

▶ **이 명** : 구리때, 구릿때, 백지, 구리대
▶ **과 명** : 산형과
▶ **개화기** : 6~8월

생육 특성

구릿대는 우리나라 각처의 산에서 자라는 두해살이 또는 세해살이풀이다. 생육환경은 골짜기 주변과 습기가 많은 곳에서 자란다. 키는 1~1.5m이고, 잎은 여러 갈래로 갈라져 나오며 전체적으로는 난형을 하고 있고 길이는 5~10cm 정도이다. 잎 끝에는 톱니와 같은 것이 나와 있으며, 잎 뒷면은 흰빛이 돌고 위로 올라갈수록 잎이 작아진다. 꽃은 흰색으로 피며 작은 꽃들이 하나가 되어 윗부분에 뭉쳐서 피며 전체적인 지름은 7~15cm 정도이다. 열매는 9~10월경에 달리고 편평한 타원형이다.

관리 및 번식법

뿌리 부분이 많이 커지는 식물이기 때문에 물 빠짐이 좋은 모래 땅에 심어야 한다. 약용식물로 많이 재배되고 있다. 10월에 받은 종자를 이듬해 봄 화단에 뿌린다. 이른 봄 새순이 올라올 때 포기나누기를 한다.

• 구릿대_ 잎

• 구릿대_ 꽃봉오리 나온 모습

47 구상난풀

Monotropa hypopithys L.

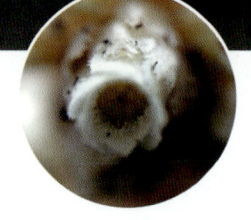

- ▶ **이 명** : 수정초, 구상란풀, 나도수정초, 대흥란, 석장풀, 석장화
- ▶ **과 명** : 노루발과
- ▶ **개화기** : 6~7월

생육 특성

구상난풀은 우리나라 전역의 산지에서 자라는 여러해살이 부생식물이다. 생육환경은 빛이 잘 들지 않고 습기가 많은 곳에서 자란다. 키는 20cm 정도 되며, 잎은 불규칙하고 톱니가 있으며 뾰족한 잎이 퇴화된 비늘과 같은 것이 20~30개가량 있다. 잎 길이는 1~1.5cm, 폭은 0.5~0.7cm 정도이다. 꽃은 줄기 끝에 층상으로 달리며 아래를 향해 피고 연한 황백색이다. 수술은 8개이고 암술은 적갈색을 띠며, 햇볕을 받으면 황갈색의 꽃 부분이 검게 변한다. 부생식물이기 때문에 다른 장소로 옮기는 것을 피한다. 열매는 9월경에 둥글게 달리며 끝부분에 암술대가 남아 있다. 관상용으로 쓰인다.

관리 및 번식법

부생식물이기 때문에 가정에서 키우기는 불가능하며 외부에서 키울 때는 햇볕이 강하게 들지 않는 낙엽수 아래에 심는다. 물은 3~4일에 한 번씩 주며 직접적으로 물이 줄기에 닿지 않게 줘야 한다. 9월경에 달리는 종자를 낙엽수 아래에 바로 뿌린다. 종자는 바로 뿌려야 하며 보관 후 뿌리게 되면 발아율이 낮아진다.

● 구상난풀_ 새순 올라오는 모습(측면)

● 구상난풀_ 종자 결실

48 구슬댕댕이

Lonicera vesicaria Kom.

- ▶ 이 명 : 구슬댕댕이나무, 단간목
- ▶ 과 명 : 인동과
- ▶ 개화기 : 5월

> 생육 특성

구슬댕댕이는 우리나라 중부 이북의 표고 100~1,800m 사이의 계곡과 산허리에 자라는 낙엽활엽관목이다. 생육환경은 알칼리성 토양에 물 빠짐이 좋으며 주변 공기가 서늘한 곳에서 자란다. 키는 약 1.5m가량 되고, 잎의 길이는 5~10cm로 표면은 맥 위에 털이 있으며 뒷면 맥 위에 거센 털이 있고 어긋난다. 꽃은 잎겨드랑이에서 연한 황색으로 달리며 가는 털들로 둘러싸여 있다. 열매는 7~8월경에 붉은색으로 달린다.

> 관리 및 번식법

서늘하고 바람이 잘 통하는 곳에 자라는 식물이어서 실내에서 키우기는 부적합한 품종이다. 실외에서 키울 때는 바람이 잘 통하는 곳을 정해 심는 것이 좋다. 퇴비는 3.3㎡당 10kg이면 적당하다. 물은 여름철 더울 때는 매일 오전과 해가 진 후에 잎에 물을 뿌려줘야 한다. 5월과 9월에 새 가지나 2년생 가지를 이용하여 삽목하는 것이 좋다. 삽목방법은 일반 식물의 삽목방법과 동일하고, 온도가 많이 올라가는 오후에는 온도를 낮추고 환기를 하기 위해 덮고 있는 비닐이나 종이를 제거해야 한다. 8월경에 받은 종자는 물에 넣어 냉장고에서 3~4일 정도 보관 후 뿌리거나 땅속에 묻어놓고 이듬해 봄이나 가을에 뿌린다.

● 구슬댕댕이_ 잎

● 구슬댕댕이_ 꽃봉오리

49 구절초

Dendranthema zawadskii var. *latilobum* (Maxim.) Kitam.

- ▶ 이 명 : 넓은잎구절초, 낙동구절초, 선모초, 큰구절초
- ▶ 과 명 : 국화과
- ▶ 개화기 : 9~10월

생육 특성

구절초는 우리나라 각처의 산지에서 많이 자라는 여러해살이풀이다. 생육환경은 산의 등산로 부근이나 양지바른 곳 또는 반그늘의 풀숲에서 자란다. 키는 50~100cm 정도 되며, 잎은 난형으로 가장자리가 얇게 갈라지며, 길이는 4~7cm, 폭은 3~5cm이다. 꽃은 흰색으로 향기가 있고 줄기나 가지 끝에서 한 송이씩 피며 한 포기에서는 5송이 정도 핀다. 처음 꽃대가 올라올 때는 분홍빛이 도는 흰색이고 개화하면서 흰색으로 변한다. 꽃의 지름은 6~8cm 정도이다. 열매는 10~11월에 맺는다. 구절초는 우리나라에 자생하는 종류가 '울릉국화', '낙동구절초', '포천구절초', '서흥구절초', '남구절초', '한라구절초' 등 50여 가지가 넘는데, 대부분 '들국화'라고 알려져 있다.

관리 및 번식법

토양을 거름지게 한 후 화단이나 화분에 심어야 한다. 또한 바람이 잘 통하게 해주는 것도 잊어서는 안 된다. 2년 정도 재배하고 원래 묘를 꺼내어 다시 심어주면 더 좋은 꽃을 볼 수 있다. 물은 1~2일 간격으로 준다. 11월에 받은 종자를 종이에 싸서 냉장보관 후 이듬해 2월 초순에 화분에 뿌린다. 포기나누기는 해동이 되면 원래 묘를 꺼내어 뿌리가 붙어 있는 부분을 분리하는데, 한 개체에서 약 10~15개 정도는 얻을 수 있다.

● 구절초_잎

● 구절초_꽃 피는 모습

● 구절초_ 종자 결실

● 구절초_ 꽃

● 구절초_ 꽃 피는 모습(분홍)

● 구절초_ 꽃(분홍)

50 국수나무

Stephanandra incisa (Thunb.) Zabel.

- ▶ **이 명** : 고광나무, 뱁새더울, 거렁방이나무
- ▶ **과 명** : 장미과
- ▶ **개화기** : 5~6월

생육 특성

국수나무는 우리나라 각처의 산과 들에서 흔히 자라는 낙엽활엽관목이다. 생육환경은 물 빠짐이 좋고 토양이 비옥하며 빛이 잘 들어오는 곳에서 자란다. 키는 1~2m 정도이고, 잎의 길이는 2~5cm로 잎 표면에 털이 없거나 잔털이 있으며 뒷면 맥 위에 털이 있고 가장자리에는 톱니가 있으며 마주난다. 가지 끝은 밑으로 처지며 작은 가지는 둥글고 잔털 또는 선모가 있으며 적갈색이다. 꽃은 흰색으로 새 가지 끝에 많은 작은 꽃들이 원뿔 모양으로 달린다. 열매는 9월경에 둥글게 달리며 안에는 1~2개의 종자가 들어 있다.

관리 및 번식법

햇볕이 잘 들어오는 곳에 심는다. 꽃을 피울 때는 윗부분의 가지가 약간 처지기 때문에 아래 공간을 메울 수 있는 다른 품종을 심는 것도 좋다. 작은 꽃들이 뭉쳐서 피기 때문에 잘 볼 수 있는 곳에 심는다. 물은 뿌리가 내릴 때까지 2~3일 간격으로 준다. 9월경에 받은 종자는 물에 넣어 냉장고에서 3~4일 정도 보관 후 파종상에 뿌리거나 수분기를 조금 주어 땅속에 묻어놓고 이듬해 봄이나 가을에 뿌린다. 삽목은 5월과 8~9월경에 하는데, 가운데에 심과 같은 것이 들어가 있어 이를 손상하지 않고 삽목하는 것이 쉽지 않다. 삽목 시에는 날카로운 전정가위를 이용하여 가지를 자르고 뿌리촉진제를 바른 후 삽목상에 비스듬히 꽂는다. 물은 저면관수를 이용하며 7~10일 경과 후 수분이 마르지 않게 매일 물을 준다.

| 저면관수 |

물을 직접 주지 않고 삽목상을 물 위에 올리면 물이 서서히 스며들게 하는 방법이다. 미세한 종자 파종 후나 삽목을 한 경우는 대부분 이렇게 저면관수를 통해 물을 준다. 그렇지 않고 물뿌리개로 주게 되면 물을 주는 부위가 파이거나 아래쪽에는 물이 닿지 않기 때문이다. 물이 완전히 스며들었을 때는 상단부의 식물체나 종자가 있는 부분에 물이 보인다. 이때 조심스럽게 삽목상이나 종자 파종상을 올리면 물이 밑으로 내려가는 것을 볼 수 있다.

● 국수나무_ 잎

● 국수나무_ 꽃봉오리

● 국수나무_ 꽃이 핀 모습

● 국수나무_ 꽃대

51 궁궁이

Angelica polymorpha Maxim.

- ▶ **이 명**: 천궁, 개강활, 제주사약채, 백봉천궁, 토천궁
- ▶ **과 명**: 산형과
- ▶ **개화기**: 8~9월

생육 특성 궁궁이는 우리나라 각처의 밭에서 재배되는 여러해살이풀이다. 원산지는 중국으로, 우리나라에는 약용재배식물로 들어왔지만 지금은 그 씨앗이 많이 퍼져서 야산에서 자생하는 경우가 많은 품종이다. 키는 30~60cm이고, 잎은 마치 당근 잎과 같이 갈라져서 나오고 끝은 뾰족하며 톱니가 있다. 꽃은 흰색이며 지름은 약 7~12cm 정도이고 20~40개가량의 작은 꽃들이 줄기 끝에 뭉쳐 달린다. 열매는 10~11월경에 달리고 납작하며 길이는 0.4~0.5cm이다. 어린잎은 식용으로 쓰인다.

관리 및 번식법 햇볕이 잘 들어오는 곳의 토양 비옥도가 높은 화단에 심는다. 약용식물로 재배하는 품종이기 때문에 잡초 방제를 게을리해서는 안 된다. 물은 1~2일 간격으로 준다. 10~11월에 많은 종자가 맺히므로 이때 종자를 받아 이듬해 봄 화단에 뿌리거나, 뿌리를 봄에 나눈다.

● 궁궁이_잎

● 궁궁이_줄기

52 금강애기나리

Streptopus ovalis (Ohwi) Wang et Y. C. Tang

▶ **이 명** : 진부애기나리
▶ **과 명** : 백합과
▶ **개화기** : 4~6월

생육 특성

금강애기나리는 지리산, 태백산, 오대산, 덕유산, 소백산, 한라산 등과 같은 고산지역에서 자라는 여러해살이풀이다. 생육환경은 고산지역의 산등성이나 침엽수림 주변에서 자생하며 부엽질과 습기가 많은 곳을 좋아한다. 키는 10~30cm 정도이며, 잎의 길이는 2~5cm이고 긴 난형으로 마주난다. 꽃은 연한 황백색으로 지름은 약 0.8~1.2cm이고, 원줄기 윗부분의 가지 끝에서 통상 2~4개 정도가 달린다. 열매는 7~8월경에 둥글고 붉게 달린다. 잎의 모양으로 봐서는 둥굴레나 애기나리와 유사하기 때문에 주의 깊게 봐야 하며, 꽃이 피고 난 후에 정확히 구분이 가능하다.

관리 및 번식법

배수가 잘 되는 토양의 양지 혹은 반그늘에 심는다. 7~8월경에 열리는 종자를 받아 바로 뿌리거나 가을에 뿌리를 포기나누기한다.

• 금강애기나리_ 잎

• 금강애기나리_ 꽃봉오리

● 금강애기나리_ 꽃이 시드는 모습

● 금강애기나리_ 종자 결실

● 금강애기나리_ 붉은색 꽃

● 금강애기나리_ 흰색 꽃

53 금강초롱꽃

Hanabusaya asiatica (Nakai) Nakai

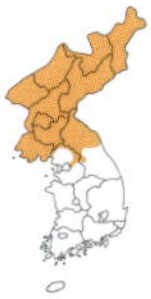

- ▶ 이 명 : 화방초, 금강초롱
- ▶ 과 명 : 초롱꽃과
- ▶ 개화기 : 8~9월

생육 특성 금강초롱꽃은 우리나라 중부 및 북부 이북의 고산지대 깊은 숲에서 자라는 여러해살이풀이다. 생육환경은 반그늘 혹은 양지쪽의 바위틈이나 계곡의 물기가 많고 습도가 높은 곳에서 자란다. 키는 30~90cm이고, 잎의 길이는 5.5~15cm, 폭은 2.5~7cm로 긴 타원형이며 윗부분에는 조금 털이 있고 가장자리는 안으로 굽은 불규칙한 톱니가 있다. 뿌리는 굵게 괴근을 형성하고 옆으로 뻗고 갈라지며 잔뿌리가 뻗어 있다. 꽃은 연한 자주색으로 통꽃으로 아래를 향하며, 꽃받침은 5개로 갈라져 달리고 길이는 약 4.5cm, 지름이 약 2cm 정도이다. 열매는 10월경에 달리고 안에는 많은 종자가 들어 있다. 한국의 특산식물로 보호종이다.

관리 및 번식법 우리나라 특산식물로 분류되어 있어 재배 및 판매는 금지되어 있다. 자생지 조건인 습도와 햇볕의 양을 잘 맞추어준다고 해도 여름의 고온을 버티지 못하기 때문에 고사하는데, 이는 우리나라의 여름 온도가 상대적으로 높기 때문이다. 이런 이유로 최근 야생화를 키우는 열풍이 불고 있음에도 이 품종을 보기는 어렵다. 10월경에 종자를 받아 바로 뿌리는 것이 가장 좋은 발아율을 보였고 저장방법 중의 하나인 냉장 저장을 해도 기간이 지남에 따라 발아율이 낮아지기 때문에 바로 뿌리는 것을 택해야 한다. 종자가 아주 작기 때문에 이끼를 깔고 그 위에 종자를 뿌린 후 비닐이나 신문으로 덮어 습도를 유지하고 10일 정도가 경과되면 벗겨준다. 종자 발아율은 높은 편이 아니다.

● 금강초롱꽃_ 새순 올라오는 모습

● 금강초롱꽃_ 잎

● 금강초롱꽃_ 꽃봉오리

● 금강초롱꽃_ 꽃

54 금꿩의다리

Thalictrum rochebrunianum var. *grandisepalum* (H. Lev.) Nakai

- ▶ 이 명 : 금가락풀(북)
- ▶ 과 명 : 미나리아재비과
- ▶ 개화기 : 7~8월

생육 특성

금꿩의다리는 우리나라 각처의 산지에서 자라는 여러해살이풀이다. 생육환경은 계곡과 산의 습기가 많은 곳을 좋아하며, 중성 토양에서 잘 자란다. 키는 1~2.5m이고, 잎은 작은 난형으로 길이는 2~3cm, 잎 뒷면은 흰색을 하고 있다. 꽃은 홍자색으로 지름은 1~1.5cm이고 꽃자루는 가늘고 길게 달리며 꽃잎이 없는 것이 특징이다. 열매는 9~10월경에 타원형으로 달리고 암술대가 붙어 있다. 수술 부분이 노랗게 되어 있고 홍자색의 꽃이 피기 때문에 다른 꿩의다리와는 확연히 구분이 가능한 품종이다. 관상용으로 쓰이며, 어린잎과 줄기는 식용으로 사용된다.

관리 및 번식법

키가 큰 식물이기 때문에 집 안에서 키우는 것은 힘들고 화단에 심는 것이 좋다. 물은 하루에 한 번 준다. 뿌리나누기를 하거나 9~10월에 결실되는 종자를 바로 뿌리거나 종이에 싸서 냉장보관 후 이듬해 봄에 화단에 뿌린다.

● 금꿩의다리_ 잎

● 금꿩의다리_ 지상부

● 금꿩의다리_ 종자 결실

55 금마타리

Patrinia saniculaefolia Hemsl.

- ▶ **이 명** : 향마타리
- ▶ **과 명** : 마타리과
- ▶ **개화기** : 6~7월

생육 특성

금마타리는 중부 이북의 고산지역에서 자라는 여러해살이풀이다. 생육환경은 주변에 습기가 많고 햇볕이 잘 드는 곳에서 자란다. 키는 약 30cm 가량 되고, 잎은 둥글며 5~7개로 갈라지고 꽃이 필 때까지 뿌리에서 생긴 잎이 그대로 남아 있다. 또 짧은 잎은 모두 깊게 갈라지고 표면에는 털이 많이 나 있지만 뒷면에는 털이 거의 없다. 꽃은 원줄기 끝에 종형으로 달리며 지름은 약 0.3cm 정도이고 안쪽에는 작은 털이 밀생하며 황색이다. 열매는 8~9월경에 타원형으로 달리고 날개와 같은 포가 있다.

관리 및 번식법

낙엽수 아래의 비교적 햇볕이 적게 드는 곳에 재배하는 것이 좋으며 물은 2~3일 간격으로 준다. 주변에 바위가 있으면 바위틈에 심고 이끼를 같이 심어 돌이 뜨거워지는 것을 방지해주는 것이 좋다. 8~9월경에 달리는 종자를 받아서 바로 뿌리거나 수분기가 날아가지 않게 하여 냉장고에 보관 후 이듬해 봄에 뿌린다. 또한 옆에서 나온 개체를 분리하여 화분에 심어 번식시켜도 좋다.

• 금마타리_ 잎

• 금마타리_ 꽃 피기 전

56 금불초

Inula britannica var. *japonica* (Thunb.) Franch. & Sav.

▶ 과 명 : 국화과
▶ 개화기 : 7~9월

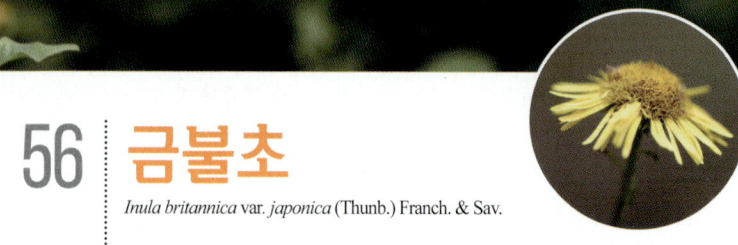

생육 특성

금불초는 우리나라 각처의 산과 들에서 자라는 여러해살이풀이다. 생육환경은 산과 들의 물기가 많은 곳에서 잘 자라며, 반그늘 혹은 양지에서 사는 식물이다. 키는 20~60cm, 잎의 길이는 5~10cm, 폭은 1~3cm이고 어긋나며, 긴 타원형이고 가장자리에 드문드문 톱니가 있다. 꽃은 노란색이며 가지 끝과 줄기 끝에 달리고 지름은 약 3cm 내외이다. 열매는 10월경에 달리고 길이 0.5cm 정도 되는 갓털이 붙어 있다. 꽃은 다른 국화류와는 달리 꽃잎이 좁고 길게 나와 있는 것이 특징이다. 어린순은 식용, 꽃은 약용으로 쓰인다.

관리 및 번식법

대량으로 재배하기에 알맞은 품종으로 토지가 비옥한 화단을 선택해 심는다. 물은 2~3일에 한 번 주고 직사광을 받지 않는 곳을 선정한다. 10월부터 익는 종자를 바로 화분에 뿌리는 것이 좋으며, 이듬해 봄에 포기나누기를 한다.

● 금불초_ 잎

● 금불초_ 꽃봉오리

57 금붓꽃

Iris minutiaurea Makino

- ▶ 이 명 : 누른붓꽃, 애기노랑붓꽃
- ▶ 과 명 : 붓꽃과
- ▶ 개화기 : 4~5월

생육 특성

금붓꽃은 중부 이남의 산에서 자라는 여러해살이풀이다. 생육환경은 반그늘 혹은 양지에 서식하며 뿌리가 옆으로 퍼지면서 자란다. 키는 10~15cm이고, 잎은 뿌리 부분에서 올라오며 길이는 15~20cm 정도로 꽃보다는 길며 폭은 0.3~0.8cm이다. 꽃은 노란색으로 지름이 2cm 정도이고 줄기 끝에서 한 송이만 달린다. 열매는 6~7월경에 달리고 종자는 광택이 나고 검다. 무리 지어 피지 않고 드물게 피는 곳이 많으며 간혹 무리 지어 피는 개체도 20~30개체 정도로 규모가 작은 편이다.

관리 및 번식법

양지 혹은 반그늘에서 키우며, 토양 윗부분이 약간 마른 듯할 때 물을 주는 것이 좋다. 조그마한 화분이나 화단에 심어도 좋다. 6~7월에 종자를 바로 화단에 뿌리거나 종이에 싸서 냉장보관 후 이듬해 봄에 물에 2~3일 불려 화분에 뿌린다. 또한 늦가을과 이른 봄에 뿌리나누기를 하고 화분이나 화단에 옮겨심기한다.

● 금붓꽃_ 꽃봉오리

● 금붓꽃_ 꽃이 시든 모습

58 금창초

Ajuga decumbens Thunb.

- ▶ 이 명 : 금란초, 섬자란초, 가지조개나물
- ▶ 과 명 : 꿀풀과
- ▶ 개화기 : 5~6월

생육 특성

금창초는 우리나라 남부지방의 길가에서 자라는 여러해살이풀이다. 생육환경은 습기가 많은 곳이나 양지에서 잘 자란다. 키는 4~6cm 정도이며, 잎은 끝이 뾰족하게 갈라진 형식의 난형이다. 줄기 및 잎에는 많은 털이 나 있으며, 잎 가장자리에는 물결 모양의 톱니가 있고 줄기는 누워 있다. 꽃은 자색으로 잎 옆에 몇 개씩 달리고 꽃이 피는 줄기는 4~6개가 높이 5~15cm 정도로 곧게 자라며 몇 쌍의 잎이 달리고 자줏빛이 돈다. 열매는 8~10월경에 달리고 그물 모양의 무늬가 있다.

관리 및 번식법

화분이나 화단에 심는다. 반그늘 및 양지 어디에서나 잘 자라며, 습기가 많은 곳을 좋아한다. 가을에 포기나누기를 하거나 8~10월에 익은 종자를 화분이나 화단에 바로 뿌린다.

● 금창초_ 새순 올라오는 모습

● 금창초_ 지상부

59 기름나물

Peucedanum terebinthaceum (Fisch.) Fisch. ex DC.

- ▶ 이 명 : 참기름나물
- ▶ 과 명 : 산형과
- ▶ 개화기 : 7~9월

생육 특성

기름나물은 전국의 산지에서 자라는 여러해살이풀이다. 생육환경은 물이 잘 빠지고 햇볕이 잘 드는 곳에서 자란다. 키는 50~90cm가량 되고, 잎은 끝이 뾰족하고 넓은 난형이며 길이는 5~10cm이다. 작은 잎은 길이가 3~5cm 정도 되며 삼각형이고 아랫부분으로 처져 있다. 꽃은 원줄기와 가지 끝에 달리며 흰색으로 20~30개의 작은 꽃들이 10~15개의 가지에 뭉쳐 핀다. 10월경에 길이 약 0.5cm 내외의 납작한 타원형 열매가 달린다. 관상용으로 쓰이며, 어린순은 나물로 식용된다.

관리 및 번식법

어느 곳에서나 잘 자라며 키가 크기 때문에 다른 식물들보다는 뒤에 심고, 물은 꽃이 피기 전에 2~3일 간격으로 충분히 준다. 실내에서는 너무 크게 자라 쉽게 키울 수는 없지만 볕이 잘 드는 곳에서 키우면 좋다. 10월경에 달리는 종자를 냉장보관하여 이듬해 봄에 뿌린다.

● 기름나물_ 잎

● 기름나물_ 줄기

60 기린초

Sedum kamtschaticum Fisch. & Mey.

- ▶ 이 명 : 넓은잎기린초, 각시기린초
- ▶ 과 명 : 돌나물과
- ▶ 개화기 : 6~8월

생육 특성

기린초는 중부 이남의 산에서 자라는 여러해살이풀이다. 생육환경은 산의 바위틈이나 과습하지 않은 곳에서 자생한다. 키는 약 20~30cm 정도이고 잎은 넓은 난형으로 길이가 3~5cm, 폭이 3~4cm 정도이며, 잎 가장자리에 작은 톱니와 같은 것이 있다. 꽃은 노란색으로 지름은 5~7cm이고 상층부 한 줄기에 5~7개 정도의 꽃이 뭉쳐서 핀다. 열매는 9~10월경에 5갈래로 갈라져 검은색으로 달리고, 안에는 갈색으로 된 작은 종자가 먼지처럼 들어 있다. 잎의 모양이 마치 다육식물과 같이 두툼하면서 육질이 좋기 때문에 식용으로도 많이 이용되며, 남도지방에서는 겨울에도 고사하지 않고 잘 자라는 우리나라에서 몇 되지 않는 식물 중의 하나이다. 어린잎은 식용, 뿌리를 포함한 전초는 약용으로 쓰인다.

관리 및 번식법

화분이나 화단에 심고 직사광이 많이 들어오는 곳은 가급적 피한다. 처음 잎은 작지만 여름에는 커지기 때문에 공간을 잘 배치하는 것이 좋다. 물은 자주 주지 않아도 좋으며 3~4일 간격으로 준다. 줄기를 이용한 삽목과 포기나누기를 하며, 종자는 9~10월에 결실되는데 워낙 미세하기 때문에 씨방 전체를 받아서 정리해야 하고 종자는 바로 화분이나 화단에 뿌리거나 종이에 싸서 냉장보관하여 이듬해 봄에 뿌린다.

● 기린초_ 잎

● 기린초_ 종자 결실

61 긴병꽃풀

Glechoma grandis (A. Gray) Kuprian

▶ 이 명 : 조선광대수염, 덩굴광대수염, 참덩굴광대수염
▶ 과 명 : 꿀풀과
▶ 개화기 : 4~5월

생육 특성

긴병꽃풀은 전남, 경남, 경기, 황해 이북에 나는 여러해살이풀이다. 생육환경은 물 빠짐이 좋고 토양이 비옥한 반그늘에서 자란다. 키는 5~20cm이고, 잎의 길이는 1.5~2.5cm, 폭은 2~3cm이며 끝은 둥글고 심장형이며 가장자리에 둔한 톱니가 있고 마주난다. 꽃은 연한 자색으로 잎 아래에서 1~3개씩 달리며 입술 모양으로 길이는 1.5~2.5cm이다. 열매는 6월경에 타원형으로 달린다.

관리 및 번식법

땅에 많이 붙어 있기 때문에 화단이나 화분에 적합하다. 토양은 물 빠짐을 좋게 하고 퇴비를 많이 넣어야 한다. 물은 2~3일 간격으로 준다. 6월에 받은 종자를 화단이나 화분에 바로 뿌리는 것이 가장 좋고, 가을이나 이듬해 봄에 포기나누기를 한다.

● 긴병꽃풀_ 새순 올라오는 모습

● 긴병꽃풀_ 잎

62 까마중

Solanum nigrum L. var. *nigrum*

- **이 명**: 가마중, 강태, 깜푸라지, 먹딸기, 먹때꽐, 까마종
- **과 명**: 가지과
- **개화기**: 5~7월

생육 특성 까마중은 우리나라 각처의 밭이나 길가에서 자라는 한해살이풀이다. 생육환경은 양지와 반그늘에서 자란다. 키는 20~90cm이고, 잎의 길이는 6~10cm, 폭은 4~6cm로 난형이며 어긋난다. 꽃은 흰색이고 지름은 약 0.6cm이고 작은 꽃줄기가 있으며 정상부에 3~8송이가 달린다. 열매는 9~11월경에 둥글고 검게 달린다.

관리 및 번식법 어디서나 잘 자란다. 10월경에 받은 종자를 보관 후 이른 봄에 뿌린다. 종자 발아로 잘 되는 품종이다. 이 품종은 주변의 과도한 제초작업 때문에 점점 개체가 사라지고 있다. 주변의 비옥하지 않은 곳이나 휴경지(작물을 짓지 않고 방치된 땅)에 심어 관리해도 좋은 품종이다.

● 까마중_ 잎

● 까마중_ 열매

63 까실쑥부쟁이

Aster ageratoides Turcz.

- ▶ **이 명** : 껄큼취, 까실쑥부장이, 곰의수해, 산쑥부쟁이, 흰까실쑥부쟁이
- ▶ **과 명** : 국화과
- ▶ **개화기** : 8~10월

> **생육 특성** 까실쑥부쟁이는 우리나라 각처의 산이나 들에 자라는 여러해살이풀이다. 생육환경은 반그늘과 양지에서 자생하며 비옥한 토양에서 잘 자란다. 키는 1m 내외이고, 잎은 긴 타원형이며 잎 끝에는 자주색의 톱니 모양 띠가 있다. 잎의 길이는 10~14cm이며 표면이 거칠고, 줄기 위로 올라갈수록 잎이 작아진다. 꽃은 연한 자주색과 연한 보라색으로 피며, 지름은 약 2cm 정도이다. 열매는 10~11월에 달리고 타원형이며 털이 있다.

> **관리 및 번식법** 화단이면 어느 곳에서나 잘 자란다. 잎이 많기 때문에 물은 1~2일 간격으로 준다. 이른 봄에 새순을 분리하거나, 11월에 결실되는 종자를 바로 화분에 뿌리거나 종자를 종이에 싸서 냉장보관 후 이듬해 봄에 뿌린다.

● 까실쑥부쟁이_ 잎

● 까실쑥부쟁이_ 꽃봉오리

64 까치수염

Lysimachia barystachys Bunge

- ▶ 이 명 : 까치수영, 꽃꼬리풀
- ▶ 과 명 : 앵초과
- ▶ 개화기 : 6~8월

생육 특성

까치수염은 우리나라 각처의 산과 들에 자라는 여러해살이풀이다. 생육환경은 양지의 모래와 돌이 많은 곳에서 잘 자란다. 키는 0.5~1m 정도, 잎은 양끝이 좁고 긴 타원형이고 가장자리는 밋밋하다. 꽃은 흰색으로 길이는 10~20cm이고 줄기를 따라 작은 꽃들이 뭉쳐서 큰 봉오리가 되고 끝에 가서 꼬리처럼 약간 말려서 올라간다. 열매는 9~10월경에 둥글게 달리고 적갈색으로 익은 씨방에는 종자가 많이 들어 있다. 종자가 결실되면 꽃대의 간격은 종자가 충분히 익을 수 있도록 간격이 더 넓어져 꽃대가 더 길어진다. 관상용으로 쓰이며, 어린잎은 식용으로 쓰인다.

관리 및 번식법

토양 비옥도에 관계없으며 햇볕이 잘 들어오는 화단에 심는다. 물은 1~2일 간격으로 준다. 땅속으로 길게 뻗은 줄기를 봄이나 가을에 잘라서 이용하고, 9~10월에 달리는 종자는 이른 봄 화분에 뿌리고, 뿌리가 많이 발달하면 화단에 옮겨심기한다.

● 까치수염_ 새순 올라오는 모습

● 까치수염_ 종자 결실

65 깽깽이풀

Jeffersonia dubia (Maxim.)
Benth. & Hook. f. ex Baker & S. Moore

- ▶ 이 명 : 깽깽이풀, 황련, 조황련
- ▶ 과 명 : 매자나무과
- ▶ 개화기 : 4~5월

생육 특성

깽깽이풀은 전국의 숲에서 자라는 여러해살이풀이다. 생육환경은 비옥한 토양의 반그늘이 진 곳에서 자란다. 키는 20~30cm 정도이며, 잎은 둥근 심장형으로 길이와 폭이 각 9cm 정도로 가장자리가 조금 들어가 있고 전체가 딱딱하며 연잎처럼 물에 젖지 않는다. 꽃은 홍자색이고 지름이 2cm가량 되며 1~2개의 꽃줄기가 잎보다 먼저 나오고 끝에 꽃이 한 개씩 달린다. 개화 후 약한 바람에도 꽃잎이 떨어지기 때문에 다른 식물보다 빨리 꽃이 진다. 열매는 7월경에 넓은 타원형으로 달리고 종자는 검은색이다.

자생지를 가보면 한 줄로 길게 자생하는 것을 볼 수 있는데, 이는 종자가 땅에 떨어지면 엘라이오솜(Elaiosome)이란 달콤한 향기의 지방 덩어리를 개미와 같은 매개충들이 옮기는 과정에서 기인한 것이 아닌가 생각된다. 개미의 동선을 따라 뜀을 뛰는 것처럼 줄지어 핀다고 하여 깽깽이풀이라 한다. 한약재의 중요 재료로 이용되고 있어, 특히 많은 자생지가 훼손되었다. 중국과 일본에서 생산되는 것보다 우리나라에서 생산된 것이 약효가 월등히 우수하다 하여 "조황련" 혹은 "선황련"이라는 이름으로 불렸다.

관리 및 번식법

화분이나 화단에 심는다. 햇살이 잘 드는 곳에서 키우는 것이 좋다. 꽃이 활짝 피었을 때는 물을 주지 않는 것이 좋은데, 이유는 꽃이 약하여 조금만 바람이 불어도 쉽게 떨어지기 때문이다. 가을이면 잎이 없기 때문에 물은 조금씩 준다. 7월에 익은 종자를 바로 화분이나 화단에 뿌리는 것이 가장 좋다. 그해에 발아된 종자는 이듬해 꽃을 피우지만 이듬해 봄에 뿌린 씨는 그 다음 해에 꽃이 피기 때문이다.

● 깽깽이풀_ 새순 올라오는 모습

● 깽깽이풀_ 잎

● 깽깽이풀_ 꽃이 지는 모습

● 깽깽이풀_ 꽃이 진 후의 모습

66 꼬리조팝나무

Spiraea salicifolia L.

- ▶ **이 명** : 개쥐땅나무, 붉은조록싸리
- ▶ **과 명** : 장미과
- ▶ **개화기** : 6~7월

생육 특성

꼬리조팝나무는 경상북도 이북의 습한 산지에서 자라는 낙엽활엽관목이다. 생육환경은 반그늘 혹은 양지의 습기가 많은 곳에서 자란다. 키는 1~1.5m이고, 잎의 길이는 4~8cm, 폭은 1.5~2cm로 뾰족하고 어긋나며, 표면에는 털이 없으나 뒷면에는 잔털이 있고 가장자리에 잔 톱니가 있다. 꽃은 연한 붉은색으로 지름이 5~8cm이고 줄기 끝에서 뭉치며 꽃줄기와 작은 꽃줄기에는 털이 많다. 열매는 9월경에 갈색으로 익으며 길이는 약 3.5cm 정도로 달린다. 관상용으로 쓰이며, 어린잎은 식용으로 쓰인다.

관리 및 번식법

화단이나 화분에 심는다. 물 빠짐이 좋은 양지쪽에 퇴비를 많이 넣고 심는다. 물은 이른 봄 꽃이 올라올 때는 2~3일, 꽃이 지고 잎이 나오면 1~2일 간격으로 준다. 9월에 받은 종자를 바로 뿌리는 것이 가장 좋고, 가을이나 이른 봄에 새순을 이용하여 삽목하거나 포기나누기를 한다.

● 꼬리조팝나무_ 종자 결실

67 꼭두서니

Rubia akane Nakai

- ▶ **이 명** : 꼭두선이, 가삼자리
- ▶ **과 명** : 꼭두서니과
- ▶ **개화기** : 7~8월

생육 특성

꼭두서니는 우리나라 각처에서 자라는 여러해살이 덩굴식물이다. 생육환경은 습지를 제외한 어디서나 잘 자란다. 키는 약 1m 정도이고, 잎은 심장형으로 길이는 3~7cm, 폭은 1~3cm이고, 줄기를 따라 4개씩 돌아가며 달리고 가장자리에는 잔가시가 있다. 꽃은 연한 황색으로 지름이 약 0.4cm 정도이고 원줄기 끝에 작은 꽃들이 많이 달린다. 열매는 10월경에 둥글고 검게 달린다. 줄기에는 작은 가시들이 많이 달려 있어 잘 달라붙는 습성이 있으며, 예전부터 쪽과 함께 염료식물로 많이 이용되어왔다. 관상용이나 염료용으로 쓰이며, 어린순은 식용으로 쓰인다.

관리 및 번식법

실내에서 키우는 것은 어려우며 실외에서 키울 때도 옷이나 피부에 달라붙기 때문에 사람들의 왕래가 많지 않은 곳에 심는 것이 좋다. 덩굴성이고 잎의 크기는 작지만 수가 많기 때문에 수분 증발이 많으므로 물은 2~3일 간격으로 충분히 준다. 10월에 익은 종자를 종이에 싸서 냉장보관 후 이듬해 봄에 뿌린다.

● 꼭두서니_잎

● 꼭두서니_ 줄기

● 꼭두서니_ 꽃봉오리

● 꼭두서니_ 꽃

● 꼭두서니_ 종자 결실

68 꽃다지

Draba nemorosa L. f. *nemorosa*

- ▶ 이 명 : 코딱지나물
- ▶ 과 명 : 십자화과
- ▶ 개화기 : 4~6월

생육 특성

꽃다지는 우리나라 각처의 들에서 자라는 두해살이풀이다. 생육환경은 빛이 잘 들어오는 곳이면 토양의 조건에 관계없이 자란다. 키는 약 20cm이고, 잎은 긴 타원형으로 길이는 2~4cm, 폭은 0.8~1.5cm로 방석처럼 퍼져 있다. 꽃은 원줄기나 가지 끝에 여러 송이의 꽃이 어긋나게 달리며 작은 꽃줄기의 길이는 1~2cm로 비스듬히 옆으로 퍼진다. 열매는 7~8월경에 편평하고 긴 타원형으로 달리며 길이는 0.5~0.8cm, 폭은 약 0.2cm이다.

관리 및 번식법

노란색으로 꽃을 피우기 때문에 집단을 형성해서 심는 것이 좋다. 햇빛이 잘 들어오고 주변 다른 지형보다 높은 곳에 심는 것이 좋다. 두해살이풀이기 때문에 주변에 다른 식물도 심어주는 것이 좋다. 실내에서는 작은 화분에 심어 관상 후 오후에는 빛이 잘 들어오는 곳에 옮겨줘야 한다. 뿌리를 이용하거나 종자를 이용해도 잘 되는 품종이다. 종자는 8월에 받아 바로 뿌리거나 상온에 보관 후 이듬해 봄에 뿌린다.

● 꽃다지_ 새순 올라오는 모습

● 꽃다지_ 꽃이 시드는 모습

69 꽃마리

Trigonotis peduncularis (Trevir.) Benth. ex Hemsl.

- ▶ **이 명** : 꽃따지, 꽃말이, 잣냉이
- ▶ **과 명** : 지치과
- ▶ **개화기** : 4~7월

생육 특성 꽃마리는 우리나라 각처의 산과 들의 마른 곳에서 나는 두해살이풀이다. 생육환경은 반그늘 혹은 양지에서 자란다. 키는 10~30cm이고, 잎의 길이는 1~3cm, 폭은 0.6~1cm로 양면에 짧고 거센 털이 있으며 긴 타원형으로 어긋난다. 긴 꽃대에 꽃꼭지가 있는 여러 개의 연한 하늘색 꽃이 어긋나게 붙어서 밑에서부터 피기 시작하여 끝까지 피며 줄기나 가지 끝에 달리고, 꽃자루는 길이가 0.3~0.9cm로 처음에는 비스듬히 위를 향하지만 점차 옆으로 퍼진다. 열매는 8월경에 달린다.

관리 및 번식법 화단이나 화분에 심으면 좋다. 꽃이 피고 지고를 반복하며 날씨가 따뜻하면 가을에도 꽃을 피우기 때문에 꽃이 피는 시기는 상당히 긴 편이다. 8월에 받은 종자를 화단이나 화분에 바로 뿌리거나 종이에 싸서 보관한 후 이듬해 봄에 뿌린다. 두해살이풀이어서 심은 곳을 중심으로 호미와 같은 작은 농기구를 이용하여 흙을 부드럽게 해주면 떨어져 있던 종자가 땅속으로 들어가, 발아율이 자연 발아보다 훨씬 높게 나타난다.

● 꽃마리_잎

● 꽃마리_종자 결실

70 꽃쥐손이

Geranium eriostemon Fisher ex DC.

- ▶ 이 명 : 털쥐손이, 흰털쥐손이, 낭림쥐소니, 털손잎풀
- ▶ 과 명 : 쥐손이풀과
- ▶ 개화기 : 7~8월

> **생육 특성**

꽃쥐손이는 우리나라 각처의 고산지역 산 중턱 이상에서 나는 여러해살이풀이다. 생육환경은 햇볕이 잘 드는 곳이나 반그늘의 토양에 유기질 함유량이 높고 물 빠짐이 좋은 곳에서 자란다. 키는 30~50cm이고, 잎은 폭이 8~12cm로 원형이고 5~7개로 갈라지며 표면에는 2갈래로 갈라지는 털이 있고 뒷면은 퍼진 털이 있다. 원줄기는 세로로 홈이 있고 전체적으로 털이 반대로 나 있다. 원줄기 끝에서 지름 3.5~4cm가량의 홍자색 꽃이 약 10송이씩 달리며 작은 꽃줄기에는 퍼진 털이 있다. 암술대는 수술보다 바깥쪽으로 나와 있으며 수술과 암술이 붙어 있는 부분은 긴 삼각형 모양으로, 잔털이 촘촘하게 있다. 열매는 9~10월경에 5갈래로 갈라지며 달린다. 관상용으로 이용한다.

> **관리 및 번식법**

고산지역에서 자라기 때문에 재배하기 쉽지 않은 종이다. 하지만 다른 쥐손이 종류보다 꽃이 크고 관상가치가 높기 때문에 이에 대한 연구는 앞으로 진행되어야 할 부분이다. 10월경에 달리는 종자를 받아 냉장고에 약 1주일 정도 보관하여 물에 2~3일 정도 불린 후 뿌린다. 종자가 딱딱해 마쇄한 후 뿌려도 발아가 잘 된다.

● 꽃쥐손이_잎

● 꽃쥐손이_종자 결실

71 꽃창포

Iris ensata var. *spontanea* (Makino) Nakai

- ▶ 이 명 : 꽃장포, 들꽃장포, 들꽃창포
- ▶ 과 명 : 붓꽃과
- ▶ 개화기 : 6~7월

생육 특성

꽃창포는 전국 각처의 산지에서 자라는 여러해살이풀이다. 생육환경은 햇볕이 많이 드는 습지에서 자란다. 키는 60~120cm이고, 잎은 표면은 광택이 많이 나는 녹색이고 가운데 줄이 선명하게 나타나며 길이는 20~60cm, 폭은 0.5~1.5cm이다. 꽃은 적자색으로, 잎 사이에서 잎보다 작게 중간에서 원줄기 혹은 가지 끝에 달려 핀다. 뿌리는 짧고 굵으며 갈색 섬유로 덮여 있다. 열매는 9월경에 갈색으로 달리는데 끝이 뾰족하며 길이는 약 2.5~3cm 정도 되고 안에는 적갈색 종자가 많이 들어 있다. 관상용으로 쓰인다.

관리 및 번식법

실내에서 키울 때는 수반에 물을 많이 담아 햇볕이 잘 드는 곳에서 키운다. 실외에서 키울 때는 물웅덩이를 파서 안에 다른 붓꽃과 식물들과 함께 심어주면 좋다. 9월에 결실되는 종자를 냉장보관 후 이듬해 봄에 뿌리는데, 종자가 딱딱하기 때문에 물에 넣고 3~5일 정도 불려서 사용한다. 또한 잎이 올라오는 봄에 뿌리줄기를 분리하여 번식시킨다.

● 꽃창포_꽃봉오리

● 꽃창포_종자 결실

72 꽃향유

Elsholtzia splendens Nakai

- ▶ 이 명 : 붉은향유
- ▶ 과 명 : 꿀풀과
- ▶ 개화기 : 9~10월

> **생육 특성** 꽃향유는 우리나라 중부 이남에 자생하는 한해살이풀이다. 생육환경은 양지 혹은 반그늘의 습기가 많은 풀숲에서 자란다. 키는 약 50cm이고, 잎은 가장자리에 이 모양의 둔한 톱니가 나 있으며, 길이는 8~12cm 정도이다. 꽃은 분홍빛이 나는 자주색으로 줄기 한쪽 방향으로만 빽빽이 뭉쳐서 피고, 길이는 6~15cm이다. 열매는 11월에 달리고 꽃봉오리가 진 자리에 작고 많은 씨를 맺는다.

> **관리 및 번식법** 강한 빛을 받지 않는 화단에 심는다. 향기가 강하기 때문에 낮은 곳에 심어 높은 곳으로 향이 올라오게 한다. 밀원식물로도 이용한다. 11월에 결실되는 종자를 이듬해 봄 화단에 뿌린다. 꽃이 진 꽃봉오리에는 작은 씨들이 많이 들어있어 봉오리를 자르게 되면 작은 씨들이 쏟아져내릴 수 있으므로 줄기를 자른 후 아래에 신문지와 같이 모을 수 있는 것을 깔고 줄기를 흔들어 종자를 받아야 한다. 종자 발아율은 매우 높은 편이다.

● 꽃향유_ 잎

● 꽃향유_ 종자 결실

73 꿀풀

Prunella vulgaris var. *lilacina* Nakai

- ▶ 이 명 : 꿀방망이, 가지골나물, 가지래기꽃
- ▶ 과 명 : 꿀풀과
- ▶ 개화기 : 5~8월

생육 특성

꿀풀은 우리나라 각처의 산이나 들에서 자라는 여러해살이풀이다. 생육환경은 산기슭이나 들의 양지바른 곳에서 뭉쳐서 핀다. 키는 약 30cm 정도이며, 잎 길이는 2~5cm이고 긴 난형으로 마주나며, 줄기는 네모지고 전체에 짧은 털이 있다. 꽃은 붉은색을 띤 보라색으로 길이는 3~8cm이고 줄기 위에 꽃이 층층이 모여 달리는데, 앞으로 나온 꽃잎은 입술 같은 모양이다. 열매는 7~8월경에 황갈색으로 달리고 꼬투리는 마른 채 가을에도 남아 있다. 어린잎은 식용으로 쓰이며 꽃을 포함한 줄기와 잎은 약용으로 이용한다.

관리 및 번식법

화분이나 화단 어디에 심어도 좋다. 토양이 비옥한 곳을 좋아하고 햇볕이 잘 드는 곳에 심는다. 물은 2~3일 간격으로 준다. 8~10월경에 결실되는 종자를 바로 화분에 뿌리고, 가을이나 봄에 뿌리를 이용한 포기나누기를 한다.

● 꿀풀_ 새순 올라오는 모습

● 꿀풀_ 꽃 피기 전

74 꿩의바람꽃

Anemone raddeana Regel

- ▶ **과 명** : 미나리아재비과
- ▶ **개화기** : 4~5월

생육 특성

꿩의바람꽃은 우리나라 각처의 산지에서 자라는 여러해살이풀이다. 생육환경은 숲 속의 나무 아래에서 주로 자라며 양지와 반그늘에서 볼 수 있다. 키는 10~15cm이고, 잎은 한 줄기에서 3갈래로 갈라진다. 꽃은 흰색이고 긴 줄기 위에 한 송이만 자라는데 지름은 3~4cm이다. 이 품종은 수분의 가늠자와 같은 역할을 하는데 주변에 수분이 많이 없으면 펴져 있던 잎이 말려서 수분이 부족한 것을 알 수 있게 한다. 뿌리는 길게 된 하나의 괴근 같은 모양을 하고 있으며 지하 약 10cm 깊이에 묻혀 아래로 길게 뻗어 있다.

관리 및 번식법

화분이나 화단에 심는다. 햇살이 많이 들어오지 않는 곳이 좋다. 이유는 꽃이 흰색이어서 쉽게 탈색되기 때문이다. 물은 봄철에는 1~2일에 한 번은 줘야 하며 여름에는 2~3일 간격, 가을과 겨울에는 5~7일 간격으로 주면 된다. 6~7월경에 익은 종자를 이용하여 번식시키며 발아율이 높기 때문에 종자를 채종한 후 바로 화단이나 화분에 뿌리는 것이 좋다. 뿌리는 길게 연결되어 있으므로 나누어 심는 것은 바람직하지 않다.

● 꿩의바람꽃_ 꽃봉오리

● 꿩의바람꽃_ 시드는 모습

75 꿩의비름

Hylotelephium erythrostictum (Miq.) H. Ohba

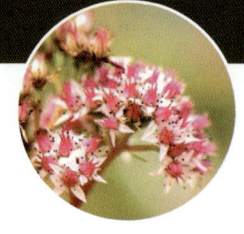

- ▶ **이　명** : 큰꿩의비름(중)
- ▶ **과　명** : 돌나물과
- ▶ **개화기** : 8~9월

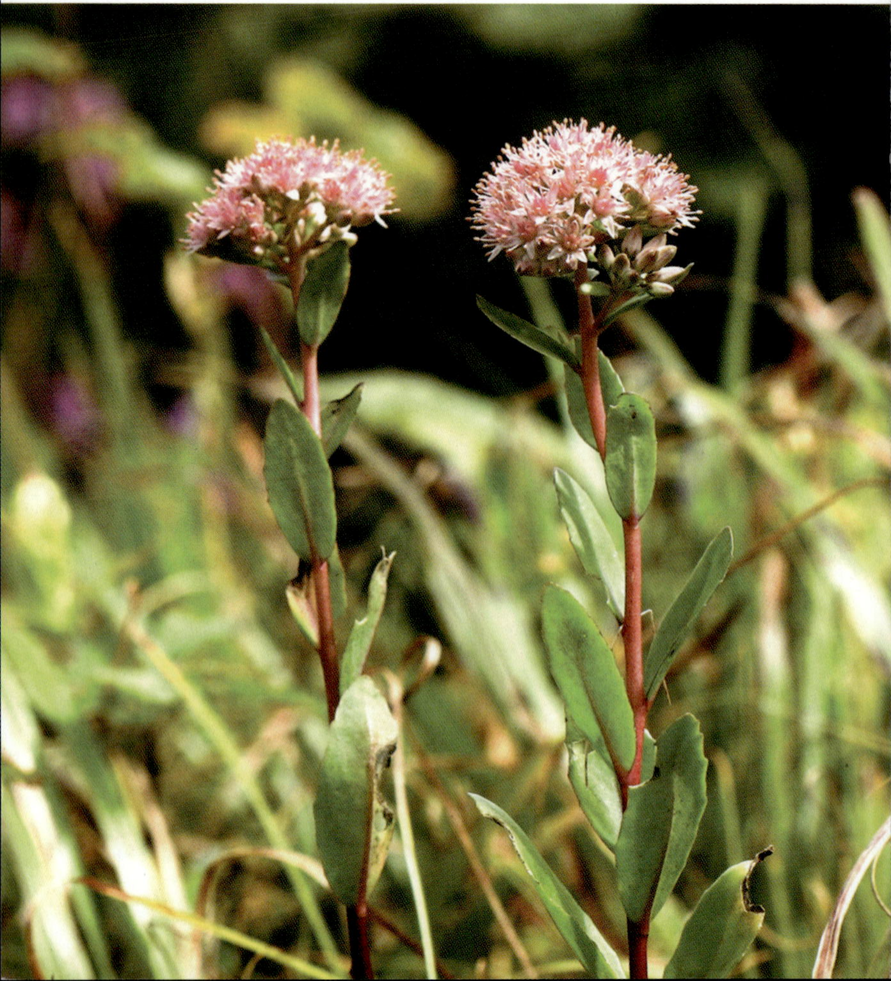

생육 특성

꿩의비름은 우리나라 각처의 산지에서 자라는 여러해살이풀이다. 생육환경은 풀숲의 양지바른 곳이나 돌 틈에서 자란다. 키는 30~90cm, 잎은 다육질로 되어 있으며 긴 타원형이다. 잎의 길이는 6~9cm이고, 잎 가장자리에 톱니 같은 것이 나 있다. 꽃은 흰색 바탕에 붉은색이 돌고 위의 꽃은 꽃줄기가 길고 아래의 꽃은 줄기가 짧으며 지름이 6~10cm가량 된다. 열매는 10~11월에 달리고 작은 꽃들 안에 종자가 먼지처럼 들어 있기 때문에 종자를 받을 때는 주의해야 한다.

관리 및 번식법

돌 틈과 같이 물기가 많이 없는 화분이나 화단에 심는다. 다른 식물보다 공중습도가 높아야 하므로 옆에 계곡이나 연못이 있으면 좋다. 10월 이후에 결실되는 종자를 받아서 바로 뿌리거나 종이나 통에 담아 수분이 증발되는 것을 최대한 억제시킨 후 이듬해 봄에 일찍 뿌린다. 종자는 매우 미세하므로 뿌릴 때는 종자상에 이끼나 수태와 같은 것을 깔고 위에서 흩어 뿌려 골고루 이끼와 수태 사이에 들어가게 해야 한다. 물을 줄 때도 가급적 입자가 고운 스프레이로 주어야 발아율이 높아진다. 삽목은 가을보다는 이른 봄에 하는 것을 권하는데, 이는 올라오는 작은잎이 완전히 전개되면 잎을 이용한 엽삽을 해도 되고 또한 줄기를 붙이는 줄기삽을 해도 좋기 때문이다. 발근율도 매우 좋다.

● 꿩의비름_ 꽃봉오리

● 꿩의비름_ 꽃(흰색)

76 끈끈이주걱

Drosera rotundifolia L.

▶ **과 명** : 끈끈이귀개과
▶ **개화기** : 7~8월

생육 특성

끈끈이주걱은 우리나라 각처의 산속에서 자라는 숙근성 다년초이며, 식충식물이다. 생육환경은 이끼가 많고 습기가 많은 반그늘에서 자란다. 키는 6~30cm이고, 잎의 길이와 폭이 0.5~1cm이고 엷은 홍자색을 띤 가늘고 긴 선모가 빽빽이 달려 있으며, 주걱 모양이다. 꽃은 흰색으로 위로 올라가며 피고 한쪽으로 치우쳐 있다. 열매는 9월경에 달리는데, 안에는 작은 종자가 많이 들어 있다. 잎에 길게 달린 선모는 작은 벌레를 잡았을 때 소화하는 데 이용된다. 잎과 줄기, 꽃, 뿌리 모두를 약용으로 쓰며, 식충식물 교재용으로도 이용한다.

관리 및 번식법

음습한 곳에서 자라는 품종이어서 화단이나 화분에 심어 공중 습도를 높이는 것이 중요하다. 또한 뿌리가 닿는 부분은 습기가 많으면 썩기 쉽다. 물은 분무기로 하루에 2~3회 정도 공중에 뿌려줘야 하고 토양에는 3~4일 간격으로 준다. 가을에 포기나누기를 하고 9~10월경에 열리는 종자를 바로 화단에 뿌린다.

• 끈끈이주걱_잎

• 끈끈이주걱_종자 결실

77 나도개감채

Lloydia triflora (Ledeb.) Baker

- ▶ 이　명 : 산무릇, 꽃개감채, 가는잎두메무릇
- ▶ 과　명 : 백합과
- ▶ 개화기 : 4~5월

생육 특성

나도개감채는 우리나라 중북부 이북의 깊은 산에서 자라는 여러해살이풀이다. 최근에는 남도지방의 높은 산에서도 드물게 관찰되고 있기도 하다. 생육환경은 고산지역의 반그늘에 토양이 비옥한 곳에서 자란다. 키는 10~25cm 정도이며, 잎의 길이는 10~20cm, 폭은 1.2~2.5cm이고, 가늘고 길게 자라 마치 파 잎과 같은 모양을 하고 있다. 꽃은 흰색 바탕에 녹색 줄이 있고, 폭은 1~2cm이며 꽃줄기에서 2~6송이 정도 달린다. 열매는 6~7월경에 달리고 달걀과 같은 모양이다. 뿌리는 구근으로 되어 있으며 비늘줄기는 넓은 타원형이다. 무리 지어 있는 모습은 잘 보이지 않고 드문드문 핀 모습은 많이 볼 수 있다.

관리 및 번식법

서늘한 곳을 좋아하는 습성을 가지고 있기 때문에 가정에서 키우는 것은 다소 무리가 있다. 가을에 구근을 칼로 잘라서 번식시키거나, 6~7월경에 열린 종자를 바로 화단에 뿌리거나 종자를 종이에 싸서 냉장보관 후 이듬해 봄에 파종한다. 종자로 번식시키는 것이 좋은데, 종자 발아는 공중습도를 높게 해야 하며 개화기간은 2~3년 정도가 소요된다.

● 나도개감채_ 꽃봉오리

● 나도개감채_ 꽃 뒷부분

78 나도바람꽃

Lsopyrum raddeanum (Regel) Maxim.

- ▶ 이 명 : 향수꽃
- ▶ 과 명 : 미나리아재비과
- ▶ 개화기 : 5~6월

생육 특성

나도바람꽃은 우리나라 강원도 이북의 산지에서 자라는 여러해살이풀이다. 생육환경은 빛이 잘 들어오지 않는 음습한 곳의 토양이 비옥한 땅에서 자란다. 키는 20~30cm가량 되고, 잎은 뿌리에서 나온 잎이 뭉쳐 있고 표면은 녹색, 뒷면은 분백색으로 짧은 털이 있으며 작은잎은 난형이다. 꽃은 위를 향해 흰색으로 피고 꽃잎이 없으며 수술은 가늘고 많은 반면 암술대는 윗부분이 굵다. 열매는 6~7월경에 3~5개의 씨방을 이루며 달린다.

관리 및 번식법

남부지방보다는 중부 이북의 정원을 조성하는 데 적합한 품종이다. 바람꽃류 가운데 꽃이 많이 피고 개화기간이 길기 때문에 관상용으로 적합한 품종 중의 하나이다. 서늘하고 주변습도가 높으며 빛이 많이 들어오지 않는 곳에 심는다. 퇴비는 많이 필요하지 않으며 물은 1~2일 간격으로 준다. 뿌리나누기를 하기에는 많은 문제가 있고 종자 결실이 잘 되므로 7월경에 받은 종자는 수분기가 있게 하여 냉장고에 보관한 후 9월경에 뿌린다. 종자를 뿌리기 전에 반드시 물에 3~4일 정도 담갔다가 뿌려야 발아율을 높일 수 있다. 종자 발아율이 저조한 품종이기 때문에 많이 뿌려야 한다. 종자 번식을 권장하고 싶은 품종이다.

• 나도바람꽃_꽃망울이 맺힌 모습

• 나도바람꽃_종자 결실

79 나도송이풀

Phtheirospermum japonicum (Thunb.) Kanitz

▶ 과 명 : 현삼과
▶ 개화기 : 8~9월

생육 특성

나도송이풀은 우리나라 전역의 산과 들에서 자라는 반기생 한해살이풀이다. 생육환경은 반그늘 혹은 양지의 풀숲에서 자란다. 키는 30~60cm이고, 잎의 길이는 3~5cm, 폭은 2~3.5cm로 마주나고, 삼각형을 띤 달걀과 같은 모양으로 끝은 뾰족하다. 꽃은 연한 홍자색으로 줄기 윗부분의 잎자루에서 여러 송이가 아래에서부터 피어 위쪽으로 올라간다. 열매는 9~10월경에 길이 3~12cm, 폭 4~6cm로 달리며 끝이 뾰족하고 난형이다.

관리 및 번식법

화단이면 어느 곳에서나 잘 자란다. 습기가 많은 땅을 제외하고는 모든 토양에서 잘 살아가는 품종이다. 물관리는 다소 까다로운 편인데, 무더위에 수분이 부족해서 잎이 처지면 주변에 수분을 공급해주어야 한다. 물을 너무 많이 주게 되면 오히려 수분 과다로 상할 수 있는 품종이다. 10월에 받은 종자를 보관하여 이른 봄 화단에 뿌린다. 모본이 있던 곳을 이른 봄에 호미와 같은 작은 농기구를 이용해 땅을 뒤집어주면 떨어진 종자가 땅속으로 들어가 종자 발아율을 높인다.

● 나도송이풀_ 잎

● 나도송이풀_ 종자 결실

80 나도승마

Kirengeshoma koreana Nakai

- ▶ 이 명 : 왜승마, 노랑승마, 백운승마
- ▶ 과 명 : 범의귀과
- ▶ 개화기 : 8~9월

> 생육 특성

나도승마는 전남 백운산, 중북부지방과 지리산에서 자라는 여러해살이풀이다. 생육환경은 햇볕이 잘 들지 않고 부엽질이 많은 낙엽수 아래에서 자란다. 키는 30~90cm가량이고, 잎은 마주나며 길이와 폭이 8~20cm가량 되고 잎몸은 원형이며 가장자리는 얕게 갈라지고 뾰족한 톱니가 있다. 꽃은 엷은 노란색으로 피기 전에 아래를 향하고 피면 옆으로 달리며 원줄기 또는 가지 끝에 뭉쳐 달린다. 뿌리는 굵고 옆으로 뻗으며 끝에서도 새순이 올라온다. 열매는 10월경에 지름 약 1.5cm로 둥글게 달린다. 전라남도 광양 백운산에서 처음 발견되어 백운승마라고도 불리는데 최근 지리산 1,000고지에서도 넓은 자생지가 분포되고 있는 것이 확인되며 중북부 이북에서도 일부 발견되고 있다. 관상용으로 쓰인다.

> 관리 및 번식법

햇볕이 많이 들지 않은 곳에 부엽질이 풍부한 환경을 만들고 심는다. 잎이 넓고 많은 품종이어서 5~6월경에 2~3일 간격으로 물을 준다. 주변에 습기가 많고 낙엽수가 있는 곳에 심으면 좋다. 10월에 달리는 종자를 종이에 싸서 냉장고에 보관 후 이듬해 봄에 뿌리거나, 봄에 새순이 올라오면 뿌리에서 분리하여 심는다.

● 나도승마_잎

● 나도승마_꽃봉오리

81 나비나물

Vicia unijuga A. Braun

▶ **과 명** : 콩과
▶ **개화기** : 8월

생육 특성

나비나물은 우리나라 각처의 산과 들에서 자라는 여러해살이풀이다. 생육환경은 풀숲이나 빛이 잘 드는 경사진 곳의 부엽질이 풍부한 곳에서 자란다. 키는 30~100cm이고, 잎의 길이는 3~8cm, 폭은 2~4cm로 한 쌍의 작은 잎이 어긋나며 끝이 길게 뾰족해진다. 줄기는 약간 비스듬히 자라고 원줄기는 능선으로 인해 네모진다. 꽃은 홍자색으로 길이는 1.2~1.5cm이며 나비 모양으로 잎겨드랑이에서 한쪽으로 치우치며 달린다. 열매는 9~10월경에 길이가 약 3cm 정도로 달리는데 모양이 완두콩과 닮았다. 어린순은 식용하며 관상용으로도 좋다. 연한 순은 나물로 먹는다.

관리 및 번식법

햇볕이 잘 드는 곳을 선정하여 퇴비를 넣은 후 심는다. 바람이 잘 통하는 곳에 심는 것도 중요하다. 물 빠짐이 좋지 않으면 몇 년 후에는 묘종이 썩기 때문에 물 빠짐이 좋은 곳을 선정해야 한다. 잎이 많이 올라오는 봄철에는 2~3일 간격으로 물을 주고 여름에는 3~4일 간격으로 준다. 10월경에 받은 종자를 받은 후 물에 하루 정도 불린 후 뿌리면 발아율이 높다. 그렇지 않으면 모래와 섞은 후 손으로 비벼 종피를 약하게 한 후 뿌려도 좋다. 보관할 때는 종이에 물을 적셔 종자를 마르지 않게 한 후 냉장보관하고 이듬해 봄에 뿌린다. 발아율은 모두 높은 편이다.

● 나비나물_ 꽃봉오리

● 나비나물_ 개화 전

82 낚시돌풀

Hedyotis biflora var. *parvifolia* Hook. & Arn.

- ▶ **이 명** : 갯치자풀, 낚시돌꽃
- ▶ **과 명** : 꼭두서니과
- ▶ **개화기** : 7~9월

생육 특성

낚시돌풀은 우리나라 남부 해안의 바위틈에서 나는 여러해살이 풀이다. 생육환경은 바닷가 모래땅이나 바위틈에서는 척박한 토질에 자생하고 있었지만, 해안과 인접한 일반 토양에서는 공중 습도가 높고 물 빠짐이 좋으며 부엽질이 많은 곳에서 자란다. 키는 5~20cm이고, 잎의 길이는 1~2.5cm, 폭은 약 1cm로 긴 타원형으로 표면에는 광택이 나고 가장자리는 밋밋하며 약간 뒤로 말리는 모양을 하며 마주난다. 줄기는 옆으로 퍼지는 잔가지가 많으며 털은 없고 두텁다. 꽃은 꽃줄기 끝에 먼저 1개의 꽃이 피고 그 주위 가지 끝에 다시 꽃이 피며 거기서 다시 가지가 갈라져 계속 꽃이 핀다. 작은 꽃줄기의 길이는 0.3~1cm로 흰색으로 달린다. 꽃받침 잎의 길이는 약 0.2cm로 넓은 삼각형이며, 꽃부리는 길이가 약 0.2cm로서 4개로 갈라지며 수술은 4개이다. 열매는 9~10월경에 지름 약 0.5cm의 편평한 원형으로 달리며 안에는 많은 종자가 들어 있다.

관리 및 번식법

낚시돌풀은 바람이 잘 통하는 곳에 심는다. 바위틈이나 모래가 많으며 물 빠짐이 좋은 햇볕이 잘 들어오는 곳에 심는다. 화분에 심을 때는 모래를 많이 넣고 퇴비는 조금 넣은 후 반그늘이 진 곳의 바람이 잘 통하는 곳에 둔다. 꽃은 오랫동안 피고 지고를 반복한다. 10월경에 받은 종자를 바로 뿌리거나 종이나 솜에 싸서 수분 증발을 억제시키고 냉장고에 보관 후 이듬해 봄에 일찍 뿌린다. 종자 발아율은 높은 편이다.

● 낚시돌풀_ 잎

● 낚시돌풀_ 종자 결실

83 난쟁이바위솔

Meterostachys sikokianus (Makino) Nakai

- ▶ 이 명 : 난장이바위솔
- ▶ 과 명 : 돌나물과
- ▶ 개화기 : 8~9월

생육 특성

난쟁이바위솔은 우리나라 각처의 높은 산에서 자라는 여러해살이풀이다. 생육환경은 안개가 많은 산의 바위틈에 주로 자생한다. 키는 약 10cm 내외이고, 잎은 줄기 끝에 모여 있으며 길이는 1.2~1.7cm로 끝이 뾰족하다. 꽃은 흰색과 연분홍색이며 지름은 0.5~0.8cm 정도이다. 열매는 10~11월에 달리고 미세하다. 이 식물은 안개에서 뿜어주는 습기를 먹고 살아가기 때문에 안개가 끼지 않아 수분기가 없는 곳에서는 꽃이 연분홍색으로 자라다가, 다시 수분이 많아지면 잎에 푸른색이 돌아오고 꽃도 흰색으로 바뀐다. 관상용으로 쓰인다.

관리 및 번식법

그늘이 많이 진 화단의 바위 위에 흙이나 이끼를 채워 심어야 한다. 햇볕을 많이 받으면 수분이 빨리 증발하고 잎이 타거나 돌의 온도가 올라가 고사하는 경우가 많이 발생하기 때문에 강한 햇볕은 피해야 한다. 물은 공중습도를 높이기 위해 하루에 2~3회 분무기로 뿌려준다. 10~11월에 결실되는 종자를 종이에 싸서 냉장보관하여 2월경에 화분에 뿌리면 되고, 가을이나 봄에 싹이 조금 올라오면 포기나누기를 한다.

• 난쟁이바위솔_ 잎이 커진 모습

• 난쟁이바위솔_ 종자 결실

84 남산제비꽃

Viola albida var. *chaerophylloides* (Regel) F. Maek. ex Hara

- ▶ 이 명 : 남산오랑캐
- ▶ 과 명 : 제비꽃과
- ▶ 개화기 : 4~6월

생육 특성

남산제비꽃은 우리나라 전역의 산과 들에 자라는 여러해살이풀이다. 생육환경은 양지 혹은 반그늘의 물 빠짐이 좋은 곳에 자란다. 키는 10~15cm이고, 잎은 3개로 완전히 갈라지며 옆에 있는 것은 다시 2개로 갈라져 새발 모양을 하며 뿌리 부분에서 나온다. 꽃은 흰색으로 잎 사이에서 꽃줄기가 나와 한 개씩 달린다. 열매는 7~8월경에 타원형으로 달린다.

관리 및 번식법

화단이나 화분에 심는다. 물 빠짐이 좋은 곳이면 어디서나 잘 자란다. 물은 2~3일 간격으로 준다. 여름이 되면 이른 봄에 보는 잎과는 달리 잎만 무성하게 자라나고 잎 사이에서 올라오는 씨방이 있어, 이 시기에 물을 주면 자연스럽게 땅으로 떨어지게 된다. 따라서 여름에는 봄보다 자주 물을 줘서 관리하는 것이 좋다. 8월에 종자를 받아 보관 후 9월에 뿌리거나 이른 봄 새순이 올라올 때 포기나누기를 한다. 종자 발아율은 매우 높은 편이다.

● 남산제비꽃_ 꽃이 피는 모습

● 남산제비꽃_ 꽃(뒷모습)

85 낭아초

Indigofera pseudotinctoria Matsum.

- ▶ 이 명 : 랑아초, 물깜싸리
- ▶ 과 명 : 콩과
- ▶ 개화기 : 7~8월

생육 특성

낭아초는 우리나라 남부의 낮은 지대나 해안가에 자라는 낙엽활엽반관목이다. 생육환경은 저지대의 따뜻한 곳에서 자란다. 키는 약 2m 정도이고 잎은 깃꼴겹잎으로 긴 타원형이며 길이는 0.8~2cm, 폭은 0.5~1cm이다. 잎 끝은 가시 모양으로 되어 있으며, 가장자리는 톱니가 없이 밋밋하다. 꽃은 엷은 홍색 또는 흰색의 나비 모양이고, 곁가지에서 나오는 꽃의 길이는 4~12cm이다. 열매는 10월에 달린다. 꽃이 마치 촛대 모양으로 위로 솟구쳐 올라가며 곁가지에서도 계속 꽃이 피기 때문에 개화기간이 길다. 관상용으로 쓰이며 뿌리는 약용으로 사용한다. 자생지를 확인해본 결과 높이가 20~30cm 정도로 키가 작은 개체들로 확인되었다. 이는 대부분이 조경용으로 외국에서 들어온 종자가 퍼져서 마치 자생종인 것처럼 보인다. 더 많은 조사를 통해 생육과 생태에 관한 명확한 자료가 제시되어야 할 것으로 보인다.

관리 및 번식법

나무 종류이기 때문에 정원수로 적당하고 물 빠짐이 좋은 곳이면 좋다. 현재 도로 주변이나 절개지에는 대개 외국에서 수입된 종자로 많은 개체가 자리 잡고 있으며 고유종은 몇 군데만 남아 있는 실정이다. 새로 나온 가지를 이용하는 줄기 삽목을 8~9월경에 하거나 10월에 결실되는 종자를 바로, 또는 이듬해 봄에 화분이나 화단에 뿌린다.

● 낭아초_ 잎

● 낭아초_ 꽃봉오리

86 너도바람꽃

Eranthis stellata Maxim.

- ▶ 이 명 : 절분초
- ▶ 과 명 : 미나리아재비과
- ▶ 개화기 : 3~4월

생육 특성

너도바람꽃은 우리나라 북부 이북과 지리산, 덕유산에 자라는 여러해살이풀이다. 생육환경은 산지의 반그늘에서 자란다. 키는 15cm 정도이며, 잎 길이는 약 3.5~4.5cm, 폭은 4~5cm이고 깊게 3갈래로 나누어지며 양쪽 갈래는 깃모양으로 다시 3갈래로 갈라진다. 꽃은 흰색으로 꽃자루 끝에 한 송이가 피며, 지름은 약 2cm 내외이다. 꽃이 필 때는 꽃자루에 꽃과 자줏빛 잎만 보이다가 꽃이 질 때쯤 녹색으로 바뀐다. 열매는 6~7월경에 달린다.

관리 및 번식법

물 빠짐이 좋은 곳에 심고 반그늘을 만들어줘야 한다. 물 빠짐이 좋지 않을 경우 구근이 쉽게 상할 수 있다. 6~7월에 결실된 종자를 종이에 싸서 냉장보관하였다가 가을에 뿌린다. 이듬해 봄까지 보관할 경우 발아율이 낮아지기 때문에 가급적 가을에 뿌리는 것이 좋다. 또한 큰 구근 옆에 해마다 작은 구근들이 생기는 것을 늦여름에 분리하여 심어도 좋다.

● 너도바람꽃_ 꽃(뒷모습)

● 너도바람꽃_ 열매

87 | 네귀쓴풀

Swertia tetrapetala (Pall.) Grossh.

▶ **과 명** : 용담과
▶ **개화기** : 7~8월

생육 특성

네귀쓴풀은 우리나라 각처의 높은 산이나 들에 자라는 한해살이 풀이다. 생육환경은 양지바른 풀숲이나 돌 틈에서 자란다. 키는 약 30cm 내외이며, 잎은 긴 난형으로 끝은 날카롭지만 뭉뚝하고 가장자리에 톱니가 없다. 꽃은 흰색으로 꽃에는 파란색 혹은 자주색 반점이 있다. 열매는 9~10월에 익으며 크기는 작다. 네귀쓴풀이라는 이름은 꽃잎이 4개로 갈라져서 붙은 이름이며, 꽃잎 가운데 보면 약간 들어간 부분이 있으면서 주변에는 약하게 돌기가 나 있다. 관상용으로 쓰인다.

관리 및 번식법

양지바르고 물 빠짐이 좋은 화단에 심고 물은 2~3일 간격으로 준다. 고산식물이어서 저지대에 심는 것은 삼가야 한다. 무리 지어 피며 옆으로 곁가지가 많이 불어나는 특징이 있어 바람이 잘 통하고 주변 습도가 높은 곳에 심는다. 1년생이므로 9~10월에 익는 종자를 냉장고에 저장했다가 이듬해 봄에 화단에 뿌린다. 자생지에서의 종자 발아율은 낮은 편이다. 이는 종자가 떨어지고 겨울을 맞아 상하는 경우가 많이 있기 때문이다.

● 네귀쓴풀_ 새순 올라오는 모습

● 네귀쓴풀_ 꽃봉오리

88 노랑무늬붓꽃

Iris odaesanensis Y. N. Lee

▶ 이 명 : 흰노랑붓꽃
▶ 과 명 : 붓꽃과
▶ 개화기 : 4~6월

생육 특성

노랑무늬붓꽃은 오대산, 대관령, 태백산과 경상북도 일원의 산에서 자라는 우리나라 특산식물로 여러해살이풀이다. 생육환경은 음습하며 토양의 비옥도가 높은 곳에서 자란다. 키는 20cm이고, 잎은 칼 모양으로 아랫부분은 가늘고 중간 부위는 넓으며 위로 올라갈수록 좁아지는 형태이며 길이는 12~35cm, 폭은 약 1.2cm가량이다. 꽃은 꽃줄기에 지름 3.5cm 정도 되게 2송이씩 달리고, 밖으로 젖혀진 넓은 꽃잎은 흰 바탕에 안쪽에는 노란 줄무늬가 있고, 안쪽의 좁은 꽃잎은 희고 비스듬히 선다. 수술은 3개, 꽃밥은 분홍빛을 띤 녹색이며, 암술은 끝이 3갈래로 갈라지고 혀 모양이다. 열매는 6~8월경에 삼각형으로 달린다.

관리 및 번식법

화분에 심는 것보다는 정원과 같은 외부에 심는 것을 권하는데, 이유는 바람이 잘 통하고 기후가 서늘한 곳에서 살아가는 품종이기 때문이다. 필자가 화분에 심어 관리해본 결과 겨울에도 잎이 고사하지 않아 무성하게 있고 다음 해에 꽃을 피우지 않는 것을 관찰했다. 이는 식물의 특성상 겨울이 되면 잎의 양분을 뿌리로 보내 이를 저장하였다가 이듬해에는 더 크고 튼튼한 형태로 자라게 하는데, 실내에서의 따뜻한 온도로 화분에서는 영양분의 이동이 이루어지지 않았기 때문이다. 정원이나 외부에 심을 때는 바람이 잘 통하고 나뭇잎이 많이 떨어져 유기질 함량이 풍부한 곳을 택하여 심는다. 물은 2~3일 간격으로 준다. 가을에 뿌리나누기를 하거나 8월경에 받은 종자로 번식시킨다. 뿌리나누기는 가을에 뿌리를 캐서 잎이 나오는 부분만 나누어 심으면 되고, 종자 번식은 8월경에 받은 종자를 물에 담아 냉장고에서 4~5일 정도 불린 후 뿌리는 것이 좋다. 일반적인 종자와는 달리 딱딱한 종자이므로 부드럽게 만들어 발아하기 쉽도록 하는 방법이다.

● 노랑무늬붓꽃_ 꽃 피어난 모습

● 노랑무늬붓꽃_ 시드는 모습

● 노랑무늬붓꽃_ 종자 결실

● 노랑무늬붓꽃_ 무리

89 노랑어리연꽃

Nymphoides peltata (J. G. Gmelin) Kuntze

- ▶ 이 명 : 노랑어리연
- ▶ 과 명 : 조름나물과
- ▶ 개화기 : 7~9월

생육 특성

노랑어리연꽃은 우리나라 각처의 연못과 늪에서 자라는 여러해살이 수초이다. 생육환경은 물이 깊지 않고 오래 고여 있는 곳에서 자란다. 키는 10~15cm이고, 잎의 지름은 5~10cm로 난형이고 밑부분이 2개로 갈라지며 물 위에 뜨는 잎은 수련 잎과 비슷하게 윤기가 나고 뒷면은 갈색을 띤 보라색이 돈다. 꽃은 밝은 황색이고 지름은 3~4cm로 가장자리에 털이 있으며 잎겨드랑이에 달린다. 9~10월경에 길이 약 0.3cm 정도의 타원형 열매가 달린다. 관상용으로 쓰인다.

관리 및 번식법

물이 빠지지 않고 깊지 않은 화분이나 화단의 연못에 심는다. 환경이 좋으면 번식력이 좋아 같이 심어진 다른 식물들에게 해가 되므로 화분에 심어 관리하는 것이 좋다. 특히 한여름 꽃이 지고 나면 잎을 벌레들이 많이 먹는 것을 관찰하였다. 하지만 줄기는 그대로 남아 있어 아무런 문제가 되지 않으므로 그대로 둬도 된다. 또한 번식력이 좋아 봄에는 잎이 너무 무성하게 자라 잎과 잎이 서로 겹치는 경우가 많아 여름 고온기에 잎이 고사하는 경우도 많이 발생한다. 잎이 지고 난 가을이나 이른 봄에 포기나누기를 한다. 가을에 잎이 진 후나 이른 봄 새순이 올라올 때 뿌리줄기를 나눠서 심으면 된다. 한 포기에서도 많은 개체를 얻을수 있어 번식은 그다지 어렵지 않은 품종이다.

● 노랑어리연꽃_ 잎 올라오는 모습

● 노랑어리연꽃_ 꽃봉오리

90 노랑제비꽃

Viola orientalis (Maxim.) W. Becker

- ▶ 이 명 : 노랑오랑캐, 노랑오랑캐꽃
- ▶ 과 명 : 제비꽃과
- ▶ 개화기 : 4~6월

생육 특성

노랑제비꽃은 우리나라 각처의 산에서 자라는 여러해살이풀이다. 생육환경은 반그늘과 양지에서 잘 자라며 고산지대에서는 바위틈이나 양지쪽에서 자란다. 키는 10~18cm이며, 잎은 난형의 심장형이고 가장자리에 톱니가 있으며 길이는 7~12cm이다. 잎 표면에는 윤기가 있고, 뒷면은 갈색을 띤다. 꽃은 노란색으로 줄기 끝의 두터운 잎 사이로 2~3송이가 달리고, 뒷면은 약한 자줏빛이 돈다. 열매는 난상 타원형으로 8~9월경에 달리고 털이 없다.

관리 및 번식법

화분이나 화단에 심는다. 햇볕이 잘 드는 곳에 두는 것이 좋다. 잎은 가을까지 지상부에 있고 날씨가 따뜻하면 다시 개화하기 때문에 가을에도 물관리가 필요하다. 8~9월에 종자가 완숙되는데 이 시기에 뿌리면 이듬해 봄에 꽃을 볼 수 있다. 또한 가을에 포기나누기를 하면 된다. 종자가 발아되면 뿌리가 많이 발달한 상태에서 화단이나 화분에 옮겨주어야 한다.

● 노랑제비꽃_ 잎

● 노랑제비꽃_ 뒷모습

91 노루귀

Hepatica asiatica Nakai

- ▶ **이 명** : 뽀족노루귀
- ▶ **과 명** : 미나리아재비과
- ▶ **개화기** : 4~5월

생육 특성

노루귀는 우리나라 각처의 산지에서 자라는 여러해살이풀이다. 생육환경은 토양이 비옥하고 양지인 나무 밑에서 자란다. 키는 9~14cm이고, 잎의 길이는 5cm로 3갈래로 난 잎은 난형이며 끝이 둔하고 솜털이 많이 나 있다. 꽃은 흰색, 분홍색, 청색으로 꽃줄기 위로 1송이가 달리고 지름은 약 1.5cm 정도이다. 열매는 6월에 달린다. 꽃이 피고 나면 잎이 나오기 시작하는데 그 모습이 마치 노루의 귀를 닮았다고 해서 붙여진 이름이다.

관리 및 번식법

화분이나 화단의 양지쪽에 심는다. 수분을 많이 필요로 하지 않는 식물이기 때문에 2~3일경에 한 번씩 물을 주면 된다. 가을에 뿌리 부분의 포기를 나누고, 6월에 받은 종자는 바로 뿌려 발아한 후 20~30일이 지나면 옮겨심기한다. 발아한 후 옮기는 묘종은 뿌리가 많이 발달된 상태여야 옮긴 후의 생존율이 높게 나타난다. 처음 본잎이 전개되는 시점을 기준으로 삼고 묘를 옮기면 된다.

• 노루귀_ 새순 올라오는 모습

• 노루귀_ 잎

● 노루귀_ 종자 결실된 모습

● 노루귀_ 분홍색 꽃

● 노루귀_ 청색 꽃

● 노루귀_ 흰색 꽃

92 노루발

Pyrola japonica Klenze ex Alef.

- ▶ 이 명 : 노루발풀
- ▶ 과 명 : 노루발과
- ▶ 개화기 : 6~7월

생육 특성

노루발은 우리나라 각처의 산에서 자라는 상록 여러해살이풀이다. 생육환경은 반그늘의 낙엽수 아래에서 자란다. 키는 약 25cm 내외이고, 잎의 길이는 5~7cm, 폭은 3~5cm이고 밑동에서 뭉쳐서 나며 넓은 타원형이다. 꽃은 흰색이고 길이는 10~25cm, 지름은 1.2~1.5cm로 윗부분에 2~12개 정도의 꽃이 무리 지어 달리며, 능선이 있고 1~2개의 비늘과 같은 잎이 있다. 열매는 9~10월경에 달리고 흑갈색으로 이듬해까지 남아 있다. 잎에는 광택이 많이 나며 한겨울에도 잎이 고사하지 않는 특징을 가지고 있다. 옮겨심기가 까다로운 식물이어서 채취하지 말아야 한다.

관리 및 번식법

상록성이기 때문에 햇살이 많이 들며 통풍이 잘 되는 곳의 화분이나 화단에 심는다. 또한 토양은 산성을 좋아하는 습성이 있어 pH 5.8~6.2 정도의 약산성 토양을 맞추어주어야 한다. 9월에 익는 종자를 바로 뿌리거나 이른 봄 싹이 올라올 때 그 부분의 뿌리를 같이 붙여 포기를 나눈다. 옮겨심기가 까다로워 종자가 발아하고 뿌리가 잘 발달된 후에 옮겨 심으면 잘 산다.

● 노루발_ 새순 올라오는 모습

● 노루발_ 씨방

93 노루삼

Actaea asiatica H. Hara

- ▶ **과 명** : 미나리아재비과
- ▶ **개화기** : 5~6월

> 생육 특성

노루삼은 우리나라 각처의 산에서 자라는 여러해살이풀이다. 생육환경은 산의 약간 습하고 그늘진 곳에서 자란다. 키는 약 60cm 내외이고, 잎의 길이는 4~10cm이고, 작은 잎은 난형이며 가장자리에 뾰족한 톱니가 있고 끝은 뾰족하다. 줄기 아래에 있는 잎은 비늘조각과 같은 모양을 하고 있다. 꽃은 흰색이며 줄기 윗부분에 길이 3~5cm로 뭉쳐 달린다. 작은 꽃의 길이는 1~1.5cm, 지름이 0.1cm 정도이고 시들 무렵에는 암적색으로 변한다. 열매는 7~8월경에 검고 길게 달린다.

> 관리 및 번식법

반그늘에서 키우며 수분이 많지 않아도 잘 살아가는 식물이다. 물은 2~3일에 한 번 정도 주면 된다. 8월에 꽃 끝에 검은색 종자가 달리는데, 이것을 받은 후 종이에 싸서 냉장보관하거나 바로 뿌리는 것이 좋다. 또한 큰 뿌리는 가을에 뿌리나누기를 한다.

● 노루삼_ 잎

● 노루삼_ 줄기

94 노루오줌

Astilbe rubra Hook. f. & Thomson

- ▶ 이 명 : 큰노루오줌, 왕노루오줌, 노루풀
- ▶ 과 명 : 범의귀과
- ▶ 개화기 : 7~8월

생육 특성

노루오줌은 우리나라 각처의 산에서 자라는 여러해살이풀이다. 생육환경은 산지의 숲 아래나 습기와 물기가 많은 곳에서 자란다. 키는 60cm 내외이고, 잎은 넓은 타원형으로 끝이 길게 뾰족하고 잎 가장자리는 깊게 패어들고 톱니가 있으며 길이는 2~8cm이다. 꽃은 연한 분홍색으로 길이가 25~30cm 정도이다. 열매는 9~10월에 달리며 갈색으로 변한 열매 안에 미세한 종자들이 많이 들어 있다. 이 품종은 뿌리를 캐어 들면 오줌 냄새와 비슷한 냄새가 나서 "노루오줌"이란 이름이 지어졌고, 외국에서는 많은 품종들이 육종되어 "아스틸베(Astilbe)"라는 절화식물로 이용된다. 관상용으로 쓰이며 어린순은 식용, 뿌리를 포함한 전초와 꽃은 약용으로 이용된다.

관리 및 번식법

화분이나 화단에 심는다. 물기가 많은 곳이나 마른 곳 어디에 심어도 좋은 품종이다. 하지만 물기가 적으면 잎이 타는 현상이 생기기 때문에 마른땅에서는 매일 물을 줘야 한다. 9~10월경에 달리는 작은 종자를 모아서 종이에 싸서 냉장보관했다가 이듬해 2월경 화분에 뿌리면 된다. 가을이나 봄에 포기나누기를 하여 수를 늘리는 방법도 있다. 꽃송이마다 종자가 열리기 때문에 개수는 많지만 싹이 트는 것이 적기 때문에 뿌릴 때는 가능하면 많이 뿌리는 것이 좋다.

● 노루오줌_ 새순 올라오는 모습

● 노루오줌_ 종자 결실

95 누리장나무

Clerodendrum trichotomum Thunb.

- ▶ **이 명** : 개똥나무, 노나무, 개나무, 구릿대나무, 누기개나무, 이라리나무, 누룬나무, 깨타리, 구린내나무, 누르나무
- ▶ **과 명** : 마편초과
- ▶ **개화기** : 8~9월

생육 특성

누리장나무는 황해도 이남의 산이나 계곡에서 나는 낙엽활엽관목이다. 생육환경은 토양의 비옥도가 높고 물 빠짐이 좋은 곳에서 자란다. 키는 약 2m 정도이고, 잎의 길이는 8~20cm, 폭은 5~10cm로 표면은 녹색이고 뒷면에는 희미한 점이 퍼져 있으며 맥 위에 털이 있고 마주난다. 꽃은 흰색이고 지름이 약 3cm로 5개로 갈라지며, 꽃받침은 홍색이 돌고 5개로 깊게 갈라지며 새 가지 끝에 달린다. 열매는 10월경에 지름 0.6cm의 둥근 모양으로 달린다. 관상용으로 쓰이며 어린 순은 식용, 가지와 뿌리는 약용으로 사용한다.

관리 및 번식법

물 빠짐이 좋은 곳에 퇴비를 많이 넣고 정원수로 이용하면 좋다. 향이 좋기 때문에 한여름에 사람이 많이 모이는 곳에 심어도 좋다. 이른 봄이나 가을에 새 가지를 이용하여 화분에 삽목하고 뿌리가 내리고 나면 화단에 옮겨심기 한다. 삽목 시에는 10~15일 정도 주변습도를 높게 유지해서 삽목상토가 건조되는 것을 최대한 억제한다.

● 누리장나무_ 꽃봉오리

● 누리장나무_ 종자 결실

96 누린내풀

Caryopteris divaricata (Siebold & Zucc.) Maxim.

▶ 이 명 : 노린재풀, 구렁내풀
▶ 과 명 : 마편초과
▶ 개화기 : 7~8월

> 생육 특성

누린내풀은 우리나라 중부 이남에서 자라는 여러해살이풀이다. 생육환경은 비옥한 토지의 양지에서 자란다. 키는 약 1m 정도이고, 잎 길이는 8~13cm, 폭은 4~8cm로 넓은 난형이고 마주나며, 끝이 뾰족하고 가장자리에 톱니가 있다. 꽃은 벽자색이고 줄기에서 드문드문 피며 꽃이 필 때 고약한 냄새가 난다. 꽃 하단부에는 흰 반점과 같은 것이 있으며, 수술과 암술이 길게 화살 모양으로 나 있다. 전체적으로는 짧은 털이 있고 줄기는 네모진다. 열매는 9~10월경에 익으며 4개로 갈라지고, 종자는 길이가 약 0.4cm로 표면에 그물눈 무늬와 점이 있다.

> 관리 및 번식법

향이 좋지 않기 때문에 집과 멀리 떨어진 화단에 심는다. 키가 큰 품종이어서 화단의 가운데나 뒤쪽에 심어 관리한다. 9~10월에 익은 종자를 바로 화분에 뿌리거나 보관 후 이듬해 봄에 뿌리며 새싹이 올라오면 포기나누기를 한다. 종자 발아율은 매우 높은 편이고 발아 후 본잎이 전개된 후에 옮겨 심으면 거의 뿌리가 활착하여 생존율이 높은 품종이다.

● 누린내풀_ 종자 결실

● 누린내풀_ 지상부

97 눈개승마

Aruncus dioicus var. *kamtschaticus* (Maxim.) H. Hara

▶ 이 명 : 삼나물, 죽토자
▶ 과 명 : 장미과
▶ 개화기 : 6~8월

생육 특성

눈개승마는 전국 각처의 고산지역에서 자라는 여러해살이풀이다. 생육환경은 낙엽이 많으며 반그늘 혹은 음지에서 자생한다. 키는 30~100cm이고, 잎 길이는 3~10cm, 폭은 1~6cm로 광택이 나는 긴 잎자루를 가지고 있다. 잎은 2~3회 정도 깃털과 같은 모양으로 갈라지고 끝이 뾰족하고 가장자리에는 파고드는 모양의 톱니가 있다. 꽃은 흰색으로 길이는 10~30cm이며 부채꽃 모양으로 펼쳐지고 아래에서부터 피어서 위로 올라간다. 7~8월에 타원형 열매가 갈색으로 익고 길이는 약 0.3cm가량이며 익을 때는 광채가 있다. 관상용으로 쓰이며, 어린순은 식용으로 쓰인다.

관리 및 번식법

햇살이 많이 들어오는 곳에 심고 서늘한 공기가 있어야 잘 자란다. 따라서 공기 순환이 잘 되는 곳이 적합하다. 이런 조건에 두지 않으면 그해에는 꽃이 피지만 다음 해부터는 잘 피지 않고 사라지고 만다. 8월경에 익은 종자를 따는데 꽃 모양과 달리 종자는 미세해서 뿌리기가 어렵다. 하지만 이런 미세 종자들은 물뿌리개에 종자를 넣고 저어 바로 상토에 뿌리고 그 위에 흙을 살짝 덮으면 된다. 종자 수가 많으므로 뿌리고 남은 종자는 반드시 종이에 싸서 냉장보관하도록 한다.

● 눈개승마_잎

● 눈개승마_종자 결실

98 눈괴불주머니

Corydalis ochotensis Turcz.

- ▶ 이 명 : 눈뿔꽃
- ▶ 과 명 : 양귀비과
- ▶ 개화기 : 7~9월

생육 특성

눈괴불주머니는 우리나라 각처의 산에서 자라는 두해살이풀이다. 생육환경은 산지의 양지 혹은 반그늘의 습기가 많은 곳에서 자란다. 길이는 약 60cm 정도이고, 잎의 길이는 1~1.5cm로 어긋나며 윗부분에 나는 작은 잎은 3갈래로 갈라지는 타원형이다. 꽃은 노란색으로 길이는 1.5~2cm로 가지 끝이나 원줄기 끝에 뭉쳐 핀다. 열매는 긴 도란형으로 길이는 1.2~1.5cm, 넓이는 0.4cm 정도이며 9~10월경에 달리고, 종자는 검은색이고 광택이 있다.

관리 및 번식법

습기가 많은 화단을 선정하여 심는다. 잎이 여름에는 무성해지기 때문에 1~2일 간격으로 물을 준다. 10월에 결실되는 종자를 바로 화분에 뿌리거나 이듬해 봄에 뿌린다. 6~8월경에 떨어진 종자는 자생지에서 발아하여 잎만 무성하게 자라고 겨울이 되면 잎은 고사한다. 이렇게 고사한 개체에서 꽃대가 올라온다.

● 눈괴불주머니_ 잎

● 눈괴불주머니_ 꽃봉오리

99 눈빛승마

Cimicifuga dahurica (Turcz. ex Fisch. & C. A. Mey.) Maxim.

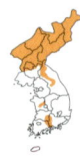

▶ **과 명** : 미나리아재비과
▶ **개화기** : 8월

생육 특성

눈빛승마는 지리산, 계룡산, 속리산, 설악산 및 강원도 이북에서 나는 여러해살이풀이다. 생육환경은 토양의 유기질 함량이 높은 반그늘 혹은 양지에서 자란다. 키는 약 2m이고, 잎의 길이는 6~12cm, 폭은 2~7cm로 타원형이며 끝은 뾰족하고 가장자리에는 톱니가 있으며 뿌리에서 나온 잎의 길이는 약 1m 정도이다. 꽃은 흰색으로 원줄기 윗부분에 원뿔 모양으로 피며 작은 꽃들이 많이 뭉쳐 있다. 열매는 8~9월경에 둥글게 달린다. 관상용으로 이용하고 뿌리와 줄기는 약재로 이용한다.

관리 및 번식법

다른 야생화 종류에 비해 키가 큰 품종이다. 자생지에서는 거의 2.5m까지도 자라 화분에서 재배하기가 쉽지 않다. 화단에서 재배할 때는 화단의 중간이나 뒷부분에 심으면 시원한 느낌을 주고, 하얗게 빛나는 부분이 햇볕을 받으면 은색으로 빛나기 때문에 관상용으로는 가치가 상당히 높은 품종이다. 화단에 심을 때는 부엽질이 많은 퇴비를 다른 품종에 비해 2배 정도 넣은 후 물 빠짐을 좋게 해주면 된다. 물은 2~3일에 한 번씩 준다. 9월에 받은 종자를 바로 뿌리거나 종이에 싸서 보관 후 이듬해 봄에 일찍 뿌린다. 종자 발아율은 높은 편이지만 습도 관리를 잘못하면 묘종이 고사하는 경우가 많다. 종자 발아는 상당히 늦어서 약 30~40일이 경과한 후에 올라온다.

● 눈빛승마_ 꽃봉오리

● 눈빛승마_ 지상부

100 단풍취

Ainsliaea acerifolia Sch. Bip.

- ▶ 이 명 : 괴발땅취, 괴발딱지, 장이나물, 좀단풍취
- ▶ 과 명 : 국화과
- ▶ 개화기 : 7~9월

생육 특성

단풍취는 우리나라 각처의 산에서 자라는 여러해살이풀이다. 생육환경은 습기가 많은 반그늘에서 산다. 키는 30cm 내외이고 잎은 손바닥 모양으로 생겼으며 대개 7갈래로 갈라져 있다. 갈래는 삼각형이고 끝이 날카로우며, 잎 가장자리에 톱니가 있다. 길이는 6~13cm, 폭은 6.5~15cm 정도이다. 꽃은 줄기를 따라 길게 나 있으며 흰색이다. 열매는 10월에 열리고 종자 크기는 작다. 농촌에서는 '개발딱주'라고 하는데 이는 이 품종의 다른 이름인 '괴발딱지'에서 비롯한 것으로 보이며 주로 잎을 식용한다. 관상용으로 사용하고, 어린잎은 식용으로 사용한다.

관리 및 번식법

습기가 많은 곳을 좋아하므로 습도를 유지하는 것이 좋고 토양이 비옥하면 잎이 넓어지기 때문에 화분이나 화단에 퇴비를 많이 넣는 것이 좋다. 물은 매일 준다. 늦가을이나 이른 봄 새싹이 올라올 때 포기나누기를 하고, 10~11월에 결실된 종자를 이듬해 2~3월경 화분에 뿌린다.

● 단풍취_ 잎

● 단풍취_ 종자 결실

101 달래

Allium monanthum Maxim.

- ▶ **과 명** : 백합과
- ▶ **개화기** : 4월

생육 특성

달래는 우리나라 중부 이남의 산이나 들에 자라는 여러해살이 풀이다. 생육환경은 풀숲 반그늘의 토양이 비옥한 땅에서 자란다. 키는 5~12cm, 잎 길이는 10~20cm, 폭은 0.3~0.8cm이며 뿌리에서 부채꼴 모양의 잎이 1~2장 나온다. 꽃은 흰색 또는 붉은색이 도는 흰색으로 꽃줄기 끝에 1~2송이 달리며, 꽃이 피기 전 비늘과 같은 것이 꽃을 감싸고 있다. 열매는 6~7월경에 달리는데 검고 둥글다. 주변에서 많이 볼 수 있는 품종이며, 유사한 종으로는 산달래가 있다.

관리 및 번식법

반그늘에서 재배하며 잎이 작기 때문에 물은 2~3일에 한 번씩만 주면 되고 화분이나 화단에 심는다. 이른 봄에 뿌리나누기를 하거나 6~7월에 결실된 종자를 화단에 바로 뿌린다.

● 달래_ 잎

● 달래_ 줄기

102 닭의난초

Epipactis thunbergii A.Gray

- ▶ 이 명 : 닭의란
- ▶ 과 명 : 난초과
- ▶ 개화기 : 6~7월

> **생육 특성**

닭의난초는 중부 이남의 산지에서 자라는 여러해살이풀이다. 생육환경은 햇볕이 잘 들고 부엽질이 풍부하며 배수가 잘 되는 곳에서 자란다. 키는 30~70cm이고, 잎의 길이는 6~13cm, 폭은 3~5cm로 좁은 난형이며 주름이 많고 끝부분이 뾰족하다. 뿌리는 옆으로 뻗으며 마디마디에서 뿌리를 내린다. 꽃은 원줄기를 따라 위로 올라가며 황갈색으로 피고, 안쪽에는 홍자색의 반점이 있다. 열매는 9월경 아래로 처지면서 달리고 안에는 먼지와 같은 종자가 많이 들어 있으며 길이는 2~2.5cm이다. 관상용으로 쓰인다.

> **관리 및 번식법**

일반 화분에 심어 햇볕이 잘 드는 곳에 두면 좋다. 실외에 심을 때는 햇볕이 잘 들고 번식이 잘 되지 않는 식물 사이에 심는 것이 좋으며 물은 3~4일 간격으로 준다. 9~10월경 결실된 종자를 따서 종이에 싸 냉장고에 보관한 후 이듬해 봄에 뿌린다. 종자를 뿌릴 때는 모래 위에 이끼를 깔고 먼지 뿌리듯 종자를 털어 이끼 사이에 들어가게 한 후 물을 줘서 가라앉히고 신문지나 비닐로 위를 덮어 10~15일 후 열어준다.

● 닭의난초_ 잎

● 닭의난초_ 종자 결실

103 닭의장풀

Commelina communis L.

- ▶ 이 명 : 닭의밑씻개, 닭기씻개비, 닭의꼬꼬, 닭개비, 닭의발씻개
- ▶ 과 명 : 닭의장풀과
- ▶ 개화기 : 7~8월

생육 특성

닭의장풀은 우리나라 각처의 들에서 흔히 나는 한해살이풀이다. 생육환경은 양지 혹은 반그늘에서 자란다. 키는 15~50cm이고, 잎의 길이는 5~7cm, 폭은 1~2.5cm로 어긋나고 뾰족하다. 꽃은 하늘색으로 포에 싸여 있고, 포는 길이가 2cm로 심장형으로 안으로 접히고 끝이 뾰족해지며 겉에 털이 있거나 혹은 없다. 열매는 9~10월경에 타원형으로 달린다. 관상용으로 쓰이며 어린순은 식용, 전초는 약용으로 이용된다.

관리 및 번식법

어느 곳에서나 잘 자란다. 습기가 많은 곳에서는 개체수가 많지 않지만 그래도 살아가는 품종이다. 다른 식물과 경합을 많이 벌이는 품종이어서 한 곳을 지정해 화분과 같이 공간이 한정된 곳에 심어 관리한다. 10월에 받은 종자를 보관하여 이듬해 이른 봄에 뿌린다. 종자 발아율은 매우 높은 편이다.

● 닭의장풀_ 새순 올라오는 모습

● 닭의장풀_ 종자 결실

104 당개지치

Brachybotrys paridiformis Maxim. ex Oliv.

- ▶ 이 명 : 당꽃마리
- ▶ 과 명 : 지치과
- ▶ 개화기 : 5~6월

생육 특성

당개지치는 우리나라 중부 이북의 산지에서 자라는 여러해살이 풀이다. 생육환경은 주변 습도가 높고 물 빠짐이 좋으며 유기질 함량이 풍부한 토양에서 자란다. 키는 약 40cm가량 되고 잎은 마주나며 표면과 가장자리에 긴 흰색 털이 있다. 위로 올라가면서 잎몸이 자라 원줄기를 감싸고 끝에는 5~7개의 잎이 돌아가면서 난 것처럼 보인다. 꽃은 지름 1cm 정도로 5~7개가 자주색으로 피고 잎 사이 줄기에서 뻗어 나온다. 수술은 5개로 짧으며 암술대는 한 개로 길게 밖으로 빠져 나와 있다. 8~9월경에 검은색 열매가 달리는데, 짧은 털이 있으며 밑으로 처진다.

관리 및 번식법

습기가 많은 개울가 근처나 연못 주변에 심는 것이 좋다. 서늘한 기후 조건의 유기질이 풍부한 곳에 심고 반그늘을 유지할 수 있는 곳에 심는다. 가을에 뿌리나누기나 종자를 받아 뿌리는 것을 병행할 수 있다. 뿌리나누기는 잎이 모두 고사하고 없는 가을이나 이른 봄에 해야 한다. 9월경에 받은 종자를 바로 뿌리거나 종이에 싸서 냉장고에 보관했다가 이듬해 봄에 뿌린다.

● 당개지치_ 새순 올라오는 모습

● 당개지치_ 꽃봉오리

105 닻꽃

Halenia corniculata (L.) Cornaz

- ▶ 이 명 : 닷꽃, 닻꽃용담, 닻꽃풀
- ▶ 과 명 : 용담과
- ▶ 개화기 : 7~8월

생육 특성

닻꽃은 지리산 및 중부 이북의 산지와 한라산에서 나는 한해살이 또는 두해살이풀이다. 생육환경은 반그늘이 진 곳의 풀숲이나 공중 습도가 높은 바위 위에서 자란다. 키는 10~60cm이고, 잎 길이는 2~6cm, 폭은 1~2.5cm로 긴 타원형이며 마주나고 뒷면 맥 위와 가장자리에 잔 돌기가 있다. 꽃은 연한 황록색이고 꽃받침은 4개로 갈라지며 짙어진 조각은 선형으로 잔 돌기가 있다. 열매는 9~10월에 뾰족하게 달리고 종자는 두 쪽으로 터진 씨방에 들어 있으며 타원형이다. 관상용으로 이용한다.

관리 및 번식법

바람이 잘 통하는 서늘한 곳에 무리 지어 심는다. 꽃대가 약하게 올라가는 품종이어서 한꺼번에 심으면 잡초들과의 경쟁에서 살아남을 수 있기 때문이다. 햇볕이 잘 들어오는 곳의 반그늘에 심으며 토양은 물 빠짐을 좋게 하고 유기질이 많은 퇴비를 넣어야 한다. 또한 오후 햇볕이 잘 들어오지 않으면 웃자라기 때문에 오후 햇볕을 잘 받는 곳을 택하는 것이 좋다. 물은 한 번에 많이 주지 말고 여러 번 나누어서 주며 2~3일 간격으로 준다. 10월에 완숙된 종자를 받아 물에 하루 정도 불린 후 뿌린다. 종자를 냉장고에 보관하여 이듬해 봄에 뿌릴 때는 2월 초순경이 좋은데, 3~4월경에 뿌리면 내부 온도가 너무 높아 종자가 상하는 경우가 많기 때문이다.

● 닻꽃_꽃봉오리

106 | 더덕

Codonopsis lanceolata (Siebold & Zucc.) Trautv.

- ▶ 이 명 : 참더덕
- ▶ 과 명 : 초롱꽃과
- ▶ 개화기 : 8~9월

생육 특성

더덕은 우리나라 각처의 숲 속에서 자라는 여러해살이 덩굴식물이다. 길이는 2~5m이고, 잎은 긴 타원형으로 길이는 3~10cm, 폭은 1.5~4cm이며 짧은 가지 끝에서는 4장의 잎이 서로 접근해서 뭉쳐 있는 것 같다. 잎 가장자리는 밋밋하고, 표면은 녹색이지만 뒷면은 분백색이다. 꽃은 겉은 연한 녹색이고 안쪽에는 자갈색 점이 있으며, 아래를 향해 피어 있다. 열매는 10~11월경에 익고 종자는 미세하다. 더덕 뿌리는 도라지처럼 굵으며, 덩굴을 자르면 흰 유액이 나온다. 뿌리는 식용, 약용으로 활용된다.

관리 및 번식법

가지가 타고 올라갈 수 있는 조건을 만들어주고 반그늘인 화단에 심는 것이 좋다. 양지에 심으면 맛도 좋지 않을 뿐 아니라 잎이 타는 엽소현상이 생기기 때문이다. 잎이 많기 때문에 물은 매일 준다. 10월에 결실된 종자를 바로 뿌리거나 이듬해 봄 화단에 뿌린다.

● 더덕_ 잎

● 더덕_ 종자 결실

107 덩굴꽃마리

Trigonotis icumae (Maxim.) Makino

- ▶ 이 명 : 덩굴꽃말이
- ▶ 과 명 : 지치과
- ▶ 개화기 : 5~6월

생육 특성

덩굴꽃마리는 우리나라 중부 이남의 산과 들에서 자라는 여러해살이풀이다. 생육환경은 빛이 잘 들고 물 빠짐이 좋은 곳이면 어디든지 잘 자란다. 키는 7~20cm이고, 잎은 마주나고 가장자리는 밋밋하며 밑부분의 잎은 잎자루가 길지만 위로 갈수록 짧아지고 길이는 3~5cm, 폭은 1.5~2.5cm 정도이다. 줄기 전체에 두터운 털이 있으며 옆으로 눕고 잎겨드랑이에서 나온 가지가 길게 자라 덩굴성이 된다. 꽃은 여러 개의 꽃이 어긋나게 붙으며 밑에서부터 피기 시작한다. 9월경에 끝이 뾰족하고 잔털이 있는 삼각형의 열매가 달린다.

관리 및 번식법

화분을 이용하여 실내나 야외에서 키우기 좋은 품종이다. 작은 꽃들이 여러 송이 달리고 개화기도 긴 편이어서 관상용으로 좋다. 토양은 물 빠짐을 좋게 하고 퇴비는 조금만 넣으면 된다. 화분에 심을 때는 아래에 굵은 돌을 넣어 물 빠짐이 좋도록 만들어주고 베란다의 빛이 많이 들어오는 곳에 둔다. 9월경에 달리는 종자를 보관한 후 이른 봄에 뿌리거나 이른 봄 새순이 올라올 때 뿌리를 캐어 포기나누기를 한다. 한 개체에서 종자를 많이 얻을 수 있기 때문에 번식은 어떤 방법으로 해도 좋다.

● 덩굴꽃마리_ 잎

● 덩굴꽃마리_ 꽃망울

108 덩굴닭의장풀

Streptolirion volubile Edgew.

- ▶ 이 명 : 덩굴닭의밑씻개, 덩굴달개비
- ▶ 과 명 : 닭의장풀과
- ▶ 개화기 : 8~9월

생육 특성

덩굴닭의장풀은 우리나라 각처의 산지 나무 밑에서 나는 한해살이풀이다. 생육환경은 반그늘이 진 곳에서 주로 자라지만 햇볕이 잘 들어오는 곳에서도 많이 관찰되며 주변 습도가 높거나 습지와 같은 곳에서 자란다. 키는 2~3m이고 잎 길이는 5~14cm, 폭은 3~9cm로 어긋나며 끝이 뾰족하다. 잎 가장자리에는 잔털이 있고 표면에도 털이 있으며, 잎자루는 3~9cm이다. 줄기는 물체를 감으면서 올라간다. 꽃은 줄기 끝이나 잎겨드랑이에서 긴 꽃대가 나와 끝에 2~3개씩 지름 0.5~0.8cm의 흰색 꽃이 달리는데 하루 만에 시든다. 꽃받침조각은 길이 약 0.4cm의 긴 타원형이고, 꽃잎은 배 모양으로 뒤로 말리며 수술은 6개이고 수술대에는 꼬불꼬불한 흰 털이 있다. 열매는 9~10월경에 길이 0.8~1.1cm의 타원형으로 달리고 안에는 잔 돌기가 있는 종자가 2~6개 정도 들어 있다.

관리 및 번식법

어느 곳에서나 잘 자란다. 꽃 모양이 특이해서 심어놓고 관찰하면 흥미로운 품종이다. 10월경에 받은 종자를 종이에 싸서 보관한 후 이듬해 봄에 뿌리거나 묘종이 있는 곳의 토양을 호미나 농기구를 이용하여 부드럽게 한 후 위에 모래나 상토를 약하게 뿌리고 물을 주면 종자 발아율이 높다.

● 덩굴닭의장풀_ 잎

● 덩굴닭의장풀_ 종자 결실

109 도라지

Platycodon grandiflorum (Jacq.) A. DC.

- ▶ 이 명 : 길경, 약도라지
- ▶ 과 명 : 초롱꽃과
- ▶ 개화기 : 7~8월

생육 특성

도라지는 우리나라 각처의 산과 들에 흔히 자라는 여러해살이풀이다. 생육환경은 반그늘 혹은 양지의 부엽질이 많은 곳에서 자란다. 키는 40~90cm이고, 잎은 긴 난형으로 길이는 4~7cm, 폭은 1.5~4cm로 가장자리에 톱니가 있고 표면은 녹색이며 뒷면은 회청색이다. 꽃은 보라색 또는 흰색으로 5갈래로 갈라지며 위를 향해 핀다. 뿌리는 굵고 줄기는 곧게 서며 줄기를 자르면 흰 유액이 나온다. 열매는 9~10월에 달리고, 종자의 크기가 미세하여 털면 먼지처럼 날아간다. 관상용으로 쓰이며 뿌리는 식용, 약용으로 활용된다.

관리 및 번식법

햇볕을 좋아하고 물 빠짐이 좋은 곳에서 자라는 품종이기 때문에 양지쪽 화단에 심는다. 9~10월에 결실된 종자를 받아 이듬해 봄 화단에 뿌린다. 종자를 뿌리고 나서 위에 신문지나 다른 종이를 덮어놓으면 1~2주 지난 후 새싹이 올라오는데, 이때 바로 종이를 제거해주어야 한다.

● 도라지_ 잎

● 도라지_ 꽃(흰색)

110 돌가시나무

Rosa wichuraiana Crep. ex Franch. & Sav.

- ▶ 이 명 : 반들가시나무, 대도가시나무, 붉은돌가시나무, 대마도가시나무, 긴돌가시나무, 홍돌가시나무
- ▶ 과 명 : 장미과
- ▶ 개화기 : 5~6월

생육 특성

돌가시나무는 우리나라 남부지역과 해안의 산기슭 양지에서 자라는 반상록 포복성 관목이다. 생육환경은 빛이 잘 들어오는 곳의 돌이나 물 빠짐이 좋은 곳에서 자란다. 키는 10~20cm이고, 깃 모양의 잎이 7~9장 마주나는데, 양면에 털이 없고 광택이 많으며 가장자리에는 톱니가 있다. 줄기는 가지를 많이 치고 가시가 많으며 털이 없다. 가지 끝에 1~5개씩 흰색의 향기가 있는 꽃이 달린다. 열매는 8~9월경에 원형으로 달리며 붉게 익는다. 관상용으로 쓰인다.

관리 및 번식법

햇볕이 잘 들어오는 곳에 심는다. 가지가 낮게 깔리지만 줄기에 가시가 많아 어린아이들이 가까이 가지 않는 위쪽에 심어야 한다. 꽃은 빛이 풍부하면 7~8월까지 계속 피고 열매도 달리기 때문에 관상가치가 높은 품종이다. 찔레와 구분되는 점은 찔레는 위로 가지가 올라가지만 이 품종은 땅으로 가라앉기 때문에 구분이 쉽다. 꽃에 향이 많이 나므로 집 또는 화단 주변에 심는 것도 좋다. 물은 2~3일 간격으로 준다. 가지를 이용한 삽목과 뿌리나누기도 좋은 방법이다. 삽목은 줄기에 있는 가시를 제거하고 가지의 2/3 부분을 이용하여 5월, 9월에 한다. 종자는 9월경에 받아 바로 뿌리거나 종이에 싸서 냉장고에 보관했다가 이듬해 봄에 뿌린다. 종자를 뿌릴 때는 물에 3~4일 정도 불려 껍질을 부드럽게 만든 후에 한다.

● 돌가시나무_ 잎

● 돌가시나무_ 꽃봉오리

111 돌나물

Sedum satmentosum Bunge

- ▶ 이 명 : 돈나물
- ▶ 과 명 : 돌나물과
- ▶ 개화기 : 5~6월

생육 특성

돌나물은 우리나라 각처의 산에 자라는 여러해살이풀이다. 생육환경은 집 주변이나 돌이 많은 곳의 양지바른 곳에서 자란다. 키는 약 15cm이고, 잎 길이는 1.5~2cm, 폭은 0.3~0.6cm이며 보통 3장씩 돌아가며 올라가고 난형이다. 꽃은 황색으로 지름이 0.6~1cm 정도이고 줄기 윗부분에 달린다. 꽃받침잎은 뾰족하며 황색이고 수술은 10개이다. 열매는 7~8월경에 달리고 흑갈색 씨방에 작은 종자가 많이 들어 있다. 주변에서 흔히 볼 수 있는 품종으로 돌이나 일반 토양에서 잘 자라기 때문에 재배도 많이 되고 있다.

관리 및 번식법

돌이나 흙 어디서나 잘 자라기 때문에 화분에 돌을 올려놓거나 화단 주변에 돌이 있는 곳에 심는다. 물은 습도가 높으면 많이 주지 않고 습도가 없는 곳에서는 분무기를 이용해 대기 습도를 높여주어야 한다. 8월에 결실된 종자를 바로 뿌리거나 이듬해 봄에 포기나누기를 한다. 줄기 어디를 잘라도 뿌리가 잘 내리기 때문에 따로 옮겨 심을 필요는 없다.

● 돌나물_ 새순 올라오는 모습

● 돌나물_ 잎

112 돌단풍

Mukdenia rossii (Oliv.) Koidz.

- ▶ 이 명 : 돌나리, 부처손, 장장포
- ▶ 과 명 : 범의귀과
- ▶ 개화기 : 5월

생육 특성

돌단풍은 충북 이북 지방의 돌에 붙어 자라는 여러해살이풀이다. 생육환경은 돌이 많은 곳에서 자라며 어느 정도의 토양은 있어야 생존이 가능하고, 반그늘에서 자란다. 키는 약 30cm 정도이고, 잎은 황록색 또는 연록색으로 길이는 20cm 정도이며, 뿌리줄기의 끝이나 그 근처에서 긴 난형으로 1~2개씩 나온다. 꽃줄기는 윗부분에 형성되며 잎이 없고 비스듬히 자라는데, 높이가 약 30cm 정도이고 흰색 바탕에 약간 붉은빛이 된다. 열매는 7~8월경에 달리고 난형이며, 익으면 2개로 갈라지고 안에는 종자가 많이 들어 있다. 도로 건설이 많아지면서 주변 생육환경이 열악해져 많은 자생지가 훼손당하고 있다. 최근에는 실내 조경용으로 중국에서 묘가 많이 수입된다.

관리 및 번식법

화분에 돌을 올려 이끼를 붙여놓고 뿌리가 활착될 때까지 분무기 같은 것으로 습도를 맞추어줘야 한다. 화단에 심을 때는 반그늘에만 심으면 된다. 7~8월에 결실된 종자를 바로 뿌리고, 가을에 뿌리나누기를 한다.

• 돌단풍_ 잎

• 돌단풍_ 시드는 모습

113 돌양지꽃

Potentilla dickinsii Franch. & Sav.

- ▶ 이 명 : 바위양지꽃
- ▶ 과 명 : 장미과
- ▶ 개화기 : 6~7월

생육 특성

돌양지꽃은 우리나라 각처의 산에서 자라는 여러해살이풀이다. 생육환경은 안개가 많고 습기가 높은 곳의 바위틈에서 자란다. 키는 약 20cm이고, 깃 모양의 잎의 길이는 2cm로 밑부분의 잎은 작고 가장자리에 톱니가 있으며 앞면은 녹색이고 뒷면은 흰색이다. 꽃은 황색으로 줄기 끝이나 잎겨드랑이 사이에서 가는 꽃줄기에 달린다. 열매는 9월경에 달린다. 잎만 보면 일반 양지꽃과 별다른 차이가 없지만 꽃의 전체적인 크기와 키를 보면 구분할 수 있다.

관리 및 번식법

화분이나 화단의 돌에 붙여 키우며, 분무기로 습도를 맞추어주고 2~3일마다 충분히 물을 줘야 한다. 9월에 결실되는 종자를 바로 화분에 뿌리거나 이른 봄에 포기나누기를 한다.

● 돌양지꽃_ 잎

● 돌양지꽃_ 종자 결실

114 **동강할미꽃**

Pulsatilla tongkangensis Y. N. Lee & T. C. Lee

▶ **과 명** : 미나리아재비과
▶ **개화기** : 4월

생육 특성

동강할미꽃은 강원도 동강 유역의 산 바위틈에서 자라는 여러해살이풀로 우리나라 특산식물이다. 생육환경은 석회질이 많은 바위틈에서 자란다. 키는 약 15cm이고, 잎은 7~8장의 작은 잎으로 되어 있고 잎 앞면은 광채가 있으며 뒷면은 진한 녹색이다. 꽃은 연분홍, 붉은 자주, 청보라색이고 처음에는 위를 향해 피었다가 꽃자루가 길어지면서 옆을 향한다. 6~7월경에 가늘고 흰 털이 많은 열매가 달린다.

관리 및 번식법

키울 수 있는 방법은 석회암이 많은 돌에 붙이는 것이다. 하지만 이런 환경을 맞추어주는 것이 쉽지 않기 때문에 재배하지 않는 것이 좋다. 종자를 저장하면 발아율이 너무 낮아지기 때문에 7월에 받은 종자를 바로 화분에 뿌리는 것이 좋다. 포기나누기는 가을에 뿌리에 약간 상처를 내어 분리하면 상처가 난 곳에서 이듬해 봄에 새순이 돋아 나온다.

● 동강할미꽃_ 새순 올라오는 모습

● 동강할미꽃_ 꽃 피기 전 모습

● 동강할미꽃_ 흰색 꽃

● 동강할미꽃_ 분홍색 꽃

● 동강할미꽃_ 연보라색 꽃

● 동강할미꽃_ 보라색 꽃

115 동의나물

Caltha palustris L. var. *palustris* Hara

▶ 과 명 : 미나리아재비과
▶ 개화기 : 4~5월

생육 특성

동의나물은 우리나라 각처의 산에 자라는 여러해살이풀이다. 생육환경은 반그늘의 습기가 많은 곳에서 자란다. 키는 약 50cm 정도이고, 잎 길이는 5~10cm이며 둥근 심장형으로 가장자리에 둔한 톱니가 있다. 꽃이 시들고 종자가 익을 무렵이면 잎이 넓어지기 시작한다. 꽃은 노란색으로 줄기 끝에 1~2송이가 달린다. 열매는 6~7월경에 달리고 갈색으로 된 씨방에는 많은 종자가 들어 있다. 물가에서 길러도 잘 사는 품종인데, 수분기가 없으면 고사하기 때문에 수생식물과 같이 사는 경우도 볼 수 있고 주변에는 박새와 습기를 좋아하는 노루오줌이 같이 생존한다.

관리 및 번식법

화단의 물이 많은 곳에 심어야 한다. 집 안에 있는 큰 수반을 이용하여 안에 뿌리가 내릴 수 있을 정도의 흙을 넣는다. 늦가을에도 날이 따뜻하면 한 번 더 꽃을 피우기 때문에 물 관리는 계속해주어야 한다. 물은 교환하지 말고 일주일에 한 번 정도 넘치게 해서 새로운 물을 공급해준다. 6월에 꽃이 시듦과 동시에 종자가 익기 시작하여 7~8월경이면 완숙된다. 종자를 받아 보관하여 이른 봄에 뿌린다. 또한 가을에 포기나누기를 하기도 한다.

● 동의나물_ 잎

● 동의나물_ 종자 결실

116 동자꽃

Lychnis cognata Maxim.

- ▶ 이 명 : 참동자꽃
- ▶ 과 명 : 석죽과
- ▶ 개화기 : 6~7월

> 생육 특성

동자꽃은 우리나라 각처의 산에서 자라는 여러해살이풀이다. 생육환경은 산지의 습기가 많은 반그늘에서 자란다. 키는 약 40~100cm이고, 잎은 긴 난형으로 끝이 뾰족하고 가장자리는 밋밋하다. 꽃은 주황색으로 줄기 끝과 잎 사이에서 나오고 지름은 4~5cm이다. 열매는 8~9월경에 익으며, 종자가 결실되면 외부를 둘러싸고 있는 껍질이 갈색으로 변한다. 종자 결실기에는 씨방 안에 어린 애벌레가 자라 종자를 모두 먹고 있는 것을 관찰할 수 있다. 따라서 씨방이 벌어지기 전에 바로 수확해야 한다. 줄기는 전체에 털이 많으며 곧게 선다. 유사종으로는 꽃이 순백색으로 피는 흰동자꽃과 분홍동자꽃도 있다. 관상용으로 이용한다.

> 관리 및 번식법

물기가 많은 반그늘에서 자라는 식물이기 때문에 매일 물을 주어야 한다. 햇볕이 많이 들어오는 곳에 심으면 잎이 타는 현상이 심하고, 음지에 심으면 줄기가 너무 커서 힘이 없기 때문에 꽃이 피면서 휘어진다. 늦가을이나 이른 봄 새싹이 올라오면 포기나누기를 하고, 8~9월에 익은 종자는 가을이나 이른 봄에 뿌리며 한 송이에서 약 30~40개 정도를 얻을 수 있다.

● 동자꽃_ 잎 올라오는 모습

● 동자꽃_ 꽃봉오리

● 동자꽃_ 종자 결실

● 동자꽃_ 피어있는 꽃

● 분홍동자꽃_ 무리

● 흰동자꽃_ 피어있는 꽃

117 두루미꽃

Maianthemum bifolium (L.) F. W. Schmidt

▶ 이 명 : 좀두루미꽃
▶ 과 명 : 백합과
▶ 개화기 : 5~7월

생육 특성

두루미꽃은 우리나라 각처의 높은 산에서 자라는 여러해살이풀이다. 생육환경은 산속 숲의 습기가 많은 반그늘에서 자란다. 키는 8~15cm 내외이고, 잎 길이는 2~5cm, 폭은 1.5~4cm이고 심장형으로 줄기에서 2~3장이 나오며 끝은 뾰족하고 뒷면에는 돌기 모양의 털이 있다. 꽃은 흰색으로 줄기 끝에 5~20송이 정도의 작은 꽃이 무리 지어 핀다. 잎과 잎 사이에서 줄기가 올라오며 꽃이 필 무렵에 잎이 2장 더 나와 그 사이에서 꽃이 핀다. 열매는 8~9월경에 붉은색으로 달린다.

관리 및 번식법

화분에 심는다. 다른 식물보다 습기가 많은 곳에서 살아가기 때문에 주변 습도가 높아야 한다. 따라서 물을 줄 때는 흙에도 주고 공중에도 뿌려 습도를 높게 해주어야 한다. 8~9월에 적색으로 익은 종자를 이른 봄에 뿌리거나 가을이나 이른 봄에 포기나누기한다. 자생지에는 아주 많은 개체가 발아하여 올라온 모습이 관찰된다. 이는 일반 종자 발아 실험에 의한 것보다는 낮지만, 자연에서도 매우 높은 발아율을 보임을 알 수 있다.

● 두루미꽃_ 새순 올라오는 모습

● 두루미꽃_ 꽃봉오리

118 두루미천남성

Arisaema heterophyllum Blume

- ▶ 이 명 : 개천남성, 새깃사두초
- ▶ 과 명 : 천남성과
- ▶ **개화기** : 5~6월

생육 특성

두루미천남성은 전국의 산에 자라는 여러해살이풀이다. 생육환경은 토양의 비옥도가 좋고 습기가 많지 않은 곳에서 서식한다. 키는 50~70cm이고, 잎의 길이는 10~20cm, 폭은 2~6cm 정도이고 1개가 나와 7~11장 정도로 새의 발 모양으로 갈라지는데, 잎 끝은 뾰족하며 긴 타원형이다. 꽃은 녹색으로 길이는 7~12cm, 폭은 3~6cm로 난형으로 올라가다 끝이 구부러지고 차츰 뾰족해지며 꼬리처럼 위로 솟구친다. 열매는 9월경에 적색으로 옥수수 알처럼 빽빽하게 달린 종자들이 긴 타원형을 이룬다.

관리 및 번식법

토양이 비옥한 화단에 심으며, 물은 2~3일 간격으로 준다. 종자와 뿌리에서 발생하는 작은 알뿌리로 번식시킨다. 쉬운 번식 방법은 작은 알뿌리를 큰 알뿌리에서 분리하여 화단에 심는 것이다.

● 두루미천남성_잎

119 둥굴레

Polygonatum odoratum var. *pluriflorum* (Miq.) Ohwi

- ▶ 이 명 : 맥도둥굴레, 애기둥굴레, 좀둥굴레, 제주둥굴레
- ▶ 과 명 : 백합과
- ▶ 개화기 : 6~7월

생육 특성

둥굴레는 우리나라 각처의 산과 들에서 자라는 여러해살이풀이다. 생육환경은 양지 혹은 반그늘의 물 빠짐이 좋고 토양이 비옥한 곳에서 자란다. 키는 30~60cm이고, 잎의 길이는 5~10cm, 폭은 2~5cm로 마주나는 잎은 한쪽으로 치우쳐서 펴지며 대나무 잎과 유사하다. 꽃은 흰색으로 줄기의 중간 부분부터 1~2개씩 잎겨드랑이에 달리고 길이는 1.5~2cm로 밑부분은 흰색, 윗부분은 녹색이다. 검은색 열매가 9~10월경에 달린다. 관상용으로 쓰며 어린순은 식용, 땅속줄기는 식용 또는 약용으로 이용한다.

관리 및 번식법

물 빠짐이 좋은 곳이면 화분이나 화단 어느 곳에서나 잘 자란다. 물은 3~4일 간격으로 준다. 10월에 얻은 종자를 바로 뿌리거나 종이에 싸서 냉장보관한 후 이듬해 봄에 뿌린다. 가을이나 이른 봄에 뿌리를 캐내 포기나누기를 한다. 약용식물로 재배한다.

● 둥굴레_ 종자 결실

● 둥굴레_ 뿌리

120 둥근이질풀

Geranium koreanum Kom.

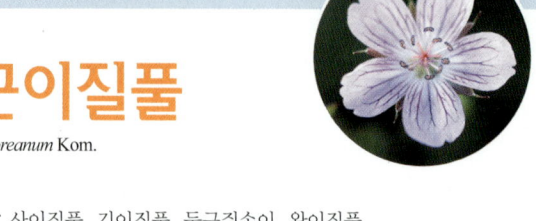

- **이 명** : 산이질풀, 긴이질풀, 둥근쥐손이, 왕이질풀
- **과 명** : 쥐손이풀과
- **개화기** : 7~8월

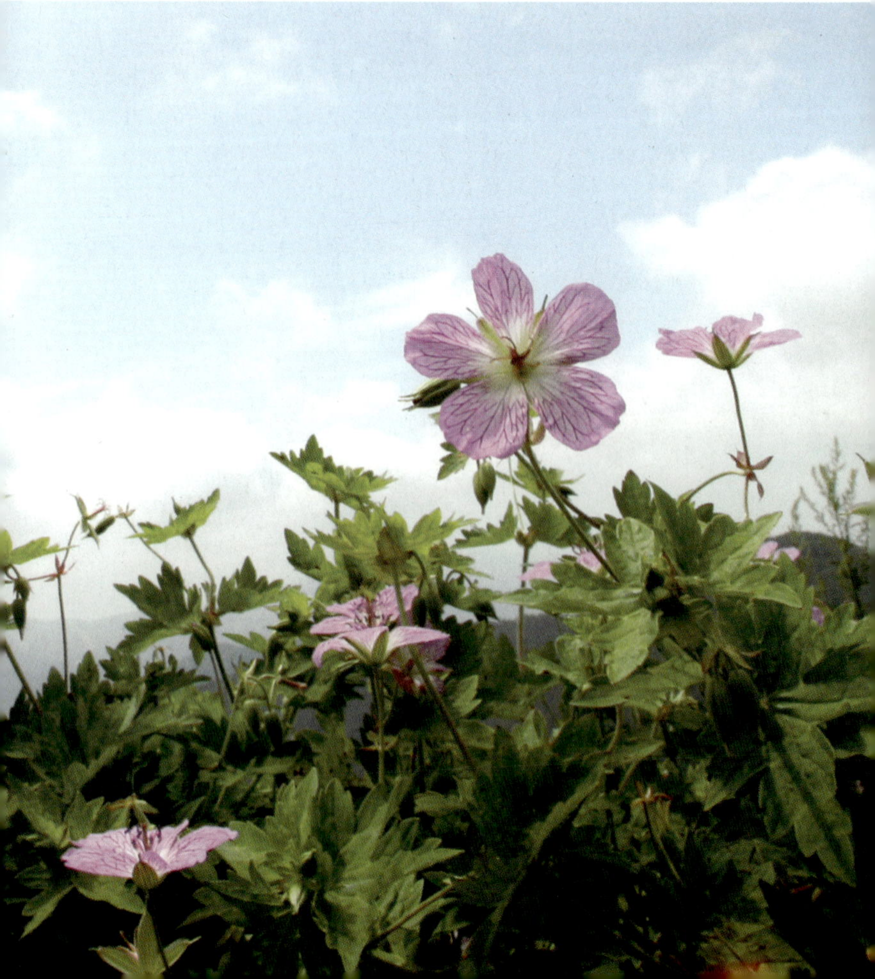

생육 특성

둥근이질풀은 우리나라 각처 산지의 고산에서 자라는 여러해살이풀이다. 생육환경은 반그늘 혹은 양지바른 곳에서 자란다. 키는 약 1m 정도이며, 잎은 다소 깊게 3~5갈래로 갈라지고 끝이 뾰족하고 드문드문 톱니가 있으며 길이는 7~11cm, 폭은 8~15cm이다. 지름 약 2cm 정도의 연분홍색 꽃이 줄기 위쪽에 달려 하늘을 향해 피며, 암술은 3갈래로 갈라져 있다. 식물 전체에 털이 조금 나 있다. 열매는 9~10월경에 촛대 모양으로 길쭉하게 올라온 씨방이 3갈래로 갈라지는데, 안에 검은색의 종자가 들어 있다. 드물게 흰색둥근이질풀(Geranium koreanum for. albidum Kom.)이 발견되기도 한다. 관상용으로 쓰이며 전초를 약용으로 이용한다.

관리 및 번식법

반그늘의 토양이 비옥한 화단에 심고 물은 1~2일 간격으로 준다. 늦가을이나 이른 봄에 포기나누기를 하거나 9월에 익는 종자를 바로 화단에 뿌리거나 종이에 싸서 냉장보관 후 봄에 뿌린다. 종자 발아율은 일반 이질풀보다는 낮은 편이지만 50% 이상의 발아율을 보인다.

● 둥근이질풀_ 잎 올라오는 모습

● 둥근이질풀_ 종자 결실

121 둥근잎꿩의비름

Hylotelephium ussuriense (Kom.) H. Ohba

▶ 과 명 : 돌나물과
▶ 개화기 : 7~8월

생육 특성

둥근잎꿩의비름은 경북 주왕산과 지리산 및 우리나라 중북부 이북에서 자라는 여러해살이풀이다. 키는 15~20cm이고, 잎은 마주나고 다육질로 되어 있으며, 난상 원형으로 끝이 뾰족하거나 둔하다. 한쪽에 2~3개의 톱니가 있고 길이는 4~7cm, 폭은 3~6cm이다. 꽃은 짙은 붉은 자주색으로 원줄기에서 둥글게 뭉쳐나고 지름은 3~5cm가량 된다. 열매는 9~10월경에 달리고 작은 꽃들이 핀 곳에 씨방이 만들어져 먼지처럼 미세한 종자가 많이 들어 있다.

관리 및 번식법

돌 틈과 같이 건조한 곳의 화분이나 화단에 심는다. 화분에 심을 때는 다른 식물과 같이 심는 것을 피하는 것이 좋은데, 이유는 생육이 좋지 못해 다른 식물과의 경합에서 도태될 수 있기 때문이다. 물은 3~4일 간격으로 준다. 9~10월경 받은 종자를 바로 화분에 뿌리거나 종자를 종이에 싸서 냉장보관 후 이듬해 봄에 뿌린다. 또한 잎은 5~6월경에 따서 반으로 자른 후 모래에 심는 엽삽(葉揷)을 한다.

● 둥근잎꿩의비름_ 새순 올라오는 모습

● 둥근잎꿩의비름_ 종자 결실

122 둥근털제비꽃

Viola collina Besser

- ▶ **이 명** : 둥근털오랑캐, 둥글제비꽃
- ▶ **과 명** : 제비꽃과
- ▶ **개화기** : 4~5월

생육 특성

둥근털제비꽃은 우리나라 전역의 산과 들에 자라는 여러해살이풀이다. 생육환경은 양지 혹은 반그늘의 물 빠짐이 좋은 곳에서 자란다. 키는 3~8cm이고, 잎의 길이는 2~3.5cm, 폭은 2~3cm로 전체에 잔털이 많이 나 있고 열매가 익을 때는 길이가 약 6cm에 달한다. 꽃은 연한 자주색이며 여러 줄기의 꽃줄기가 나와 끝에 한 개의 작은 꽃이 달려 한쪽을 향하여 핀다. 열매는 6~7월경에 맺으며 둥글고 짧은 털이 많이 달린다.

관리 및 번식법

화단이나 화분에 심는다. 물 빠짐이 좋은 곳이면 어디서나 잘 자란다. 물은 2~3일 간격으로 준다. 7월에 종자를 받아 보관 후 9월에 뿌리거나 이른 봄 새순이 올라올 때 포기나누기를 한다.

● 둥근털제비꽃_ 잎

● 둥근털제비꽃_ 뒷모습

123 들현호색

Corydalis ternata Nakai

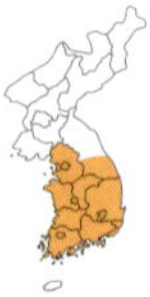

▶ 과 명 : 양귀비과
▶ 개화기 : 4~5월

> **생육 특성** 들현호색은 우리나라 중부 이남의 논과 밭에 나는 여러해살이 풀이다. 생육환경은 양지 혹은 반그늘에서 자란다. 키는 약 15cm 정도이고, 잎의 길이는 0.8~2cm, 폭은 0.3~1.6cm로 표면은 녹색이고 뒷면은 회청색이며 어긋난다. 꽃은 홍자색으로 길이가 1.5~1.8cm로 원줄기 끝에 뭉쳐서 달린다. 열매는 6~7월경에 길이 1.2~1.8cm 정도의 배 모양으로 끝이 뾰족하게 달리고 종자는 둥글고 광택이 난다.

> **관리 및 번식법** 양지쪽에 물 빠짐이 좋은 곳을 선정하여 화분이나 화단에 심으면 좋다. 물은 2~3일 간격으로 준다. 7월에 받은 종자를 종이에 싸서 냉장보관 후 가을에 뿌리거나 이듬해 봄에 뿌린다. 가을에는 뿌리를 캐서 새로 생긴 작은 뿌리를 나누어 심는다.

● 들현호색_ 새순 올라오는 모습

● 들현호색_ 꽃봉오리

124 등골나물

Eupatorium japonicum Thunb.

- ▶ 이 명 : 벌등골나물, 새등골나물
- ▶ 과 명 : 국화과
- ▶ 개화기 : 7~9월

생육 특성

등골나물은 우리나라 각처의 산과 들에서 자라는 숙근성 여러해살이풀이다. 생육환경은 토양의 비옥도에 관계없으며, 반그늘과 양지에서 자란다. 키는 70~150cm이고, 잎은 타원형으로 마주나고 길이는 10~18cm, 폭은 3~8cm이고, 밑부분의 잎은 작으며 꽃이 필 때 없어진다. 작은 꽃들이 원줄기 끝에 편평하게 무리 지어 핀다. 열매는 10~11월에 익으며 종자는 흰색 갓털을 달고 있다. 관상용으로 쓰이며 어린순은 식용, 뿌리를 포함한 전초는 약용으로 이용한다.

관리 및 번식법

어디에서나 잘 자라며 물은 2~3일 간격으로 준다. 뿌리가 옆으로 뻗어가기 때문에 가을에 뿌리를 자르거나 가을에 종자를 받아 종이에 싸서 냉장 보관 후 이른 봄 화단에 뿌린다. 종자 발아율은 높은 편이다.

● 등골나물_ 잎

● 등골나물_ 종자 결실

125 등대풀

Euphorbia helioscopia L.

- ▶ 이 명 : 등대대극, 등대초
- ▶ 과 명 : 대극과
- ▶ 개화기 : 5월

생육 특성

등대풀은 경기도 이남의 들에서 자라는 두해살이풀이다. 생육 환경은 빛이 잘 들어오고 물 빠짐이 좋으며 부엽질이 풍부한 곳에서 자란다. 키는 약 30cm 정도이고, 잎은 마주나고 가장자리에 잔 톱니가 있으며 가지가 갈라지는 끝부분 밑에서 5개의 잎이 돌아가며 달리고 길이는 1~3cm, 폭은 0.6~2cm 정도 된다. 줄기는 원기둥 모양으로 가을에 나와 다음 해에 무성해지며 자르면 유액이 나온다. 꽃은 황록색으로, 잎이 단지처럼 감싸고 있는 부위에서 지름 0.2cm 정도로 여러 개 달리는데 안에는 암꽃 한 개와 여러 개의 수꽃이 있다. 열매는 9~10월경에 달리며 길이는 약 0.3cm이고, 종자는 갈색이며 겉에 그물무늬가 있다.

관리 및 번식법

작은 화분이나 정원 풀밭에 심는다. 화분에 심을 때는 물 빠짐을 좋게 하고 햇볕이 잘 드는 곳에 두어야 한다. 정원에 심을 때는 빛이 잘 들어오는 곳이면 어디나 상관없다. 번식력이 좋기 때문에 이를 감안하여 심는다. 10월경에 받은 종자를 바로 뿌리거나 종이에 싸서 냉장고에 보관 후 이듬해 봄에 일찍 뿌린다. 종자 발아율이 좋은 품종이다.

• 등대풀_ 잎

• 등대풀_ 종자 결실

126 등칡

Aristolochia manshuriensis Kom.

- ▶ **이 명** : 큰쥐방울, 긴쥐방울, 등칙, 칡향
- ▶ **과 명** : 쥐방울덩굴과
- ▶ **개화기** : 5~6월

생육 특성

등칡은 경상남북도, 강원도, 충청북도, 함경북도의 산기슭에 나는 덩굴성 낙엽활엽식물이다. 생육환경은 반그늘이면서 유기질 함량이 많고 물 빠짐이 좋은 곳에서 자란다. 키는 약 10m, 잎 길이는 10~26cm이고 둥글며 표면에는 털이 없고 뒷면은 털이 있거나 없다. 줄기는 새로 나온 가지는 녹색이고 2년 된 가지는 회갈색이다. 꽃은 황색으로 잎겨드랑이에서 한 개씩 달리고, 길이는 약 1cm 내외이며 U자 형으로 꼬부라져 있다. 꽃통은 바깥쪽은 연녹색, 안쪽 중앙부는 연갈색이며 밑부분은 흑갈색, 윗부분에 자갈색 반점이 있다. 9~10월경에 길이 약 11cm, 폭 약 3cm의 긴 타원형 열매가 달리며, 꼭지는 약 2cm 정도이고 털은 없다. 관상용으로 이용한다.

관리 및 번식법

덩굴식물이므로 화단 주변의 나무가 있는 곳에 심어 관리해야 한다. 온도가 높은 곳은 피해서 심는 것이 좋다. 경북 이남 지역에서는 여름 온도가 높아 재배하기 힘든 품종이다. 10월에 받은 종자를 바로 뿌리거나 종이에 싸서 보관한 후 이듬해 봄에 일찍 뿌린다.

● 등칡_ 줄기와 새순

● 등칡_ 꽃

127 딱지꽃

Potentilla chinensis Ser.

▶ 이 명 : 갯딱지, 딱지, 당딱지꽃
▶ 과 명 : 장미과
▶ 개화기 : 6~7월

생육 특성

딱지꽃은 우리나라 각처의 들, 개울가, 바닷가에 나는 여러해살이풀이다. 생육환경은 햇볕이 많이 들어오는 곳에서 자란다. 키는 30~60cm이고, 잎은 긴 타원형으로 길이는 2~5cm, 폭은 0.8~1.5cm로 표면에는 털이 없으나 뒷면은 하얀색 털이 많이 있다. 꽃은 황색으로 줄기 끝에 지름 1~2cm로 달리며 꽃잎은 5장이다. 7~8월경에 넓은 달걀형 열매를 맺는다. 어린순은 나물로 먹거나 국거리로 이용하며 뿌리를 포함한 전초는 약용으로 사용한다.

관리 및 번식법

햇볕이 잘 들어오는 양지를 택하여 심는다. 싹이 올라오는 모습이 할미꽃과 유사하여 잔털이 많아 어린이들의 교육용으로도 적합한 품종이어서 화분으로 재배해도 좋다. 개화기가 길어 꽃이 한꺼번에 피지 않고 계속 피고 지므로 화단의 잘 보이는 곳에 심어야 한다. 물은 2~3일 간격으로 준다. 8월에 받은 종자를 냉장고에 보관 후 9~10월경에 파종상에 뿌리거나 또 종이에 싸서 보관하여 이듬해 봄에 일찍 뿌린다. 뿌리가 직근성이기 때문에 새싹이 올라오고 본잎이 전개되기 시작하면 바로 작은 화분이나 화단에 옮겨심기한다.

● 딱지꽃_ 새순 올라오는 모습

● 딱지꽃_ 잎

128 땅귀개

Utricularia bifida L.

- ▶ 이 명 : 땅귀이개
- ▶ 과 명 : 통발과
- ▶ 개화기 : 8~9월

생육 특성

땅귀개는 우리나라 각처의 산과 들에서 자라는 여러해살이풀이다. 생육환경은 습기가 많고 물이 고여 있는 양지의 풀숲에서 자란다. 키는 7~15cm이고, 잎 길이는 0.6~0.8cm로 녹색이고 가늘고 길며 밑부분에 1~2개의 벌레 잡는 대가 있다. 꽃은 밝은 황색으로 줄기를 따라 2~7개가 달리며 끝이 뾰족하다. 열매는 둥글며 10~11월경에 지름 약 0.4cm 정도로 달린다.

관리 및 번식법

물 빠짐이 좋지 않은 화단에 심는다. 오랫동안 물이 고인 곳보다는 약간 물이 흐르는 곳에 심는 것이 좋고 한여름이나 이른 봄에 땅이 마르면 올라오는 개체수가 확연히 줄어들기 때문에 항상 물이 고여 있게 관리한다. 11월에 받은 종자를 저장 후 이듬해 봄 화단에 뿌리거나 새싹이 올라올 때 뿌리 부분을 여러 개로 나누어 심는다. 종자 발아율은 높은 편이다.

● 땅귀개_ 꽃봉오리

● 땅귀개_ 무리

129 땅나리

Lilium callosum Siebold & Zucc.

- ▶ 이 명 : 작은중나리, 애기중나리
- ▶ 과 명 : 백합과
- ▶ 개화기 : 7월

생육 특성

땅나리는 우리나라 중부 이남의 산이나 들에 자라는 여러해살이풀이다. 생육환경은 숲 속 반그늘에서 자란다. 키는 약 60cm이고, 잎은 조밀하게 나며 선형이다. 잎은 털이 별로 없고 길이는 5~10cm, 폭은 0.3~0.6cm이다. 황적색 꽃이 줄기 끝에 1~8송이 피며 지름은 3~5cm이다. 열매는 9~10월경에 달리고 갈색이며, 안에는 둥글고 편평한 종자가 많이 들어 있다. 오전에는 꽃봉오리가 뭉쳐 있다가 오후가 되면서 꽃잎이 뒤로 올라가는 것을 관찰할 수 있으며, 다른 백합과 종류에 비해 꽃이 적기 때문에 쉽게 구분이 가능한 종이다. 관상용으로 쓰인다.

관리 및 번식법

강한 햇볕이 들어오는 곳이 아니면 되고, 토양은 모래가 많은 화단이면 좋다. 화분에 심어 실내에서 키우면 키가 너무 자라고 꽃대가 약해 꽃이 잘 피지 않는다. 물은 봄에는 2~3일 간격, 여름에는 1~2일 간격으로 준다. 물을 많이 주면 알뿌리가 썩기 때문에 피해야 한다. 구근의 지름은 약 3~5cm로, 번식방법은 둥근 황백색의 구근 인편을 이용하는 방법과 9월에 익은 종자를 이듬해 봄 화단에 뿌리는 방법이 있다. 종자에 싹이 난 후에도 3~4년 후에 꽃을 피우므로 꾸준한 관리가 필요하다.

● 땅나리_ 줄기

● 땅나리_ 종자 결실

130 땅비싸리

Indigofera kirilowii Maxim. ex Palib

- ▶ **이 명** : 논싸리, 땅비수리, 완도당비사리, 젓밤나무, 큰땅비싸리
- ▶ **과 명** : 콩과
- ▶ **개화기** : 5~6월

생육 특성

땅비싸리는 우리나라 각처의 산에서 나는 낙엽활엽 반관목이다. 생육환경은 양지 혹은 반그늘의 토양 비옥도가 높은 곳에서 자란다. 키는 약 1m 정도이고, 잎의 길이는 1~4cm로 작은 잎이 7~11개 정도 있으며 타원형이다. 꽃은 엷은 홍색으로 길이가 약 2cm이고 잎겨드랑이에 달린다. 열매는 10월경에 원주형으로 달린다.

관리 및 번식법

키가 작은 것은 화분에 심어 관리하다 화단에 옮겨 심어도 좋다. 이른 봄 줄기에 싹이 올라오면 땅속줄기를 잘라 포기나누기를 하거나 10월에 받은 종자를 바로 화분이나 화단에 뿌리면 된다. 종자는 콩껍질 모양을 한 씨방에 검은색으로 되어 있으며 발아율은 약 70% 정도이다.

● 땅비싸리_잎

● 땅비싸리_꽃망울이 맺힌 모습

131 땅채송화

Sedum oryzifolium Makino

- ▶ 이 명 : 제주기린초, 갯채송화
- ▶ 과 명 : 돌나물과
- ▶ 개화기 : 5~7월

생육 특성

땅채송화는 중부 이남의 해안가에서 나는 여러해살이풀이다. 생육환경은 햇볕이 잘 들어오는 곳의 바위나 물 빠짐이 좋은 땅에서 자란다. 키는 5~12cm이고, 잎의 길이는 0.3~0.6cm, 폭은 약 0.2cm로 끝이 둥글며 타원형이며 어긋난다. 줄기는 옆으로 뻗고 가지가 갈라진다. 꽃은 황색이고 원줄기 끝에는 꽃이 달리지 않으며 줄기 윗부분에서 갈라진 가지 끝에 3~10개가 달린다. 꽃잎은 길이가 약 0.5cm이고 암술과 수술은 각 5개씩이다. 9~10월경에 자방이 여러 갈래로 갈라지며 열매를 맺는데, 안에는 작은 종자가 많이 들어 있다. 관상용으로 이용한다.

관리 및 번식법

햇볕이 잘 드는 곳과 물 빠짐이 좋은 곳이면 어디서나 잘 자라기 때문에 화단이나 화분 어디에서나 키워도 좋다. 화분은 시중에 판매되는 세덤류와 혼식하거나 다른 초화류 밑에 심으면 수분 증발도 막는 효과가 있다. 화단에 심을 때는 돌 틈에 약간의 흙이 있는 곳을 골라 집단적으로 심는다. 물은 2~3일 간격 또는 3~4일 간격으로 준다. 꽃이 필 때가 아니면 언제든지 번식이 가능하다. 마디에 뿌리가 중간 중간 나와 있는데 이를 떼어내 모래나 상토에 심으면 10일 정도 후에는 뿌리가 완전히 내린다. 또는 줄기를 삽목해도 가능한데, 시중에서 판매되는 뿌리 촉진제를 이용해도 좋다. 필자가 해본 바에 의하면 두 줄기를 1년 동안 번식시켰더니 약 3,000개의 성묘를 얻을 수 있었다.

● 땅채송화_ 새순

● 땅채송화_ 꽃봉오리

132 때죽나무

Styrax japonicus Siebold & Zucc.

- ▶ **이 명** : 노가나무, 족나무, 왕때죽나무, 때쭉나무
- ▶ **과 명** : 때죽나무과
- ▶ **개화기** : 5~6월

생육 특성

때죽나무는 황해도 이남의 산에서 나는 낙엽활엽 소교목이다. 생육환경은 양지 혹은 반그늘의 물 빠짐이 좋고 토양이 비옥한 곳에서 자란다. 키는 약 2~10m이고, 잎의 길이는 2~8cm, 폭은 2~4cm이다. 표면은 녹색이고 털이 없으며 뒷면은 털이 있으며 타원형이고 어긋난다. 꽃은 흰색으로 길이가 2~4cm로 아래로 처지며 잎겨드랑이에서 길이 1~3cm의 작은 꽃줄기가 약 2~5개 나온다. 열매는 7~9월경에 달리며 길이는 약 1.5cm로 종 모양으로 늘어지며 둥글고 회백색이다.

관리 및 번식법

조경용으로 정원이나 화단에 심으면 좋다. 물 빠짐을 좋게 하여 양지에 심는다. 9월에 받은 종자는 비닐이나 종이에 싸서 땅속에 묻어두거나 냉장 보관한 후 이듬해 봄에 뿌린다. 삽목은 5월경 나온 새 가지를 이용하거나 가을에 열매가 달린 가지를 이용한다.

● 때죽나무_ 잎

● 때죽나무_ 종자 결실

133 뚜껑덩굴

Actinostemma lobatum Maxim

- ▶ 이 명 : 단풍잎뚜껑덩굴, 합자초, 개뚜껑덩굴
- ▶ 과 명 : 박과
- ▶ 개화기 : 8~9월

생육 특성

뚜껑덩굴은 제주도와 남부지방 및 경기도 이북의 도랑이나 물가에서 자라는 한해살이풀이다. 생육환경은 물기가 많고 공중 습도가 높은 곳에서 자란다. 키는 약 2m 정도까지 자라고, 잎의 길이는 5~10cm, 폭은 2.5~7cm로 가장자리에 낮은 톱니가 있으며 어긋나고 덩굴손은 마주난다. 꽃은 황록색이며 수꽃은 5개의 황록색 수술이 있고, 암꽃은 수꽃이 있는 부분에 한 개씩 달리는데, 길이는 약 1cm가량이다. 열매는 9~10월경에 익어 중심부가 갈라지고 안에는 길이 약 1cm 정도 되는 검은색 종자가 달린다.

관리 및 번식법

물기가 많은 곳의 화단에 심는다. 덩굴이 많이 뻗어가기 때문에 다른 식물에게 해가 되지 않게 나무 옆에 심는 것이 좋다. 물은 2~3일 간격으로 준다. 10월에 받은 종자를 보관 후 이듬해 봄에 뿌린다.

● 뚜껑덩굴_ 감고 올라가는 모습

● 뚜껑덩굴_ 열매

134 뚝갈

Patrinia villosa (Thunb.) Juss.

▶ 이 명 : 뚝갈, 뚜갈, 흰미역취
▶ 과 명 : 마타리과
▶ 개화기 : 7~8월

생육 특성

뚝갈은 우리나라 전역의 산과 들에서 나는 여러해살이풀이다. 생육환경은 햇볕이 잘 들어오는 양지쪽의 물 빠짐이 좋은 곳에서 자란다. 키는 약 1m이고, 잎 길이는 3~15cm이고 마주나며 표면은 짙은 녹색이다. 뒷면은 흰빛이 돌며 가장자리에는 톱니가 있고, 양면에는 흰색 털이 드물게 있으며 마주난다. 꽃은 흰색으로 원줄기 끝이나 가지 끝에 달리며 꽃줄기 분지에서는 아래로 퍼지거나 밑을 향해 있는 털이 있다. 열매는 9~10월경에 달걀을 거꾸로 세운 모양으로 뒷면이 둥글게 달린다. 어린잎은 식용으로 이용하고 뿌리는 약용으로 사용한다.

관리 및 번식법

햇볕이 잘 들어오는 곳이면 어디서든지 잘 자라는 품종이다. 이 품종은 키가 크기 때문에 화단의 가운데에 심어도 좋은 품종이다. 특히 집단으로 심으면 심한 바람이 불어도 잘 쓰러지지 않는다. 토양은 퇴비를 조금 넣은 후 물 빠짐만 좋게 하여 심으면 된다. 물은 2~3일 간격으로 준다. 번식은 10월에 받은 종자를 바로 뿌리거나 종이에 싸서 보관 후 이듬해 봄에 일찍 뿌린다. 종자 발아는 잘 되는 편이기 때문에 많이 뿌리면 새순이 겹쳐 바람이 잘 통하지 않아 고사하는 경우가 많다. 이른 봄에 뿌릴 경우는 3~4월에 뿌려 발아 기간을 단축시켜 묘종을 옮겨심기한다.

● 뚝갈_잎

● 뚝갈_줄기

135 마타리

Patrinia scabiosaefolia Fisch. ex Trevir

- ▶ 이 명 : 가양취, 미역취, 가얌취
- ▶ 과 명 : 마타리과
- ▶ 개화기 : 7~8월

생육 특성

마타리는 우리나라 각처의 산과 들에서 나는 여러해살이풀이다. 생육환경은 양지 혹은 반그늘에서 자란다. 키는 60~150cm이고, 잎은 새의 깃 모양으로 깊이 갈라지고 마주난다. 가지 끝과 원줄기 끝에 지름 약 0.5cm가량의 황색 꽃이 많이 달린다. 열매는 타원형으로 9~10월경에 맺으며 길이가 약 0.5cm 정도 되는 종자가 달린다. 관상용으로 쓰이며, 어린순은 식용으로 사용한다.

관리 및 번식법

물 빠짐이 좋은 반그늘의 화단에 심고, 물은 2~3일 간격으로 준다. 10월에 받은 종자를 바로 뿌리거나 종이에 싸서 냉장보관 후 이듬해 봄에 뿌린다. 한 줄기에서 얻는 종자의 수는 약 500~1,000개 정도 된다. 종자 발아율이 높은 품종이어서 재배면적 및 심을 곳의 면적을 계산 후 적절하게 종자를 파종하면 된다.

● 마타리_ 잎과 줄기

● 마타리_ 종자 결실

136 만주바람꽃

Isopyrum manshuricum (Kom.) Kom.

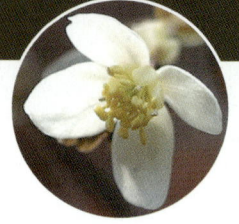

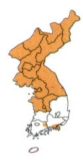

▶ **과 명** : 미나리아재비과
▶ **개화기** : 4~5월

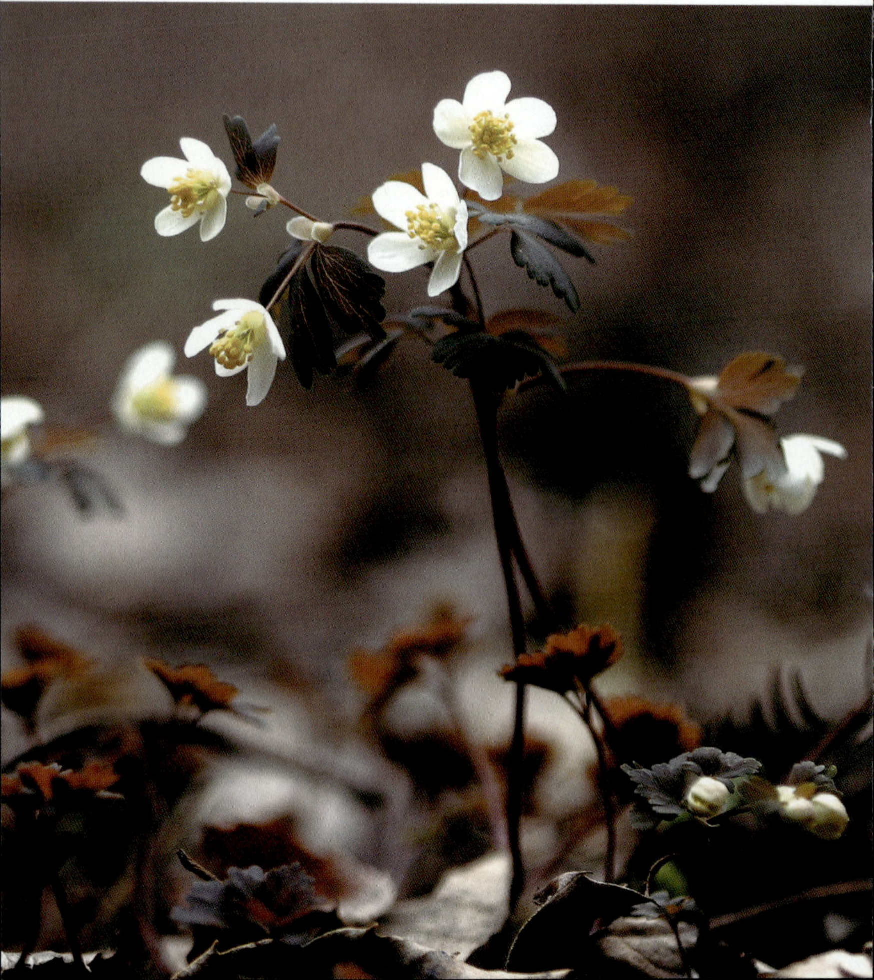

생육 특성

만주바람꽃은 우리나라 중부 이북에서 자라는 여러해살이풀이다. 생육환경은 토양에 부엽질이 많은 양지쪽에서 자란다. 키는 15~20cm이고, 잎은 2~3개로 갈라지고 다시 한 잎에서 3갈래로 갈라진다. 꽃은 옅은 노란색과 흰색으로 잎 사이에서 한 송이씩 달리며 지름은 약 1.5cm이고, 긴 꽃자루가 있다. 뿌리 부분은 마치 고구마 줄기처럼 많은 괴근이 달려 있다. 어린싹이 올라올 때는 마치 개구리발톱과 같은 모양으로 올라온다. 열매는 6~7월경에 달리고 종자는 검은색이다.

관리 및 번식법

반그늘에서 잘 자라고 물 빠짐이 좋은 화단에 심는다. 땅 밑에 있는 뿌리를 늦여름이나 가을에 나누거나 6월에 결실되는 종자를 바로 화단에 뿌리는 것이 좋다.

● 만주바람꽃_ 새순 올라오는 모습

● 만주바람꽃_ 잎이 핀 모습

137 말나리

Lilium distichum Nakai ex Kamib.

- ▶ 이 명 : 왜말나리
- ▶ 과 명 : 백합과
- ▶ 개화기 : 6~8월

생육 특성

말나리는 우리나라 각처의 산지에서 자라는 여러해살이풀이다. 생육환경은 반그늘이 지고 토양이 비옥한 낙엽수 아래에서 자란다. 키는 약 80cm이고, 잎은 줄기 중간 부분에 4~9장의 원을 그리며 도는 형태를 하고 있다. 잎은 난형이고 길이는 15cm 내외, 폭은 2~3cm이며, 끝이 뾰족하다. 꽃은 황적색이고 줄기 끝에 여러 송이가 핀다. 열매는 9~10월경에 둥글게 달리며, 안에는 겹겹이 둥글고 편평한 종자가 들어 있다. 관상용으로 쓰이며 어린잎과 줄기, 비늘줄기는 식용으로 사용한다.

관리 및 번식법

물 빠짐이 좋은 반그늘의 화단에 심는다. 모래가 많이 들어 있는 토양에 심고 퇴비를 많이 넣어줘야 한다. 물은 2~3일 간격으로 준다. 번식은 둥근 비늘줄기 모양을 하며 반점이 있는 인편을 이용하거나 10월에 결실되는 종자를 이듬해 봄 화분이나 화단에 뿌린다. 개화하는 것을 빨리 보고 싶으면 종자번식보다는 인편번식을 이용하는 것이 좋다.

• 말나리_잎

• 말나리_종자 결실

138 매화노루발

Chimaphila japonica Miq.

- ▶ 이 명 : 풀차
- ▶ 과 명 : 노루발과
- ▶ 개화기 : 5~6월

생육 특성

매화노루발은 우리나라 각처의 산지에 자라는 상록 여러해살이 풀이다. 생육환경은 숲 속 반그늘의 토양이 비옥한 곳에서 자란다. 키는 5~10cm이고, 잎은 두꺼운 각질을 가지며 넓고 뾰족하다. 잎 가장자리에는 날카로운 낮은 톱니가 있다. 꽃은 흰색으로 지름은 1cm 정도이고, 반 정도 벌어지며 원줄기 끝에서 자라는 꽃자루 끝에 1~2개의 꽃이 아래를 향해 달린다. 열매는 8~9월경에 달리고 지름은 0.5cm 정도이며 암술머리가 붙어 있다. 겨울에 다른 식물들이 모두 고사한 후에도 잎이 상록성이어서 쉽게 이 품종을 찾을 수 있지만 봄이나 여름에 다른 식물들이 주변에 자라 있으면 잎이 너무 작기 때문에 찾기 어려운 품종이다. 줄기가 올라와서 꽃이 달리고 약 한 달 정도 있어야 개화하는 품종이다.

관리 및 번식법

화분이나 화단에 심는다. 내부 온도가 따뜻한 곳에서는 항상 잎이 푸르기 때문에 겨울에는 실내로 들여와도 좋다. 8~9월에 열리는 종자를 이른 봄에 뿌리거나 가을과 봄에 뿌리를 포기나누기하여 번식시킬 수 있다. 뿌리는 길게 옆으로 뻗는 성질이 있어 원줄기를 찾아 옆으로 가면 새싹이 돋는 줄기를 찾을 수 있다.

● 매화노루발_ 꽃봉오리

● 매화노루발_ 종자 결실

139 매화마름

Ranunculus kazusensis Makino

- ▶ 이 명 : 미나리마름, 미나리말
- ▶ 과 명 : 미나리아재비과
- ▶ 개화기 : 4~5월

생육 특성

매화마름은 우리나라 각처의 늪이나 연못에서 자라는 여러해살이 수초이다. 생육환경은 수심이 낮고 물 흐름이 빠르지 않으며 빛을 잘 받는 곳에서 자란다. 키는 약 50cm 정도이고, 잎은 마주나고 짧은 엽초 위에 잔털이 돋은 짧은 잎자루가 있으며 3~4회 갈라져서 실같이 낱낱이 찢어져 있다. 줄기는 속이 비어 있고 마디에서 뿌리가 내린다. 어긋난 꽃줄기는 길이 3~7cm로 물 위로 올라와서 끝부분에 1개의 잎과 지름 약 1cm 정도의 꽃이 흰색으로 달린다. 열매는 7~8월경에 둥글게 달리며 길이는 약 0.2cm 정도이고 긴 털이 있다.

관리 및 번식법

습지나 개울에 심는 것이 좋다. 실내에서 키울 때는 물이 빠지지 않는 화분을 이용하여 안에 심고 외부에 심을 때는 작은 웅덩이에 물을 좋아하는 노랑무늬붓꽃과 부처꽃 등을 함께 심어 여러 계절 동안 볼 수 있게 하는 것도 좋다. 번식은 이른 봄이나 가을에 뿌리나누기를 하거나 8월경에 달리는 종자를 받아 바로 뿌리는 방법을 이용한다.

● 매화마름_ 새순 올라오는 모습

● 매화마름_ 종자 결실

140 맥문동

Liriope platyphylla F. T. Wang & T. Tang

- ▶ 이 명 : 알꽃맥문동, 넓은잎맥문동
- ▶ 과 명 : 백합과
- ▶ 개화기 : 5~8월

생육 특성

맥문동은 우리나라 중부 이남의 산지에서 자라는 상록 여러해살이풀이다. 생육환경은 반그늘 혹은 햇볕이 잘 들어오는 나무 아래에서 자란다. 키는 30~50cm이고, 잎은 납작하고 길이는 30~50cm, 폭은 0.8~1.2cm이며, 끝이 뭉툭하다. 꽃은 연분홍으로 한 마디에 여러 송이의 꽃이 핀다. 주변에 조경용으로 많이 심어져 있어 친숙한 품종이다. 푸른색 열매가 10~11월에 익으며 껍질이 벗겨지면 검은색 종자가 나타난다. 종자가 익으면 검게 변하고 잎은 겨울에도 지상부에 남아 있기 때문에 쉽게 찾을 수 있는 품종이다. 관상용으로 쓰이며, 뿌리는 약용으로 사용한다.

관리 및 번식법

최근 들어 화단 조경용으로 많이 이용된다. 햇볕이 잘 들어오는 곳이면 어디든지 좋고 물은 2~3일 간격으로 준다. 1~2년이 지나면 뿌리가 많이 뭉쳐 있기 때문에 이것을 가을이나 봄에 나누거나, 10~11월에 익은 종자를 이듬해 봄 화단에 뿌린다.

● 맥문동_ 꽃봉오리

● 맥문동_ 종자 결실

141 머위

Petasites japonicus (Siebold & Zucc.) Maxim

- ▶ 이 명 : 머구
- ▶ 과 명 : 국화과
- ▶ 개화기 : 3~4월

생육 특성 머위는 우리나라 각처의 습기가 많은 산지나 집 주변에서 재배되는 여러해살이풀이다. 생육환경은 반그늘 혹은 양지의 습기가 많은 곳에서 자란다. 키는 5~45cm이고, 잎은 지름이 15~30cm로 표면에 구부러진 털이 있으나 자라면서 없어지고, 가장자리에 불규칙한 치아 모양의 톱니가 있으며 둥근 심장형이다. 꽃은 지름이 0.7~1cm로 여러 개가 뭉쳐서 달리고 포가 밑부분을 둘러싸고 있다. 열매는 6월경에 달리며 길이가 약 0.3cm, 지름은 약 0.1cm 정도 되고 원통형이며 흰색으로 된 갓털이 달린다. 잎자루와 어린순은 식용으로 이용된다.

관리 및 번식법 마을 인근이나 주변에 식용으로 많이 심어져 있다. 반그늘이나 직접적으로 빛이 닿지 않는 곳에 심으면 좋다. 가을에 포기나누기를 하며, 이른 봄에는 6월에 받은 종자를 바로 뿌리거나 종이에 싸서 냉장고에 보관 후 이듬해 봄에 화단에 뿌린다.

● 머위_ 잎

● 머위_ 꽃대 큰 모습

142 | 메꽃

Calystegia sepium var. *japonicum* (Choisy) Makino

- ▶ **이 명** : 메, 좁은잎메꽃, 가는잎메꽃, 가는메꽃
- ▶ **과 명** : 메꽃과
- ▶ **개화기** : 6~8월

생육 특성

메꽃은 전국 각처의 들에서 자라는 덩굴성 여러해살이풀이다. 생육환경은 음지를 제외한 어느 환경에서도 자란다. 키는 50~100cm이고, 잎은 긴 타원형으로 어긋나고 길이는 5~10cm, 폭은 2~7cm로 뾰족하다. 뿌리는 흰색으로 굵으며 사방으로 퍼지고 뿌리마다 잎이 나오고 다시 지하경이 발달하여 뻗어나간다. 꽃은 엷은 홍색으로 깔때기 모양이며 길이는 5~6cm, 폭은 약 5cm이다. 열매는 8~10월경에 둥글게 달리고, 종자 결실율은 매우 낮다. 어린순과 뿌리는 식용 및 약용으로 사용한다.

관리 및 번식법

다른 식물과 같이 심는 것은 피한다. 생육이 워낙 좋고 다른 식물에게 피해를 주기 때문에 화분을 제외하고는 심지 않는 것이 좋다. 시기에 관계없이 뿌리를 절단하여 심으면 새순이 올라온다.

● 메꽃_ 꽃봉오리

● 메꽃_ 지상부

143 며느리밑씻개

Persicaria senticosa (Meisn.) H. Gross ex Nakai

- ▶ 이 명 : 며느리밑씻개, 가시덩굴여뀌
- ▶ 과 명 : 마디풀과
- ▶ 개화기 : 7~8월

생육 특성

며느리밑씻개는 우리나라 각처의 산과 들에서 자라는 덩굴성 한해살이풀이다. 생육환경은 양지나 반그늘 어느 곳에서도 자란다. 키는 약 1~2m 정도이고, 잎은 길이와 폭이 각각 4~8cm로 삼각형이고 어긋난다. 꽃은 연한 홍색이지만 끝부분은 적색이고 줄기나 가지 꼭대기 또는 잎겨드랑이에 달리며 꽃줄기에는 아래로 난 가시와 같은 잔털이 있다. 열매는 9~10월에 달리고 약간 세모지며 검은 광택이 난다.

관리 및 번식법

화단이면 어느 곳에서나 잘 자라고, 습기가 많은 곳이나 마른 땅에서도 잘 자란다. 줄기에 가시가 많이 나 있어 어린이들이 자주 다니는 곳에는 가급적 심지 않는다. 10월에 받은 종자는 보관 후 이듬해 봄 화단에 뿌린다. 이른 봄이나 가을에 이 품종이 있는 땅 주변을 호미와 같은 농기구를 이용하여 부드럽게 해주면 종자 발아율이 높아진다.

● 며느리밑씻개_ 잎

● 며느리밑씻개_ 줄기와 잎

144 며느리배꼽

Persicaria perfoliata (L.) H. Gross

- **이 명** : 며느리배꼽, 참가시덩굴여뀌
- **과 명** : 마디풀과
- **개화기** : 7~9월

생육 특성

며느리배꼽은 우리나라 각처의 길가나 집 주변의 들에서 자라는 한해살이 덩굴식물이다. 생육환경은 햇볕이 잘 드는 곳이면 토양의 비옥도에 관계없이 어디서나 잘 자란다. 키는 약 2m가량 덩굴로 뻗으며, 잎은 심장형으로 표면은 녹색이고 뒷면은 흰빛이 돈다. 잎 길이는 3~6cm, 폭은 3~8cm이며 삼각형이고 끝이 뾰족하다. 줄기에는 작은 가시들이 아래로 나 있어 다른 식물을 감고 올라가기 쉽게 되어 있다. 꽃은 연한 녹색을 띤 흰색으로 밑부분을 접시처럼 잎이 받치고 있다. 열매는 10월경에 둥근 모양으로 달리며 광채가 많이 나는 검은색이다.

관리 및 번식법

어느 곳에서나 잘 자라기 때문에 특별한 관리는 하지 않는다. 열매가 달리면 마치 배꼽처럼 감싸고 있는 잎 주변을 관찰하면 좋다. 10월에 받은 종자를 보관 후 이듬해 봄에 뿌린다. 이른 봄이나 가을에 이 품종이 있는 땅 주변을 호미와 같은 농기구를 이용하여 부드럽게 해주면 종자 발아율이 높아진다.

● 며느리배꼽_ 종자 결실

● 며느리배꼽_ 종자 완숙

145 멸가치

Adenocaulon himalaicum Edgew.

- ▶ 이 명 : 개머위, 명가지, 옹취, 총취
- ▶ 과 명 : 국화과
- ▶ 개화기 : 8~10월

생육 특성

멸가치는 우리나라 각처의 산이나 들에서 자라는 여러해살이풀이다. 생육환경은 음지이며 습한 지역에서 자란다. 키는 50~100cm가량이고 잎은 삼각의 심장형으로 길이는 7~13cm, 폭은 11~22cm이다. 잎 가장자리가 깊게 파여 톱니가 있고, 표면은 녹색이고 뒷면은 흰빛이 나며 흰 솜털이 많이 있다. 꽃은 흰색에서 연한 붉은색으로 변하고 지름은 약 0.5cm이다. 종자가 결실되는 자리는 마치 해바라기와 같은 무늬의 종자가 잔털과 함께 결실된다. 관상용으로 쓰이며 어린잎은 식용으로 사용한다.

관리 및 번식법

나무가 많아 햇볕을 많이 가려주는 화단에 심는 것이 좋고 물은 2~3일 간격으로 준다. 늦가을이나 이른 봄 새싹이 올라올 때 뿌리나누기를 하거나 11월에 열리는 종자를 저장하였다가 이듬해 봄 화단에 뿌린다. 종자는 끈적거리는 점성이 강하므로 가능한 빨리 뿌린다.

● 멸가치_ 새순 올라오는 모습

● 멸가치_ 종자 결실

146 모데미풀

Megaleranthis saniculifolia Ohwi

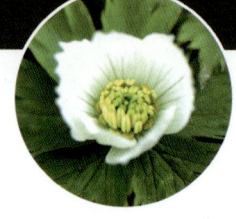

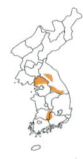

- ▶ **이 명** : 운봉금매화, 금매화아재비
- ▶ **과 명** : 미나리아재비과
- ▶ **개화기** : 5월

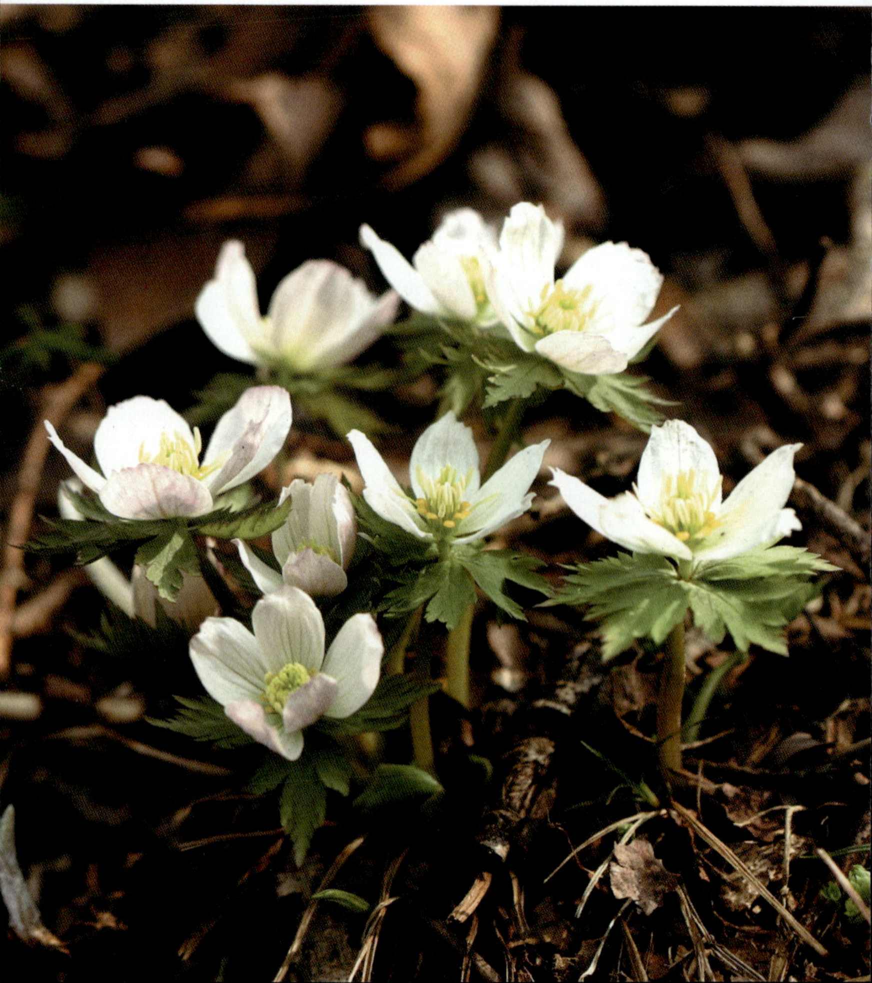

생육 특성

모데미풀은 지리산 이북의 높은 산에 자라는 여러해살이풀이다. 생육환경은 상대 습도가 높은 곳이나 습도가 높은 곳에서 잘 자란다. 키는 20~40cm 정도이며, 잎은 긴 잎자루에서 3개로 갈라지며, 잎자루가 짧고 잎은 2~3개로 깊게 갈라진 다음 톱니가 생기거나 다시 2~3개로 갈라지며, 양면에 털이 없고 톱니 끝이 뾰족하다. 꽃은 흰색으로 지름이 2cm 정도이며 꽃줄기가 한 개 나와 윗부분에 꽃이 한 개가 달리고, 길이는 0.5cm 정도이다. 열매는 7월경에 달리고 길이는 1.2cm 정도이다. 습기를 좋아하는 식물이어서 습기가 많은 곳에 심어두면 좋은 꽃을 얻을 수 있다. 지리산 남원 운봉에서 처음으로 발견되었다고 하여 그곳 지명인 '모데기'를 따서 모데미풀이라 이름 지었다고도 한다.

관리 및 번식법

반그늘 혹은 음지에서 자라는 식물이며 유의할 부분은 습도이다. 공기 중의 습도가 많은 곳을 좋아하는 식물이기 때문에 공중 습도를 높게 해주고 또한 토양 습도도 높여주어야 한다. 7~8월경에 종자가 익으면 바로 뿌려 묘종을 얻을 수 있고, 종자를 종이에 싸서 냉장보관하여 이듬해 봄에 뿌리는 방법도 있다. 8~9월에 종자 파종을 할 때 유의할 점은 내부 온도를 높게 하면 안 된다는 것이다. 이 시기는 종자 발아율은 높지만 어린 묘가 고온에 의해 쉽게 상할 수 있기 때문이다. 묘는 가을에 지상부 잎이 마른 다음 포기나누기로 얻는다.

● 모데미풀_ 꽃봉오리

● 모데미풀_ 종자 결실

147 모래지치

Argusia sibirica (L.) Dandy

- ▶ 이 명 : 갯모래지치
- ▶ 과 명 : 지치과
- ▶ 개화기 : 5~8월

생육 특성

모래지치는 우리나라 각처의 해안가 모래땅에서 나는 여러해살이풀이다. 생육환경은 햇볕이 잘 들어오는 양지쪽의 모래밭에서 자란다. 키는 25~35cm이고, 잎의 길이는 4~10cm, 폭은 0.7~3cm로 끝은 둔하다. 밑부분은 좁아져 잎몸이 없으며 가장자리는 밋밋하고 두껍다. 줄기에는 흰색 털이 많다. 꽃은 흰색으로 줄기 끝과 잎겨드랑이에 달려 피며 열매는 8월경에 넓은 타원형으로 달린다. 관상용으로 이용한다.

관리 및 번식법

해안가에서 자라는 식물들의 특성은 파도에서 나오는 작은 물 입자와 아주 미세하게 들어 있는 염기를 좋아하는 것이다. 따라서 가정에서 재배하기는 어려운 품종이다. 해안가에서 키울 경우 돌이 있는 곳이나 해안의 모래를 가지고 와서 심는다. 8월에 받은 종자를 냉장고에 보관 후 9~10월경에 종자상에 뿌린다. 종자 발아율이 낮기 때문에 많이 뿌려도 무방하다. 이 품종은 뿌리가 밑으로 곧장 내려가기 때문에 새순이 올라오고 본잎이 전개되면 바로 화분에 옮겨심기한다. 가을에 옮기지 못한 것은 이른 봄에 새순이 올라오면 화분에 심는데, 이때 뿌리가 상하지 않게 주의해야 한다. 이른 봄에 옮기는 이유는 온도가 올라감에 따라 뿌리의 발육이 진행되기 때문에 생존율을 높이기 위한 것이다.

● 모래지치_ 새순 올라오는 모습

● 모래지치_ 꽃 피기 전

148 모시대

Adenophora remotiflora (Siebold & Zucc.) Miq.

- ▶ 이 명 : 모시때, 모싯대
- ▶ 과 명 : 초롱꽃과
- ▶ 개화기 : 7~9월

생육 특성

모시대는 우리나라 각처의 산에서 자라는 여러해살이풀이다. 생육환경은 숲 속의 그늘진 습기가 많은 곳에서 자란다. 키는 40~100cm이고 잎은 난형이고 길이는 5~20cm, 폭은 3~8cm이다. 잎 가장자리에 톱니가 있으며, 끝은 뾰족하고 아래 잎은 둥글거나 심장형이다. 보라색 꽃이 원줄기 끝에서 밑을 향해 종 모양으로 드문드문 핀다. 열매는 10~11월에 익는다. 관상용으로 쓰이며 어린잎은 식용, 뿌리는 약용으로 사용한다.

관리 및 번식법

토양이 비옥한 반그늘 화단에 재배하고 물은 2~3일 간격으로 준다. 반그늘에서 자라는 특성을 가지고 있으며 꽃 모양이 다른 품종들과 달리 아래로 달려 피므로 아이들의 교육용으로 적합하다. 종자가 완전하게 익는 11월경에 받아 이를 냉장고에 저장하여 이듬해 이른 봄 화단에 뿌린다.

● 모시대_ 잎

● 모시대_ 종자 결실

149 무릇

Scilla scilloides (Lindl.) Druce

- ▶ **이 명** : 물구, 물굿, 물구지
- ▶ **과 명** : 백합과
- ▶ **개화기** : 7~8월

생육 특성

무릇은 우리나라 각처의 들이나 산에서 자라는 여러해살이풀이다. 생육환경은 양지바른 곳이면 어디에서든지 자란다. 키는 20~50cm이고, 잎은 선형이며 여러 장의 잎이 밑동에서 나온다. 잎 끝은 날카로우며 길이는 15~30cm, 폭은 0.4~0.6cm이다. 꽃은 진한 분홍색으로 줄기 윗부분에서 여러 송이가 뭉쳐서 핀다. 뿌리는 둥글고 길이는 2~3cm이며, 껍질은 흑갈색이다. 열매는 9~10월경에 열리고 종자는 넓고 뾰족하다. 관상용으로 쓰이며, 어린잎은 식용, 뿌리줄기는 식용이나 약용으로 쓰인다.

관리 및 번식법

양지바르고 물 빠짐이 좋은 화단에 심고 물은 1~2일 간격으로 준다. 9~10월에 익은 종자를 가을에 뿌리거나 이듬해 봄 화분이나 화단에 뿌리고, 비늘줄기를 칼로 여러 개 나누어 모래에 꽂아 번식시킨다. 원뿌리에서는 해마다 많은 비늘줄기가 생겨 이들 자구(어린 알뿌리)를 따로 분리해 심어도 좋다.

● 무릇_ 잎 전개되는 모습

● 무릇_ 종자 결실

150 물달개비

Monochoria vaginalis var. *plantaginea* (Roxb.) Solms

- ▶ 이 명 : 물닭개비
- ▶ 과 명 : 물옥잠과
- ▶ 개화기 : 7~9월

생육 특성

물달개비는 황해도 이남의 논이나 연못에 주로 자라는 여러해 살이풀이다. 생육환경은 물기가 많은 곳에서 자란다. 키는 약 20cm 내외이고, 잎은 뾰족하고 폭은 3.5~5cm로 짙은 녹색을 하고 있으며 두꺼운 편이다. 꽃은 줄기 끝에 달렸으며 청자색으로 지름은 1.5cm 내외이다. 이 식물은 주로 유속이 빠르지 않은 물가에 살고 있기 때문에 쉽게 찾을 수 있다. 주로 관상용으로 쓰이며 잎과 줄기는 약용으로 사용한다.

관리 및 번식법

습지 식물이기 때문에 수조나 습지에 심는다. 뿌리를 이용한 포기나누기를 가을에 하고 9월에 열리는 종자를 이듬해 봄 화단 습지에 뿌린다. 논 주변에서 많이 자라는 품종인데 잡초 제거 때 다른 식물들과 함께 제거되는 상황이다. 직접 종자 발아를 해보지는 못했지만 자생지에서 종자 발아된 개체 수를 추정해보면 종자 발아율은 높은 편이었다.

● 물달개비_ 잎

● 물달개비_ 지상부

151 | 물레나물

Hypericum ascyron L.

- ▶ **이 명** : 애기물레나물, 큰물레나물, 매대체, 좀물레나물, 긴물레나물
- ▶ **과 명** : 물레나물과
- ▶ **개화기** : 6~8월

생육 특성

물레나물은 우리나라 각처의 산지에서 자라는 여러해살이풀이다. 생육환경은 반그늘이나 햇볕이 잘 들어오는 곳의 물기가 많은 곳에서 자란다. 키는 50~80cm이며, 잎은 뾰족하며 밑동으로 줄기를 감싸고 있고, 길이는 5~10cm, 폭은 1~2cm이다. 꽃은 줄기 끝에서 한 송이씩 계속해서 피는데, 지름은 4~6cm이다. 이 품종은 물기가 많은 곳에서 자라며 꽃이 크고 또 꽃의 모양이 마치 배의 스크루나 어린이들이 가지고 노는 바람개비와 비슷해서 알기 쉬운 꽃이다. 열매는 10~11월에 달리고 종자는 작은 그물 모양으로 되어 있으며, 길이는 0.1cm 정도로 미세하다. 관상용으로 쓰이며 어린잎은 식용, 잎과 줄기는 약용으로 사용한다.

관리 및 번식법

습기가 많은 화단에 심고, 화분에 심을 경우 빛이 많이 들어오는 곳에 두어야 하며 물은 하루 간격으로 준다. 늦가을이나 이른 봄에 포기나누기를 하고 9~10월경 열리는 종자로 번식시킨다. 씨방에 미세하게 많이 들어 있는 종자를 이른 봄에 화분이나 화단에 뿌린다.

● 물레나물_ 잎 전개되는 모습

● 물레나물_ 종자 결실

152 물매화

Parnassia palustris L.

- ▶ 이 명 : 물매화풀, 풀매화
- ▶ 과 명 : 범의귀과
- ▶ 개화기 : 7~9월

생육 특성

물매화는 우리나라 각처의 산에서 자라는 여러해살이풀이다. 생육환경은 햇볕이 잘 들어오는 양지와 습기가 많지 않은 산기슭에서 자란다. 키는 약 10~30cm이고, 잎의 길이는 5~7cm, 폭은 3~5cm로 끝은 뭉툭하고 가장자리에 톱니가 없는 난형이다. 꽃은 줄기 끝에 한 송이가 달리며 수술 뒤쪽에 흰색의 물방울과 같은 모양을 한 것이 많이 달린다. 열매는 길이 1~1.2cm로서 달걀 모양이고 안에는 작고 많은 종자가 들어 있다.

관리 및 번식법

뿌리가 잘 발달할 수 있도록 땅이 약간 푹신한 화단에 심는다. 화분으로 만들어 집에 두어도 좋은데 큰 화분에 물 빠짐이 좋은 토양을 넣고 2~3일 간격으로 물을 준다. 이른 봄에 포기나누기를 하거나 10~11월에 익는 종자를 종이에 싸서 냉장보관 후 이듬해 봄 화단에 뿌린다. 종자가 워낙 미세하기 때문에 조금만 가지고도 많은 개체를 얻을 수 있다. 종자 발아율도 매우 높다.

● 물매화_ 잎 올라오는 모습

● 물매화_ 붉은 수술을 가진 변이체

153 물봉선

Impatiens textori Miq.

- ▶ **이 명** : 물봉숭, 물봉숭아
- ▶ **과 명** : 물봉선화과
- ▶ **개화기** : 8~9월

생육 특성

물봉선은 우리나라 각처의 산이나 들에서 자라는 한해살이풀이다. 생육환경은 습기가 많은 곳이나 계곡 근처의 물이 빨리 흐르지 않는 곳에서 자란다. 키는 약 60cm 내외이고, 잎은 난형이고 가장자리에 톱니가 있으며 길이는 6~15cm 정도이다. 꽃은 홍자색으로 꽃자루가 길게 뻗어 있으며, 자주색 반점이 있고 끝이 안으로 말리고 아랫부분에 붉은 선모와 작은 포가 있다. 유사한 종으로는 미색물봉선, 흰물봉선, 노랑물봉선, 가야물봉선 등이 있다. 관상용으로 쓰이며, 잎과 줄기는 약용으로 쓰인다.

관리 및 번식법

물이 많은 화단에서 재배한다. 자생지의 일반적인 특징은 물기가 많거나 주변 습도가 높은 곳으로, 화단 주변에 연못이나 개울이 있다면 그곳에 심어 관리해야 잘 살 수 있다. 10월에 결실되는 종자를 이듬해 봄 화단에 뿌린다. 종자가 익으면 바람만 불어도 터지기 때문에 조심스럽게 받아야 한다. 종자는 씨방에서 멀리 약 2~3m 정도까지 날아가므로 받을 때는 주의해서 받아야 한다. 종자 발아율은 매우 높은 편이다.

● 물봉선_ 새순 올라오는 모습

● 물봉선_ 꽃과 열매

154 물질경이

Ottelia alismoides (L.) Pers.

- ▶ 이 명 : 물배추
- ▶ 과 명 : 자라풀과
- ▶ 개화기 : 9월

생육 특성 물질경이는 우리나라 각처의 논이나 도랑의 물속에서 자라는 한해살이풀이다. 생육환경은 유속이 빠르지 않은 물가나 물이 고인 곳에서 자란다. 키는 5~8cm이고, 잎은 타원형으로 가장자리는 다소 주름지며 길이는 10~20cm, 폭은 2~15cm이다. 잎 끝이 둔하고 부드럽고 얇으며 자갈색을 띤 녹색이다. 꽃은 연한 분홍색을 띤 흰색이거나 흰색이며 닭 벼슬과 같은 날개가 있고, 길이는 4cm 정도이다. 잎 사이에서 나온 꽃자루 끝에서 한 송이가 달린다. 열매는 10월경에 달리고 길이가 3.5cm 정도로 타원형이고 많은 종자가 들어 있다.

관리 및 번식법 논과 같이 물 빠짐이 좋지 않은 습지에 심는다. 또한 물이 항상 고여 있는 작은 습지에 심어도 좋다. 한여름에 물이 빠져도 최소 7일 정도는 살아갈 수 있지만 마른 기간이 더 길어지면 고사할 수도 있다. 11월에 얻은 종자를 이듬해 봄 화단에 뿌린다.

● 물질경이_ 지상부

155 물참대

Deutzia glabrata Kom.

- ▶ 이 명 : 댕강말발도리, 댕강목
- ▶ 과 명 : 범의귀과
- ▶ 개화기 : 5~6월

생육 특성

물참대는 우리나라 각처의 산골짜기 바위틈에서 자라는 낙엽관목이다. 생육환경은 반그늘이며 물 빠짐이 좋은 곳에서 자란다. 키는 약 2m 정도이고, 잎의 길이는 2~14cm, 폭은 1~4.5cm로 표면은 녹색이고 뒷면은 연한 녹색이며 타원형으로 마주난다. 꽃은 흰색으로 지름이 0.8~1.2cm이며 많은 꽃이 뭉쳐 달린다. 열매는 9월경에 종 모양으로 달리고 안에는 작은 종자가 많이 들어 있다.

관리 및 번식법

조경용으로 화단에 심는다. 비옥한 곳을 좋아하기 때문에 퇴비와 같은 유기질을 땅에 많이 넣고 심는다. 9월에 받은 종자를 비닐이나 종이에 싸서 땅속에 묻어두고 이듬해 봄에 꺼내어 뿌린다. 이렇게 땅에 묻어두는 이유는 종자의 발아율을 높이고 휴면(잠들어 있는 것)을 깨우기 위한 두 가지 목적이 있다. 삽목은 가을이나 이른 봄 새로 나온 가지를 이용하여 한다.

● 물참대_ 꽃봉오리와 꽃

156 미나리냉이

Cardamine leucantha (Tausch) O. E. Schulz

- ▶ 이　명 : 승마냉이, 미나리황새냉이
- ▶ 과　명 : 십자화과
- ▶ 개화기 : 5~7월

생육 특성

미나리냉이는 우리나라 각처의 산골짜기에서 자라는 여러해살이풀이다. 생육환경은 그늘지고 물기가 많은 골짜기에서 자란다. 키는 약 50cm 내외이고, 전체적으로 부드러운 털이 있다. 잎 길이는 약 15cm 정도이고, 5~7장의 작은 잎으로 된 새의 날개와 같은 모양으로, 가장자리에 불규칙한 톱니가 있다. 꽃은 흰색으로 지름은 0.5~0.8cm이고, 작은 꽃들이 원줄기 끝과 가지 끝에 뭉쳐 달린다. 열매는 8~9월경에 달리고 길이는 2~3cm, 폭은 약 0.1cm 정도이며 옆으로 약간 퍼진다. 종자는 암갈색이고 난형으로 길이 0.2cm가량이다.

관리 및 번식법

화단의 마른 곳이나 습기가 많은 곳 어디에도 잘 자란다. 집단으로 개체를 심어 한꺼번에 꽃을 피우도록 하는 것이 좋다. 이렇게 밀식하면 개화기간도 길어 보이는 이점이 있다. 이른 봄에 포기나누기를 하거나 8~9월에 익은 종자를 이른 봄에 화단에 파종한다.

● 미나리냉이_ 잎

● 미나리냉이_ 종자 결실

157 미나리아재비

Ranunculus japonicus Thunb.

- ▶ **이 명** : 놋동이, 자래초, 바구지, 참바구지
- ▶ **과 명** : 미나리아재비과
- ▶ **개화기** : 6~7월

생육 특성

미나리아재비는 우리나라 각처의 산이나 들에서 자라는 여러해살이풀이다. 생육환경은 햇볕이 잘 드는 곳의 약간 건조한 땅에서 자란다. 키는 50~70cm이고, 잎은 길이가 2.5~7cm, 폭이 3~10cm로 뭉쳐서 난다. 잎자루는 길며 오각상 원심장형으로서 3개로 갈라지고 가장자리에는 톱니가 없다. 꽃은 짙은 노란색으로 줄기 끝에 여러 송이가 붙어서 핀다. 열매는 8~9월경에 길이 0.2~0.25cm 정도로 달리고 약간 편평하며 끝에 짧은 돌기가 있다. 마치 유화에 사용하는 물감처럼 광택이 많이 나는 노란색 꽃으로 쉽게 알아볼 수 있다.

관리 및 번식법

햇살이 많이 드는 양지쪽 화단에 심어야 한다. 실내에서 키우기는 어려운 식물이다. 다른 품종과의 비교를 위해 주변에 유사한 꽃 모양을 하며 같은 노란색을 띠는 큰뱀무, 애기똥풀 등을 혼식하여 교육용으로 이용해도 좋다. 9월경에 익은 종자를 보관하여 이듬해 봄에 화단에 뿌리거나 포기나누기를 한다.

● 미나리아재비_ 꽃봉오리

● 미나리아재비_ 꽃(뒷모습)

158 미선나무

Abeliophyllum distichum Nakai

- ▶ 과 명 : 물푸레나무과
- ▶ 개화기 : 3~4월

생육 특성

미선나무는 충북 진천, 괴산, 영동, 북한산, 전북 변산반도의 산지의 석회암 지역에 나는 낙엽활엽관목이다. 생육환경은 알칼리성 토양을 가지고 물 빠짐이 좋으며 공기 오염이 심하지 않은 곳에서 자란다. 키는 약 1.5m이고 잎 표면은 짙은 녹색, 뒷면은 연두색이다. 잎 뒷면에 가는 털이 나며 길이는 3~8cm, 폭은 0.5~3cm 정도이고 2줄로 어긋나며 달린다. 꽃은 어긋나게 아래에서 위로 올라가며 흰색 혹은 다홍색으로 피고 잎이 나오기 전에 꽃이 먼저 핀다. 열매는 9~10월경 타원형으로 달리며 반달 모양의 종자가 2개 들어 있다.

관리 및 번식법

빛이 잘 들어오는 곳에 심는다. 물 빠짐을 좋게 해주고 퇴비도 많이 넣어 땅을 비옥하게 만든 후 심는다. 주변 오염이 심한 곳에서는 꽃의 변형이 나타날 수 있기 때문에 피하는 것이 좋다. 전 세계에 1종 1속만 있는 식물이어서 더욱 소중한 우리의 자원이다. 미국에서는 이 품종을 개량하여 판매하고 있다. 번식방법은 삽목을 하는 것이 가장 좋다. 이른 봄이나 가을에 1년생 가지를 이용하여 삽목한다. 다른 목본류의 삽목과 큰 차이는 없으나 주변 공기의 순환이 잘 되는 곳에 두면 뿌리 발육이 빠르다. 또한 습도를 잘 맞추기 위해서는 비닐이나 천으로 삽목상 위를 덮어두는 것도 좋다.

● 미선나무_ 꽃봉오리

● 미선나무_ 꽃이 시들어가는 모습

159 미역취

Solidago virgaurea subsp. *asiatica* Kitam. ex Hara var. *asiatica*

- ▶ 이 명 : 돼지나물
- ▶ 과 명 : 국화과
- ▶ 개화기 : 7~10월

생육 특성

미역취는 우리나라 각처의 산이나 들에서 자라는 여러해살이풀이다. 생육환경은 반그늘과 햇볕이 잘 들어오는 곳에서 자란다. 키는 30~80cm이고, 잎의 표면은 녹색이고 약간 털이 있으며, 뒷면은 엷은 녹색으로 털이 없다. 잎은 위로 올라가면서 점점 작아지고 가장자리에 톱니가 있으며 길이는 7~9cm, 폭 1.5~5cm이다. 노란색 꽃이 3~5개 정도 뭉쳐서 핀다. 열매는 11월에 달리고, 씨방 끝에 솜털과 같은 털이 있으며 길이는 약 0.4cm 정도이다.

관리 및 번식법

화단의 토양 비옥도가 높으면 키가 커지고 옆 가지도 많이 나온다. 물은 1~2일 간격으로 준다. 가을이나 봄에 포기나누기를 하거나, 10~11월에 익은 종자를 따서 이른 봄 화단에 뿌린다. 이른 봄 모종이 있는 곳을 중심으로 주변 땅을 호미와 같은 농기구를 이용하여 토양을 부드럽게 해주면 종자 발아율이 더욱 높게 나타난다.

● 미역취_잎

● 미역취_종자 결실

160 미치광이풀

Scopolia japonica Maxim.

▶ **이 명** : 미치광이, 미친풀, 광대작약, 초우성, 낭탕, 독뿌리풀
▶ **과 명** : 가지과
▶ **개화기** : 4~5월

생육 특성

미치광이풀은 우리나라 각처의 깊은 산 숲에서 자라는 여러해살이풀이다. 생육환경은 배수가 잘 되는 곳을 좋아해 주로 돌이 많은 반그늘 혹은 양지쪽에서 자란다. 키는 30~60cm 정도이며 잎 길이는 10~20cm, 폭은 3~7cm로 마주난다. 잎에는 잎자루가 있고 타원상 난형이며 양끝이 좁고 연하다. 꽃은 검은 자색으로 잎 중간에 한 개씩 피어서 아래로 향하며 작은 꽃줄기는 길이가 3~5cm 정도이다. 열매는 7~8월경에 달리고 지름은 1cm 정도로 둥글다. 종자는 지름이 약 0.3cm 정도이며 그물 모양의 무늬가 있다.

관리 및 번식법

반그늘에서 재배하며 습기는 좋아하지만 물 빠짐이 좋지 않으면 뿌리가 썩기 때문에, 돌이 많은 화단에서 재배하면 좋다. 6~7월경에 열리는 종자를 바로 화단에 뿌리거나 종이에 싸서 냉장보관한 후 이듬해 이른 봄 화단에 뿌린다. 또한 가을에 뿌리를 캐서 눈이 있는 것을 붙여 나누기도 한다. 하지만 종자 번식을 권장한다.

● 미치광이풀_ 잎 자라는 모습

● 미치광이풀_ 종자 결실

161 민들레

Taraxacum platycarpum Dahlst.

- ▶ 이 명 : 안질방이
- ▶ 과 명 : 국화과
- ▶ 개화기 : 4~5월

생육 특성

민들레는 우리나라 각처의 산과 들에 흔히 자라는 여러해살이 풀이다. 생육환경은 반그늘이나 양지 모두 무관하며 토양의 비옥도에 관계없이 자란다. 키는 10~30cm이고, 잎의 길이는 20~30cm, 폭은 2.5~5cm이고, 뿌리에서 나와 옆으로 퍼지며 뾰족하다. 잎몸은 6~8쌍으로 깊게 갈라지며 가장자리에 톱니가 있다. 꽃은 노란색으로 지름이 3~7cm이고, 잎과 같은 길이의 꽃줄기 위에 달린다. 열매는 6~7월경에 맺으며 검은색 종자에 은색 갓털이 붙어 있다. 서양민들레(*Taraxacum officinale* Weber)와의 차이는 꽃받침에서 알 수 있는데, 우리나라의 자생민들레는 꽃받침이 그대로 있지만 서양민들레는 아래로 처져 있다. 이것이 가장 구분하기 쉬운 방법이다.

관리 및 번식법

민들레는 어떤 환경에서도 살아가는 식물이다. 잎이나 뿌리를 식용 혹은 약용으로 사용할 때는 주변 오염도가 낮은 곳을 택해야 한다. 종자가 익어 날리기 전에 언제든지 뿌려도 된다.

● 자생민들레

● 흰민들레_ 지상부

162 민백미꽃

Cynanchum ascyrifolium (Franch. & Sav.) Matsum.

- ▶ 이 명 : 흰백미, 개백미, 민백미
- ▶ 과 명 : 박주가리과
- ▶ **개화기** : 5~7월

생육 특성

민백미꽃은 우리나라 각처의 산과 들에서 자라는 여러해살이풀이다. 생육환경은 반그늘이고 물 빠짐이 좋은 토양이 비옥한 곳에서 자란다. 키는 30~60cm이고, 잎의 길이는 8~15cm, 폭은 4~8cm로 양면에 잔털이 있으며 타원형이고 마주난다. 꽃은 흰색이고 지름이 약 2cm로 원줄기 끝과 윗부분의 잎겨드랑이에서 나와 펼쳐지듯 달린다. 꽃 안에 들어 있는 삼각형 모양은 흰색이며 5개로 갈라진다. 열매는 8~9월경에 달리고 종자는 익으면 흰색 털이 달려 있다.

관리 및 번식법

화단이나 화분에 심으면 좋다. 꽃이 순백색으로 피기 때문에 아름답고 키가 작아서 화분에도 어울린다. 물은 2~3일 간격으로 준다. 9월에 받은 종자를 바로 화분에 뿌리거나 종이에 싸서 냉장보관 후 이듬해 봄에 뿌린다. 포기나누기는 가을이나 이듬해 봄에 한다.

● 민백미꽃_ 잎 올라온 모습

● 민백미꽃_ 종자 결실

163 바늘꽃

Epilobium pyrricholophum Franch. & Sav.

▶ **과 명** : 바늘꽃과
▶ **개화기** : 8월

생육 특성

바늘꽃은 우리나라 각처의 산이나 들의 물가에 자라는 여러해살이풀이다. 생육환경은 햇볕이 잘 드는 물가나 풀숲에서 자란다. 키는 약 30~80cm가량이고, 잎은 원줄기를 감싸고 있는 난형으로 길이는 2~10cm가량이며 불규칙한 톱니가 있다. 꽃은 연한 홍자색으로 꽃잎은 4장이고 암술은 원기둥 모양이며 선모가 많이 있다. 윗부분의 잎 사이에서 한 송이씩 꽃이 달리고 꽃자루는 거의 없다. 열매는 9~10월경에 맺는데 종자는 끝이 둥글고 길이는 약 0.2cm 정도이며 겉은 뾰족하게 도드라져 있고 빽빽하며 적갈색의 솜털이 있다. 이것은 관상용으로 쓰이며 전초는 약용으로 사용한다.

관리 및 번식법

습기가 많은 화단에 심고 물은 매일 준다. 가을에 포기나누기를 하거나 10월경 종자를 받아 보관 후 이른 봄 화단에 뿌린다. 씨방이 마치 바늘처럼 길게 달리고 그 안에는 솜털로 덮힌 종자들이 많이 들어 있다. 이런 종자들은 대체로 종자 발아율이 낮으므로 물에 2~3일 정도 불린 후 뿌려야 발아율을 높일 수 있다.

● 바늘꽃_종자 결실

● 바늘꽃_꽃

164 바디나물

Angelica decursiva (Miq.) Franch. & Sav.

- ▶ 이 명 : 사약채, 흰사약채, 흰꽃바디나물, 흰바디나물
- ▶ 과 명 : 산형과
- ▶ 개화기 : 8~9월

생육 특성 바디나물은 우리나라 각처의 산이나 들의 습기가 많은 곳에서 자라는 여러해살이풀이다. 생육환경은 햇볕이 잘 들어오는 양지와 반그늘의 물기가 많은 곳에서 자란다. 키는 80~150cm이고, 잎은 삼각상 넓은 난형으로 작은 잎 여러 장이 잎자루의 양쪽으로 나란히 줄지어 붙어 있으며 깃털처럼 보이는 겹잎이다. 잎의 길이는 5~10cm이고, 결각 모양의 톱니와 예리한 톱니가 있다. 꽃은 짙은 자주색이나 흰색으로 줄기 위와 잎 사이에서 핀다. 열매는 10~11월경에 달리고 길이가 0.5cm이며 편평한 타원형이다.

관리 및 번식법 토양 유기물 함량이 높은 화단에 심는다. 이른 봄에는 잎이 작아 알아보기 힘들지만 꽃대가 올라오면서 키가 커지는 품종이어서 화단의 뒤쪽이나 중앙에 심으면 관상용으로 매우 좋은 품종이다. 11월에 결실된 종자를 종이에 싸서 냉장보관 후 이듬해 봄 화단에 뿌리거나 가을이나 이른 봄에 포기나누기를 한다. 종자 발아율은 높은 편이다.

● 바디나물_ 잎

● 바디나물_ 종자 결실

165 바람꽃

Anemone narcissiflora L.

- ▶ 이 명 : 조선바람꽃
- ▶ 과 명 : 미나리아재비과
- ▶ 개화기 : 7~8월

생육 특성

바람꽃은 우리나라 중부 이북의 고산에서 자라는 여러해살이풀이다. 생육환경은 반그늘이 지고 주변 습도가 높으며 토양 유기질 함량이 높은 곳에서 자란다. 키는 20~40cm이고, 잎은 뿌리에서 발달한 길고 둥근 심장형의 잎몸이 3번 갈라지며, 옆쪽에서 찢어진 조각들은 다시 2~3갈래로 갈라진다. 줄기 전체에 긴 털이 있다. 꽃은 흰색으로 꽃줄기는 1~4개이고 작은 꽃줄기는 5~6개로 나누어져 한 송이씩 꽃이 달린다. 열매는 9~10월에 길이 약 0.6cm, 폭은 약 0.5cm로 넓은 타원형으로 달린다. 이것은 관상용으로 이용한다.

관리 및 번식법

우리나라에는 바람꽃의 종류가 10종 이상으로 많은데 그중 가장 화려하게 꽃이 피며, 대부분의 바람꽃들이 이른 봄에 피는 반면 이 바람꽃은 여름에 피어 관상가치가 높은 편이다. 햇볕이 많이 들지 않고 마사토가 많은 곳의 반그늘진 곳에 심어 관리한다. 물은 2~3일 간격으로 주며 새순이 올라오는 시기에는 하루에 물을 조금씩 나누어 여러 차례 준다. 10월에 종자를 받아 바로 뿌리거나 종이에 싸서 냉장고에 보관 후 이듬해 봄에 일찍 뿌린다. 종자 발아율은 높다. 뿌리 번식은 잎이 고사하는 가을이나 이른 봄 새순이 올라올 때 한다.

● 바람꽃_ 잎

● 바람꽃_ 종자 결실

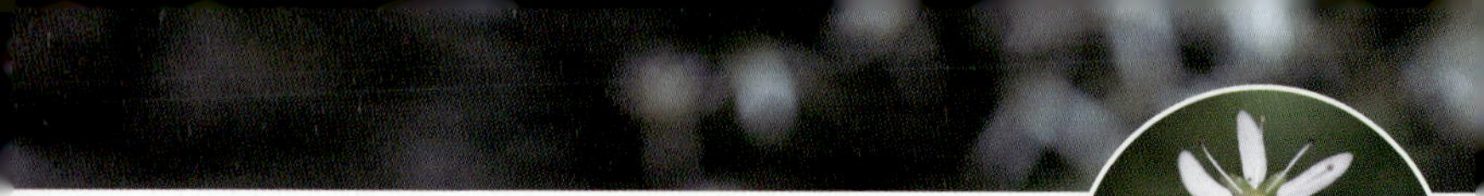

166 바위떡풀

Saxifraga fortunei var. *incisolobata* (Engl. & Irmsch.) Nakai

- ▶ **이 명** : 지이산바위떡풀, 대문자꽃잎풀, 섬바위떡풀, 지이산떡풀
- ▶ **과 명** : 범의귀과
- ▶ **개화기** : 8~9월

생육 특성

바위떡풀은 우리나라 각처의 습한 산지에서 자라는 여러해살이풀이다. 생육환경은 산의 바위틈에 물기가 많은 곳과 이끼가 많은 습한 곳에서 자란다. 키는 7~17cm이고 잎은 약간 다육질로 되어 있으며, 둥근 심장형이다. 잎 길이는 약 5~9cm, 폭은 7~10cm이며, 가장자리는 손바닥 모양으로 갈라지고 뒷면은 흰색이다. 꽃은 약 5~30cm의 꽃줄기 위에서 흰색으로 핀다. 열매는 10월에 달리고 길이는 0.4~0.6cm로 난형이며 끝에는 2개의 돌기가 있다. 종자는 길고 양 끝이 뾰족하며 길이는 약 0.1cm 정도이다. 유사종으로는 지리산바위떡풀이 있는데 바위떡풀보다 잎의 털이 적은 것을 보고 구분한다. 관상용으로 쓰이며 어린잎은 식용, 뿌리를 포함한 전초는 약용으로 이용된다.

관리 및 번식법

토양이 습한 화단에 심고 물은 매일 준다. 잎이 떨어진 가을에 포기나누기를 하거나, 10~11월에 결실되는 종자를 이듬해 봄 화분이나 화단에 뿌린다.

● 바위떡풀_ 잎

● 바위떡풀_ 지상부

167 바위솔

Orostachys japonica (Maxim.) A. Berger

- ▶ 이 명 : 지붕직이, 와송, 넓은잎지붕지기, 오송, 넓은잎바위솔(북)
- ▶ 과 명 : 돌나물과
- ▶ 개화기 : 9월

생육 특성

바위솔은 우리나라 각처의 산과 바위에서 자라는 여러해살이 풀이다. 생육환경은 햇볕이 잘 들어오는 바위나 집 주변의 기와에서 자란다. 키는 20~40cm가량 되고, 잎은 원줄기에 많이 붙어 있으며, 끝부분은 가시처럼 날카롭다. 꽃은 흰색으로 줄기 아랫부분에서 피며 위쪽으로 올라간다. 집 주변의 오래된 기와에서 흔히 볼 수 있는 품종으로, 일명 '와송(瓦松)'이라고도 하며, 꽃대가 출현하면 아래에서 위로 올라가면서 촘촘하게 되어 있던 잎들이 모두 줄기를 따라 올라가며 잎과 잎 사이는 느슨해진다. 꽃이 피고 씨앗이 열리면 잎은 모두 고사한 상태로 남아 있다.

관리 및 번식법

화분이나 화단의 바위나 기와에 흙을 조금 올려놓고 심으며, 물은 여름에는 2~3일 간격, 봄과 가을에는 4~5일 간격으로 준다. 11월에 열리는 종자를 이듬해 봄 화분이나 화단에 뿌린다. 종자가 미세해서 바람에 잘 날리므로 종자상에 이끼나 수태를 위에 올리고 그 위에 솔 같은 것을 이용하여 종자가 고루 퍼질 수 있게 해준다. 종자 발아율은 높다.

● 바위솔_ 잎 전개되는 모습(중기)

● 바위솔_ 종자 결실

168 바위채송화

Sedum polytrichoides Hemsl.

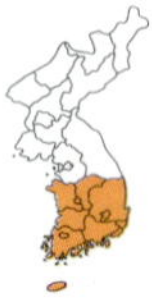

- ▶ 이 명 : 개돌나물, 대마채송화
- ▶ 과 명 : 돌나물과
- ▶ 개화기 : 7~9월

생육 특성

바위채송화는 중부 이남의 산지에서 자라는 여러해살이풀이다. 생육환경은 바위틈이나 햇볕이 잘 들어오는 곳에서 자란다. 이 품종은 산의 돌 틈에서 가장 많이 볼 수 있으며 여름에 산에 가면 물가 근처의 돌 틈에서 많이 볼 수 있다. 키는 약 7cm 내외이고, 잎은 약간 다육질이고 끝이 뾰족하고 부채꼴이며, 길이는 2cm가량 된다. 꽃은 황색으로, 꽃자루가 없으며 가지 끝에서 가지가 갈라지며 꼭대기에서 한 개가 피고 다른 옆가지에서 계속해서 꽃이 핀다. 열매는 10월경에 달리고 길이는 0.7~1cm로 둥글고 뾰족하다. 이것은 관상용으로 쓰인다.

관리 및 번식법

화분이나 화단의 바위나 토양이 마른 곳에 심고, 공중 습도를 높이기 위해 분무기로 하루에 3~4번 물을 뿌린다. 10월에 결실되는 종자를 이듬해 봄 화분에 뿌리거나 가을이나 봄에 포기나누기를 한다. 종자 발아율은 자생지에서도 높은 편이고 직접 뿌려본 결과도 높게 나타났다.

● 바위채송화_ 잎 올라오는 모습

● 바위채송화_ 종자 결실

169 바위취

Saxifraga stolonifera Meerb.

- ▶ 이　명 : 겨우사리범의귀, 범의귀
- ▶ 과　명 : 범의귀과
- ▶ 개화기 : 5월

생육 특성

바위취는 우리나라 중부 이남의 습한 곳에서 자라는 상록 여러해살이풀이다. 생육환경은 햇볕이 잘 드는 양지바르고 물기가 많은 곳에서 자란다. 키는 60cm가량이고, 잎은 녹색에 연한 무늬가 있고 뒷면은 진한 붉은색이며 길이는 3~5cm이다. 잎 가장자리에 이 모양의 얕은 결각이 있으며 길이는 3~5cm이다. 꽃은 흰색으로 꽃자루의 높이는 20~40cm, 길이는 10~20cm이고 곧게 서며 짧은 홍자색의 선모가 있으며 줄기 꼭대기에서 핀다. 열매는 7~8월경에 달리고 길이는 0.4~0.5cm로 원형이며 종자는 난형이다. 관상용으로 쓰이며 전초는 약용으로 사용한다.

관리 및 번식법

토양 비옥도가 높은 양지바른 화단에 심는다. 물은 1~2일 간격으로 준다. 다른 식물들과 경합이 심한 품종이고 번식력이 좋으므로 바위틈에 심어 관리하면 좋다. 가을이나 이른 봄에 포기나누기를 하거나 8~9월에 결실되는 종자를 바로 화분이나 화단에 뿌린다.

● 바위취_ 잎

● 바위취_ 종자 결실 전

170 박새

Veratrum oxysepalum Turcz.

- ▶ 이 명 : 묏박새, 넓은잎박새, 꽃박새
- ▶ 과 명 : 백합과
- ▶ 개화기 : 6~7월

> **생육 특성**   박새는 우리나라 각처의 깊은 산지에서 자라는 여러해살이풀이다. 생육환경은 반그늘이 지고 습기가 많은 곳에서 자란다. 키는 약 1.5m가량이며, 잎은 타원형으로 가장자리에 털이 많이 나 있고, 길이는 12~20cm가량이다. 잎맥이 많으며 주름이 져 있고, 뒷면에 짧은 털이 있다. 꽃줄기는 35~50cm가량이고 안쪽은 연한 황백색, 뒤쪽은 황록색이다. 열매는 9~10월경에 달리고 타원형이며 길이는 2cm 정도로 윗부분이 3개로 갈라진다. 이것은 관상용으로 쓰이며 뿌리는 약용으로 사용한다.

> **관리 및 번식법**   화단의 토양이 비옥하면 1m 이상 자란다. 물은 1~2일 간격으로 충분하게 준다. 가을이나 봄에 포기나누기를 하고, 8~9월에 결실되는 종자를 바로 화분이나 화단에 뿌리거나 이듬해 봄에 뿌린다. 습지를 좋아하는 품종이어서 재배하기 쉽지 않으며 주로 고산에서 자란다. 종자 발아율은 높지 않다.

● 박새_ 잎

● 박새_ 종자 결실

171 | 박주가리

Metaplexis japonica (Thunb.) Makino

- ▶ **과　명** : 박주가리과
- ▶ **개화기** : 7~8월

생육 특성

박주가리는 우리나라 각처에서 자생하는 덩굴성 여러해살이풀이다. 생육환경은 토양이 비옥하고 양지바른 곳에서 자란다. 키는 약 3m내외까지 자라고, 잎의 길이는 5~10cm, 폭은 3~6cm로 털이 없으며 끝이 뾰족하고 뒷면은 분처럼 희다. 꽃은 길이가 2~5cm로 꽃자루가 있고 엷은 자색이다. 열매는 '나마자'라고 하며 10~11월에 달리고 길이 10cm의 뿔 모양으로 앞쪽에는 돌기가 많이 있다. 종자는 길이 0.6~0.8cm로 편평하며 명주실같이 은백색을 내는 것이 달려 있어 바람이 불면 쉽게 떨어져 날린다. 이것은 관상용으로 쓰이며 어린 씨는 식용, 지상부 모두는 약용으로 사용한다.

관리 및 번식법

화단에 심으며 덩굴이 감고 올라갈 수 있게 줄이나 나무가 주변에 있어야 한다. 물은 2~3일 간격으로 준다. 11월경에 익은 종자가 날리기 전에 받아 이듬해 봄 화단에 뿌린다.

● 박주가리_ 잎 올라오는 모습

● 박주가리_ 종자 결실

172 반디지치

Lithospermum zollingeri A. DC.

- ▶ 이 명 : 억센털개지치, 깔깔이풀
- ▶ 과 명 : 지치과
- ▶ 개화기 : 5~6월

생육 특성

반디지치는 제주도와 영·호남 지방의 산이나 들, 건조한 풀밭 혹은 모래땅에서 자라는 여러해살이풀이다. 생육환경은 빛이 잘 들어오는 곳이나 반그늘의 토양이 비옥하거나 모래 혹은 황토가 많은 땅에서 자란다. 키는 15~25cm 정도이고, 잎은 양면이 거센 털로 인해 껄끄러우며 마주나고 긴 타원형으로 길이는 2.5~6cm, 폭은 1~2cm이다. 원줄기에 퍼진 털이 있고 다른 부분에는 비스듬히 선 털이 있으며 꽃이 핀 후 옆으로 뻗는 가지가 자라서 뿌리가 내리고 다음 해에 싹이 돋는다. 벽자색 꽃이 줄기 윗부분의 잎겨드랑이에서 길이 0.5~0.6cm 정도로 한 개씩 달리고, 꽃잎 중앙부에는 꽃잎보다 높게 돌출된 흰색 선이 있다. 열매는 7~8월경에 흰색으로 지름이 약 0.3cm가량 되게 달린다.

관리 및 번식법

산소 주변과 같이 그늘이 지지 않는 곳에 심는 것이 좋다. 햇빛이 많이 들어오는 곳에서 잘 자라는 식물이기 때문이다. 물 빠짐은 좋아야 하고 주변에 할미꽃과 같은 양지식물을 같이 심는 것도 좋다. 실내에서 키우기는 힘든 품종이다. 뿌리나누기나 종자로 번식시킨다. 뿌리나누기는 이른 봄과 가을에 잎을 붙인 상태로 하는 것이 좋고 종자는 8월경에 받아 바로 뿌리는 것이 좋다. 저장 후 뿌리면 발아율이 낮아진다.

● 반디지치_ 새순 올라오는 모습

● 반디지치_ 종자 결실

173 반하

Pinellia ternate (Thunb.) Breitenb.

- ▶ **이 명** : 끼무릇
- ▶ **과 명** : 천남성과
- ▶ **개화기** : 5~7월

생육 특성

반하는 우리나라 각처의 밭에서 나는 여러해살이풀이다. 생육 환경은 풀이 많고 물 빠짐이 좋은 반그늘 혹은 양지에서 자란다. 키는 20~40cm이고, 잎은 작은 잎이 3개이고 길이는 3~12cm, 폭은 1~5cm이며 가장자리는 밋밋한 긴 타원형이다. 잎몸의 길이는 10~20cm이고 밑부분 안쪽에 한 개의 눈이 달리며 끝에 달릴 수도 있다. 뿌리는 땅속에 지름 1cm의 구근이 있어 1~2개의 잎이 나온다. 꽃은 녹색이고 길이는 6~7cm이며 통부는 길이가 1.5~2cm이다. 꽃줄기 밑부분에 암꽃이 달리며 윗부분에는 약 1cm 정도의 수꽃이 달리는데, 수꽃은 대가 없는 꽃밥만으로 이루어지며 황백색이다. 열매는 8~10월경에 맺으며 녹색이고 작다. 덩이줄기는 약용으로 사용한다.

관리 및 번식법

화분이나 화단에 심으면 좋다. 화분에 심을 때는 물 빠짐을 좋게 하기 위해 아래에 큰 돌을 넣고 그 위에 작은 돌들을 넣은 후 흙을 채우면 된다. 또한 화단에 심을 때는 물 빠짐이 좋은 곳을 택하고 퇴비를 조금 넣어 화단의 앞줄에 심는다. 물은 2~3일 간격으로 준다. 10월에 받은 종자를 바로 뿌리거나 종이에 싸서 냉장고에 보관 후 이듬해 봄에 뿌린다. 종자가 딱딱하기 때문에 물에 2~3일 정도 불린 후 뿌리면 발아율을 높일 수 있다. 뿌리는 가을에 잎이 없어진 후 뿌리를 꺼내보면 옆에 작은 구근들이 붙어 있는데, 이것을 떼어내 각각의 화분으로 옮겨 심으면 된다.

● 반하_잎

● 반하_종자 결실

174 방아풀

Isodon japonicus (Burm.) Hara

- ▶ 이 명 : 회채화
- ▶ 과 명 : 꿀풀과
- ▶ 개화기 : 8~9월

생육 특성

방아풀은 우리나라 각처의 산과 들에 나는 여러해살이풀이다. 생육환경은 약간 건조한 양지 혹은 반그늘에서 자란다. 키는 50~100cm이고, 잎의 길이는 6~15cm, 폭은 3.5~7cm로 난형이고 끝이 뾰족하다. 표면은 녹색이며 뒷면은 연한 녹색이고 잔털이 있으며 가장자리에 톱니가 있다. 꽃은 연한 자주색으로 길이는 약 0.5~0.7cm이고 잎겨드랑이와 원줄기 끝에서 마주난다. 열매는 10월경에 타원형으로 달린다. 어린순은 식용, 다 자란 것은 약용으로 이용한다.

관리 및 번식법

화단에 심으면 좋다. 마른 땅에 심고 물은 3~4일 간격으로 준다. 10월에 얻은 종자를 바로 뿌리거나 종이에 싸서 냉장보관 후 이듬해 봄에 뿌린다. 가을이나 이른 봄 새싹이 올라올 때 포기나누기를 한다. 종자 발아율은 높은 편이다.

● 방아풀_잎

● 방아풀_꽃

175 배초향

Agastache rugosa (Fisch. & Mey.) Kuntze

- ▶ 이 명 : 방앳잎, 방아잎, 중개풀, 방애잎, 방아풀
- ▶ 과 명 : 꿀풀과
- ▶ 개화기 : 7~9월

생육 특성

배초향은 우리나라 전역의 산과 들에서 자라는 여러해살이 풀이다. 생육환경은 토양의 부엽질이 풍부한 양지 혹은 반그늘에서 자란다. 키는 40~100cm이고, 잎의 길이는 5~10cm, 폭은 3~7cm로 끝이 뾰족하고 심장형이다. 꽃의 길이는 5~15cm, 지름이 2cm로 자주색이고 가지 끝과 원줄기 끝에 우산 모양으로 달린다. 열매는 10~11월에 짙은 갈색으로 변한 씨방에 미세한 형태의 종자가 많이 들어 있다.

관리 및 번식법

양지바른 화단에 심어야 하고 잎이 많고 넓어 여름에는 하루 간격, 봄과 가을에는 2~3일 간격으로 물을 준다. 이른 봄에 포기나누기를 하고, 종자는 가을에 받아 이듬해 봄 화단에 뿌린다. 씨방에는 종자가 많이 들어 있고 발아율 또한 매우 높은 품종이므로, 포기나누기를 하는 것보다는 종자를 발아시켜 어린 묘를 만들어 옮겨 심는 것이 더 좋다.

● 배초향_ 잎

● 배초향_ 종자 결실

176 백리향

Thymus quinquecostatus Celak.

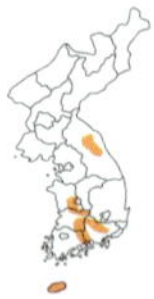

- ▶ **이 명** : 산백리향
- ▶ **과 명** : 꿀풀과
- ▶ **개화기** : 7~8월

생육 특성

백리향은 우리나라 각처의 높은 산에 자라는 낙엽소관목이다. 생육환경은 햇볕이 잘 드는 바위 위에서 자란다. 키는 3~5cm가량이고, 잎은 난상 타원형으로 길이는 0.5~1.2cm, 폭은 0.3~0.8cm이다. 잎 양면에 오목하게 들어간 선점이 있으며 잎 가장자리에는 거의 톱니가 없다. 꽃은 분홍색으로 상층부에 촘촘히 달라붙어 있으며, 길이는 0.7~0.9cm가량이다. 향이 매우 진하여 향료식물로도 많이 이용한다. 9~10월경에 지름 0.1cm 정도의 아주 작은 열매들이 암갈색으로 익는다. 관상용으로 쓰이며 꽃을 포함한 모든 부분을 약용으로 이용한다.

관리 및 번식법

화분이나 화단에 심어 햇볕이 잘 드는 돌 틈이나 양지쪽에 놓는다. 공중 습도를 높여주는 것이 중요한데, 하루에 2~3번 정도 분무기로 물을 뿌려 습도를 유지해주고 물은 2~3일 간격으로 준다. 봄에 나온 새싹을 이용하여 화단에 삽목하거나 가을이나 봄에 뿌리를 나누며, 9월에 결실되는 종자를 바로 화분에 뿌린다. 여름에 줄기를 이용한 삽목을 권한다. 몇 개체만 가지고도 많은 양을 한꺼번에 번식시킬 수 있는 장점이 있기 때문이다. 품종에 따라서 종자를 이용한 번식법이 더 효율적이기도 하고 삽목이 더 효율적이기도 한데, 이 품종은 삽목이 더 효율적이며 더 많은 개체를 얻을 수 있다.

● 백리향_잎

● 백리향_꽃(흰색)

177 | 백선

Dictamnus dasycarpus Turcz.

- ▶ 이 명 : 자래초, 검화
- ▶ 과 명 : 운향과
- ▶ 개화기 : 5~6월

생육 특성

백선은 우리나라 각처의 산기슭에서 자라는 여러해살이풀이다. 생육환경은 반그늘 혹은 햇볕이 잘 드는 습기가 많은 곳에서 잘 자란다. 키는 60~80cm가량이고, 잎은 깃꼴겹잎으로 타원형이며 가장자리에는 톱니가 있고 표면에 투명한 선점이 있다. 꽃은 줄기 끝에서 달리고 흰색 바탕에 엷은 홍색의 줄무늬가 있으며, 꽃자루와 포에 강한 냄새를 내는 선점이 있다. 열매는 8월경에 달리며 갈색으로 된 껍질 안에 검고 광택이 나는 종자가 들어 있다. 좀 더 많은 연구를 한다면 야생화 가운데 충분히 절화식물로서 개발이 가능한 품종이라 할 만큼 꽃송이도 많이 피고 아름답다. 수술 안쪽을 유심히 살펴보면 작고 검은 돌기들로 이루어져 있는 것이 이채로운데, 이는 다른 식물에서는 찾아보기 힘든 현상 가운데 하나이다.

관리 및 번식법

화분이나 화단에 심는다. 키가 큰 식물이며 물을 좋아하는 습성을 가지고 있다. 봄에 물이 부족하면 잎이 아래로 처져 있는 모습이 관찰되는데 이때부터는 물의 양을 하루에 한 번 정도 충분히 줘야 한다. 가을에 포기나누기를 하고 8월에 결실되는 종자는 그해에 뿌리지 말고 다음 해 봄에 화단이나 화분에 뿌려야 한다. 종자 보관은 냉장보관이나 땅에 묻어놓는 노천 매장법을 이용한다. 껍질에 있는 검은 물질이 종자 발아를 억제하기 때문에 이를 타파하기 위함이다.

● 백선_잎

● 백선_종자 결실

178 백양꽃

Lycoris sanguinea var. *koreana* (Nakai) T. Koyama

- ▶ **이 명** : 가재무릇, 가을가재무릇
- ▶ **과 명** : 수선화과
- ▶ **개화기** : 8~9월

생육 특성

백양꽃은 내장산 이남의 남부지역에서 나는 여러해살이풀이다. 생육환경은 계곡이나 풀숲의 그늘진 곳에서 자란다. 키는 30~40cm이고, 잎은 뿌리에서 뭉쳐서 이른 봄에 나오며 폭은 약 1.2cm가량이고 연한 녹색이며 끝이 뭉뚝하다. 뿌리는 달걀형이고 길이는 3~3.7cm, 폭은 2.7~3.5cm이다. 꽃은 적갈색으로 뿌리에서 나온 줄기 윗부분에서 5~7개 정도가 피며 꽃잎은 6장이고 수술과 암술은 밖으로 돌출되어 있으며 U자 모양으로 한쪽을 향해서 핀다. 관상용으로 이용하고 알뿌리는 약용으로 사용한다.

관리 및 번식법

봄에는 잎을 감상할 수 있고 여름에는 꽃을 볼 수 있다. 봄에 잎이 있을 때는 좋지만 잎이 없어진 2~3달간은 심어진 공간이 공터로 남아 있기 때문에 여름에 키가 작은 다른 식물들을 심어주는 것이 좋다. 화분에 심을 경우, 봄에는 햇볕이 많이 드는 곳에 두고 꽃대가 올라오면 반그늘인 곳에 둔다. 화단에 심을 때는 여러 송이를 같이 심어주면 좋다. 물 관리는 따로 해주지 않아도 된다. 종자가 결실되기는 하지만 개화까지의 기간이 너무 오래 걸리므로 뿌리를 이용하여 번식시키는 것이 가장 일반적인 방법이다. 이 품종은 뿌리가 2~3개로 갈라져 있기 때문에 이를 나누거나 뿌리가 붙은 부분을 칼로 4조각 또는 8조각을 내어 모래에 묻어두면 2~3개월 후에 자른 부위에서 아주 작은 구근들이 형성되어 있는 것을 관찰할 수 있다. 이 작은 구근을 잘라내 작은 화분에 옮겨 심으면 된다. 필자가 실험해본 바에 의하면 1개의 구근에서 많게는 20~30개 정도까지 얻을 수 있었다.

● 백양꽃_ 잎 올라오는 모습

● 백양꽃_ 꽃봉오리

179 백작약

Paeonia japonica (Makino) Miyabe & Takeda

- ▶ 이 명 : 산작약
- ▶ 과 명 : 작약과
- ▶ 개화기 : 6월

생육 특성

백작약은 우리나라 각처의 산지에 나는 여러해살이풀이다. 생육환경은 토양 비옥도가 높고 반그늘이며 물 빠짐이 좋은 곳에서 자란다. 키는 40~50cm이고, 잎의 길이는 5~12cm, 폭은 3~7cm로 앞면은 녹색이지만 뒷면은 흰빛이 돌며 3~4개가 어긋나게 달리고 긴 타원형이다. 꽃은 흰색이고 지름은 4~5cm이며 원줄기 끝에 한 송이씩 달린다. 열매는 8월경에 길이 2~3cm 정도의 긴 타원형으로 달리고 종자는 검은색이다.

관리 및 번식법

물 빠짐이 좋고 거름기가 많은 화분이나 화단에 심는다. 직접적으로 빛을 받으면 잎 끝이 타는 현상(엽소현상)이 생기기 때문에 주의해야 한다. 물은 2~3일 간격으로 준다. 8월에 얻은 종자를 바로 뿌리는 것이 가장 좋고 나머지 종자를 종이에 싸서 냉장보관한 후 이른 봄에 뿌린다. 가을에 뿌리를 캐어내 포기나누기를 한다.

● 백작약_잎 전개되는 모습　　● 백작약_종자 결실

180 백화등

Trachelospermum asiaticum var. *majus* (Nakai) Ohwi

- ▶ 이 명 : 백화마삭줄, 홰화등
- ▶ 과 명 : 협죽도과
- ▶ 개화기 : 5~6월

생육 특성

백화등은 남부지방의 산지 숲 속에서 부착근(기근, 줄기에서 나오는 뿌리)으로 바위나 나무에 붙어 올라가는 상록 덩굴나무이다. 생육환경은 부엽질이 풍부하고 물 빠짐이 좋으며 빛이 많이 들어오는 곳에서 자란다. 길이는 약 5m 정도이고, 잎 표면은 짙은 녹색이고 윤채가 있으며 뒷면은 털이 있거나 없다. 가장자리는 밋밋하며 난형으로 어긋나고 길이는 2~5cm, 폭은 1~3cm 정도이다. 가지는 적갈색이며 털이 있고 줄기에서 다른 식물이나 바위를 감쌀 수 있는 뿌리를 내린다. 꽃은 정상부 혹은 새로 나온 가지 끝에 붙어 길이가 0.5~1cm가량으로 흰색으로 피었다가 황색으로 변한다. 열매는 9월에 달리고 흰색 털이 있다.

관리 및 번식법

정원수로 활용하면 좋은 품종이다. 낙엽수나 소나무와 같이 나무가 있는 아래에 심어 타고 올라갈 수 있게 해야 한다. 기근이 많이 나오기 때문에 다른 식물을 쉽게 감고 올라간다. 밑동이 점점 커지고 다른 식물을 감고 올라가며 흰색 꽃이 많이 피기 때문에, 집 안에서 키울 때는 작은 분재 형식으로 키우는 것도 바람직하다. 번식은 줄기를 이용한 삽목이 가장 좋다. 기근이 많이 나오므로 줄기를 여러 개로 나누어 잎을 1~2장 붙여 뿌리 부분을 같이 심으면 뿌리가 잘 내린다.

● 백화등_ 잎

● 백화등_ 꽃봉오리

181 벌깨덩굴

Meehania urticifolia (Miq.) Makino

- ▶ 이 명 : 벌개덩굴
- ▶ 과 명 : 꿀풀과
- ▶ 개화기 : 5월

생육 특성

벌깨덩굴은 우리나라 각처의 산지에서 자라는 여러해살이풀이다. 생육환경은 약간 습기가 있는 그늘진 숲에서 자란다. 길이는 15~30cm가량이며, 줄기는 사각형이다. 잎의 길이는 2~5cm, 폭은 2~3.5cm이고, 신장형으로 약간 세모지며 가장자리에 둔한 톱니가 있다. 꽃은 보라색으로 4~8송이 정도가 윗부분과 줄기의 위쪽 잎 사이에서 커다란 입술 모양으로 한쪽을 향하여 핀다. 열매는 7~8월경에 달걀 모양으로 달린다. 꽃이 피어 있을 때는 위로 곧게 자라지만 꽃이 지고 종자가 결실되기 시작하면 덩굴처럼 다른 식물을 감고 있는데, 이는 처음 모습과는 확연히 다른 모습이다. 그래서 철 지난 후 자생지에 가면 원래의 모습은 없고 덩굴만 있어 다른 식물로 오인하는 경우가 종종 있다.

관리 및 번식법

화분에 심을 때는 좌우에 철사 같은 것을 놓아두면 꽃이 진 후 감고 올라가는 것을 볼 수 있다. 꽃이 피기 전에는 실내에서 키우는 것이 가능하지만 꽃이 지고 나면 외부로 내어 놓아야 덩굴처럼 잎이 나오며 종자를 얻을 수 있다. 잎이 많기 때문에 여름까지 물을 많이 필요로 한다. 이른 봄에 포기나누기를 하거나 7~8월에 익는 종자를 바로 또는 이듬해 봄에 화분에 뿌린다.

● 벌깨덩굴_ 잎

● 벌깨덩굴_ 종자 결실

182 벌노랑이

Lotus corniculatus var. *japonica* Regel

▶ 과 명 : 콩과
▶ 개화기 : 5~8월

생육 특성

벌노랑이는 우리나라 중부 이남의 숲이나 풀밭에서 나는 여러해살이풀이다. 생육환경은 반그늘 혹은 양지에서 자란다. 키는 약 30cm이고, 잎의 길이는 0.7~1.5cm로 5개의 작은 잎으로 되어 있다. 꽃은 황색으로 길이는 약 1.5cm이고 잎겨드랑이의 꽃자루 끝에 달린다. 열매는 8~9월경에 달리고 종자는 검은색이다.

관리 및 번식법

화분이나 화단에 심어도 좋다. 키가 작고 땅에 거의 붙어 자라기 때문에 물 빠짐이 좋게 한 후 심는다. 물은 2~3일 간격으로 준다. 9월에 받은 종자를 바로 화분에 뿌리거나 종자를 종이에 싸서 냉장보관한 후 이른 봄에 뿌린다. 이른 봄에 포기나누기를 하거나 새순을 이용하여 줄기를 잘라 삽목한다. 줄기삽이 아주 잘 되며 뿌리 발육도 좋은 품종이다.

● 벌노랑이_ 개화 전

● 벌노랑이_ 종자 결실

183 범꼬리

Bistorta manshuriensis (Petrov ex Kom.) Kom

- ▶ **이 명** : 만주범의꼬리, 북범꼬리풀
- ▶ **과 명** : 마디풀과
- ▶ **개화기** : 6~7월

생육 특성

범꼬리는 우리나라 각처의 깊은 산에서 나는 여러해살이풀이다. 생육환경은 양지 혹은 반그늘의 습기가 많은 곳에서 자란다. 키는 30~80cm이고, 잎의 길이는 5~10cm, 폭은 3~7cm로 표면은 진한 녹색이나 뒷면은 연한 녹색이며 끝이 뾰족해지는 넓은 난형이다. 꽃은 연한 홍색 또는 흰색이고 원통 모양이다. 길이는 약 0.3cm이며 꽃받침은 5개로 갈라진다. 열매는 9~11월경에 난원형으로 달리고 종자에는 광택이 난다. 관상용으로 쓰이며 어린잎과 줄기는 식용으로 이용한다.

관리 및 번식법

재배하기가 쉽지 않다. 11월에 얻은 종자를 바로 뿌리거나 종이에 싸서 냉장보관한 후 이듬해 봄에 뿌린다. 가을이나 이른 봄 새싹이 올라올 때 포기나누기를 한다. 자생지에서의 종자 발아율이 높아 어린 개체들이 많이 있는 것을 관찰할 수 있었다. 하지만 종자를 받아 바로 뿌리거나 저장 후 뿌려도 일반 토양에서는 발아율이 낮게 나타났다. 따라서 대량으로 재배하기 위해서는 많은 종자를 받아야 한다.

● 범꼬리_ 새순 올라오는 모습

● 범꼬리_ 꽃봉오리

184 범부채

Belamcanda chinensis (L.) DC.

- ▶ 이 명 : 사간
- ▶ 과 명 : 붓꽃과
- ▶ 개화기 : 7~8월

생육 특성

범부채는 중부 이남의 섬 지방과 해안을 중심으로 자라는 여러해살이풀이다. 생육환경은 물 빠짐이 좋은 양지 혹은 반그늘의 풀숲에서 자란다. 키는 50~100cm이고, 잎은 녹색 바탕에 약간 분백색이 있으며 길이는 30~50cm, 폭은 2~4cm로 끝이 뾰족하고 부챗살 모양으로 펴진다. 꽃은 황적색 바탕에 반점이 있으며 원줄기 끝과 가지 끝이 1~2회 갈라져 한 군데에 몇 개의 꽃이 달린다. 열매는 9~10월경에 달리고 타원형이며 길이는 3cm 정도이다. 종자는 포도송이처럼 달리고 검은색 윤기가 난다. 관상용으로 쓰이며 뿌리는 약용으로 이용한다.

관리 및 번식법

반그늘이 진 화단이나 화분이면 어느 곳에서나 잘 자란다. 화분에 심어 재배할 때는 알뿌리를 깊게 넣고 물 빠짐이 좋게 해줘야 한다. 늦가을이나 이른 봄에 옆에 생긴 알뿌리를 분리한다. 종자 발아는 많은 시간이 걸리는데, 10월경에 종자를 받아 2~3일 정도 물에 담갔다가 화분에 뿌리면 2월경에 발아한다. 종자 발아율은 높다.

● 범부채_ 잎 전개된 모습

● 범부채_ 종자 결실

185 변산바람꽃

Eranthis byunsanensis B. Y. Sun

▶ **과 명** : 미나리아재비과
▶ **개화기** : 3월

생육 특성

변산바람꽃은 한라산, 지리산, 마이산과 변산 지방의 낙엽수림 가장자리에 자라는 여러해살이풀이다. 생육환경은 습한 지역과 반그늘 또는 양지쪽에서 자란다. 키는 5~8cm가량이고, 잎은 길이와 폭이 약 3~5cm이고 5갈래의 둥근 모양을 하고 있으며 새의 날개처럼 갈라진다. 꽃은 길이가 약 10cm가량이고, 꽃자루 길이는 1cm이다. 꽃 색은 흰색으로 가운데 암술이 있고, 연녹색 꽃(일명 녹화라 불리움)과 노란색 암술이 있는 개체가 있다. 열매는 4~5월경 갈색으로 달리고 씨방에는 검고 광택이 나는 종자가 많이 들어 있다. 이른 봄 남해안과 서해안 지역을 중심으로 피기 시작하며 복수초와 함께 봄을 알리는 대표적인 꽃이다. 최근에는 일부 내륙지방에서도 발견되고 있다는 보고가 있지만 개체수가 적다.

관리 및 번식법

빛이 잘 들어오는 곳에서 키워야 하고, 잎이 작기 때문에 물은 다른 식물체보다 적게 주어도 된다. 여름이면 잎이 지상부에서 없어지기 때문에 이후에도 지속적인 물 관리는 필수다. 일부 산에서 채집하여 심는 경우가 있는데, 이런 경우는 십중팔구 해를 넘기지 못한다. 따라서 번식법을 이용하여 어린 묘종부터 집에서 키워야 올바른 꽃을 볼 수 있다. 5~6월에 결실되는 종자를 바로 화단에 뿌리거나 종자를 종이에 싸서 냉장보관하여 이듬해 봄에 뿌려도 된다. 또 해마다 큰 구근 옆에 붙는 어린 구근을 초여름과 이른 봄 새싹이 올라오기 전에 분리해도 좋다.

● 변산바람꽃_ 종자 발아한 모습(1년생)

● 변산바람꽃_ 꽃봉오리

186 별꽃

Stellaria media (L.) Vill

- ▶ **이 명** : 번루, 아장초, 성성초, 자초, 빈쿨
- ▶ **과 명** : 석죽과
- ▶ **개화기** : 5~6월

생육 특성

별꽃은 우리나라 각처의 밭이나 길가에서 나는 두해살이풀이다. 생육환경은 양지 혹은 반그늘 어디서나 잘 자란다. 키는 10~20cm이고, 잎의 길이는 1~2cm, 폭은 0.8~1.5cm로 양면에 털이 없고 아래쪽 가장자리에 털이 약간 있는 것도 있으며 난형으로 마주난다. 꽃은 흰색으로 작은 꽃줄기는 길이가 0.5~4cm로 한쪽에 털이 있으며 꽃이 핀 다음 밑으로 처졌다가 열매가 익으면 다시 위로 향한다. 열매는 8~9월경에 달린다.

관리 및 번식법

어느 곳에서나 잘 자란다. 이른 봄이면 밭 주변이나 길가에 가장 흔히 볼 수 있는 품종이어서 따로 보여주는 공간을 만들 필요는 없다. 교육용으로 이용하려면 쇠별꽃, 개별꽃을 주변에 함께 심어 관리하는 것도 좋다. 9월에 받은 종자를 보관하여 이듬해 봄 화단에 뿌린다.

● 별꽃_꽃봉오리와 꽃

187 병아리난초

Amitostigma gracilis (Blume) Schltr

- ▶ 이 명 : 바위난초, 병아리란
- ▶ 과 명 : 난초과
- ▶ 개화기 : 6~7월

생육 특성

병아리난초는 우리나라 산지의 암벽에서 자라는 여러해살이풀이다. 생육환경은 공중 습도가 높으며 반그늘인 바위에서 자란다. 키는 8~20cm이고, 잎의 길이는 3~8cm, 폭은 1~2cm 정도 되며, 긴 타원형으로 밑부분보다 약간 위에 한 장 달린다. 꽃은 홍자색으로 길이는 1~4cm이며 한쪽으로 치우쳐서 달린다. 열매는 8~9월경에 타원형으로 달린다. 관상용으로 쓰인다.

관리 및 번식법

작은 난초 화분에 심는다. 물 빠짐이 좋게 해주고 다른 난들과 달리 퇴비를 많이 넣고 공중 습도를 높여주어야 한다. 흙이 마르면 물을 약간 주고 분무기와 같은 것으로 공중에 하루 3~4회 정도 물을 뿌려준다. 종자는 발아율이 너무 낮으므로 가을에 옆에 달린 어린 뿌리를 나누어 화분이나 화단에 심는다.

● 병아리난초(흰색)_ 꽃

● 병아리난초_ 종자 결실

188 병아리풀

Polygala tatarinowii Regel

- ▶ 이 명 : 좀영신초, 원지
- ▶ 과 명 : 원지과
- ▶ 개화기 : 8~9월

생육 특성

병아리풀은 경기 및 강원 이북지방에서 자라는 한해살이풀이다. 생육환경은 산기슭의 경사진 곳이나 돌 틈의 공중 습도가 높은 곳에서 자란다. 키는 4~15cm이고, 잎의 길이는 1~3cm로 타원형이며 끝이 뾰족하고 어긋난다. 꽃은 연한 자주색이고 한쪽 방향으로 치우쳐 달리며 작은 꽃줄기는 길이가 0.1~0.15cm로 아주 작다. 열매는 10월경에 달리고 지름이 0.3cm 정도이고, 편평한 원형이며 종자는 검은색이다.

관리 및 번식법

재배하기가 힘들다. 10월경에 달리는 종자를 보관하여 이듬해 봄 화단에 뿌린다. 주로 바위 위에서 자라는 품종인데도 해마다 꽃을 피우는 이유는 대부분의 성묘가 이끼 위에서 자라 이 씨앗이 또 이끼에 떨어져 발아되기 때문이다. 종자 발아율은 높은 편이다.

● 병아리풀_꽃(흰색)

● 병아리풀_종자 결실

189 보춘화

Cymbidium goeringii (Rchb. f.) Rchb. f.

- ▶ 이 명 : 춘란, 보춘란
- ▶ 과 명 : 난초과
- ▶ 개화기 : 3~4월

생육 특성

보춘화는 남부와 중남부 해안의 삼림 내에서 자라는 여러해살이풀이다. 생육환경은 자생하는 소나무가 많은 곳에서 집단적으로 자라며 최근에는 내륙에도 많은 자생지가 관찰된다. 꽃대 길이는 10~25cm, 잎 길이는 20~50cm 정도이고, 잎 끝이 뾰족하고 가장자리에 미세한 톱니가 있으며 가죽처럼 질기고 진록색이다. 잎의 길이는 20~50cm, 폭은 0.6~1cm로 뿌리에서 나온다. 꽃은 흰색 바탕에 짙은 홍자색 반점이 있으며 안쪽은 울퉁불퉁하고 중앙에 홈이 있다. 끝은 3개로 갈라지고, 길이는 3~3.5cm가량으로 연한 황록색이다. 뿌리 하나에 꽃이 하나씩 달리는 1경 1화이다. 열매는 6~7월경에 길이 약 5cm 정도로 달리는데, 안에는 먼지와 같은 종자가 무수히 많이 들어 있다. 생육환경 및 조건에 따라 잎과 꽃의 변이가 많이 일어나는 품종이다.

관리 및 번식법

물 빠짐을 좋게 한 후 심는다. 일반적으로 집에서 키우는 난은 꽃이 잘 피지 않는다고들 한다. 이는 식물이 너무 잘 자라는 환경을 만들어주기 때문이다. 난과 식물들은 여름에 물을 많이 주지 않아도 뿌리에 물을 저장해 이를 천천히 소비한다. 따라서 여름에 물을 많이 주지 않고 살아가기 힘들게 만들면 내년에 좋은 꽃을 피운다. 이른 봄이나 가을에 옆에 붙어 있는 벌브(bulb)를 분리하여 뿌리나누기를 한다. 종자는 잘 맺히지만 일반인들이 발아시키는 것은 매우 어렵다.

▲ 보춘화_종자 결실

190 복수초

Adonis amurensis Regel & Radde

- ▶ 이 명 : 가지복수초, 가지복소초, 눈색이속, 복풀(중)
- ▶ 과 명 : 미나리아재비과
- ▶ 개화기 : 4~5월

생육 특성

복수초는 우리나라 각처의 숲 속에서 자라는 여러해살이풀이다. 생육환경은 햇볕이 잘 드는 양지와 습기가 약간 있는 곳에서 자란다. 키는 10~15cm이고, 잎은 3갈래로 갈라지며 끝이 둔하고 털이 없다. 꽃대가 올라와 꽃이 피면 꽃 뒤쪽으로 잎이 전개되기 시작한다. 꽃은 4~6cm이고 줄기 끝에 한 송이가 달리며 노란색이다. 열매는 6~7월경에 별사탕처럼 울퉁불퉁하게 달린다. 우리나라에는 최근 3종류가 보고되고 있는데 제주도에서 자라는 세복수초와, 개복수초 및 복수초가 보고되었다. 여름이 되면 하고현상(고온이 되면 고사하는 현상)이 일어나 지상부에서 없어지는 품종이다.

관리 및 번식법

화분이나 화단에 심는다. 양지바른 곳에 물 빠짐이 좋게 해줘야 한다. 화분에 심은 꽃은 그해에는 탐스럽게 피지만 다음 해부터는 꽃이 작게 핀다. 이는 생육과 무관하지 않으므로 추가로 퇴비를 줘야 한다. 물은 자주 주지 않아도 좋지만 유기질이 많은 흙을 이용하는 것이 좋다. 6~7월에 결실되는 종자를 화분에 바로 뿌리거나 가을에 포기나누기를 한다. 종자 발아에서 개화까지의 기간은 약 4년 정도로 알려져 있고, 필자가 실험해 본 바와 동일했다. 이렇게 발아에서 개화까지의 기간이 오래 걸리는 품종은 포기나누기를 하는 것이 좋다.

● 복수초_잎

● 복수초_종자 결실

191 복주머니란

Cypripedium macranthum Sw.

- ▶ 이 명 : 복주머니꽃, 개불알꽃, 요강꽃, 작란화, 포대작란화, 복주머니
- ▶ 과 명 : 난초과
- ▶ 개화기 : 5~6월

생육 특성

복주머니란은 우리나라 각처의 산지에서 자라는 여러해살이 풀이다. 생육환경은 숲 속의 반그늘이나 양지쪽의 낙엽수 아래에서 자란다. 키는 30~50cm가량이고, 잎은 3~4장이 나며 길이는 15~27cm, 폭은 11~17cm이다. 꽃은 붉은색 또는 백두산에는 흰색으로 피며 항아리와 같은 모양으로 달리고, 위에는 한 개의 잎이, 옆에는 2개의 잎이 있다. 열매는 7~8월경에 달린다. "개불알란"이라는 이름으로 처음에는 소개되었는데 이는 자생지 근처에 가면 마치 소변 냄새와 같은 것이 진동을 하기 때문에 붙여진 이름이다.

관리 및 번식법

물 빠짐이 좋은 화단을 이용하고 물을 많이 주게 되면 구근이 썩게 된다. 봄에는 이틀에 한 번 정도 관수해준다. 7~8월에 결실되는 종자를 뿌려도 되지만 종자 발아율이 낮기 때문에 포기나누기로 주로 번식시킨다. 최근에는 씨를 조직 배양하여 대량으로 번식시키기도 한다.

● 복주머니란_ 꽃(측면)

● 복주머니란_ 꽃대

192 봄맞이

Androsace umbellata (Lour.) Merr.

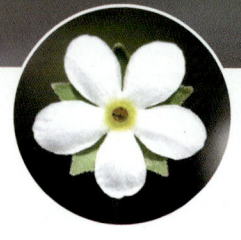

- **이 명** : 봄맞이꽃, 봄마지꽃
- **과 명** : 앵초과
- **개화기** : 4~5월

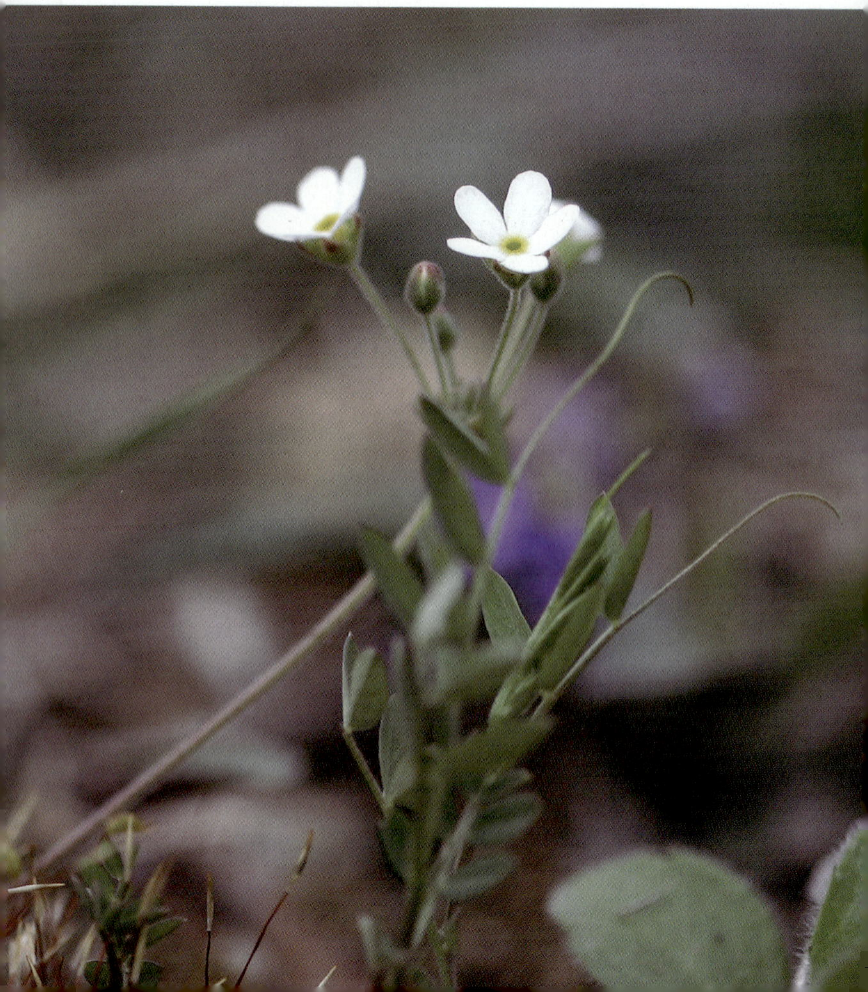

생육 특성

봄맞이는 우리나라 각처의 들에 자라는 두해살이풀이다. 생육 환경은 햇살이 좋은 곳의 건조한 땅에서 자란다. 키는 10cm 내외이고, 잎의 길이는 0.4~1.5cm이고 심장형으로 연한 녹색이며 가장자리에는 둔한 이 모양의 톱니가 있다. 꽃은 흰색으로 가운데는 노란색이 있으며 5갈래로 갈라지고 꽃줄기 끝에 약 4~10송이가량의 꽃이 달린다. 열매는 7~8월경에 둥글게 달린다.

관리 및 번식법

화분에 심어 관리하면 봄에 꽃이 피고 진 후 가을에 다시 꽃을 피운다. 양지와 반그늘에서 재배하면 좋다. 특히 실내에서 키울 경우는 키가 너무 커지기 때문에 윗부분을 잘라주는 것이 좋다. 7~8월경에 익는 종자를 보관하였다가 이른 봄 화분에 뿌린다.

● 봄맞이_ 종자 결실

● 봄맞이_ 무리

193 부들

Typha orientalis C. Presl

- ▶ 이 명 : 좀부들
- ▶ 과 명 : 부들과
- ▶ 개화기 : 6~7월

생육 특성

부들은 전국적으로 습지에 자생하는 여러해살이풀이다. 생육 환경은 햇볕이 잘 들어오는 습지와 도심 주변의 습지에서 자란다. 키는 1~1.5m이고, 잎은 밑부분이 원줄기를 완전히 감싸고 있으며 길게 위로 올라오고, 길이는 80~130cm, 폭은 0.5~1cm로 털이 없다. 꽃은 암꽃이 길이 3~10cm로 윗부분에 달리며 씨방에 대가 있고 암술머리는 주걱과 비슷하다. 수꽃은 황색으로 밑부분에는 수염과 같은 털이 있다. 열매는 11월경에 달리며 길이 7~10cm의 적갈색 핫도그와 같은 형태이다. 최근에는 꽃꽂이의 소재로 많이 이용되어 주변에서 흔히 볼 수 있는 식물이다. 관상용으로 쓰이며 꽃가루는 약재로 사용된다.

관리 및 번식법

실내에서는 물이 빠지지 않는 큰 화분에 심고, 실외에서는 습지와 웅덩이에 물이 잘 흐르지 않는 곳을 택해 심는 것이 좋다. 11월경에 달리는 종자를 바로 뿌리거나 종이에 싸서 냉장보관하다가 이듬해 봄에 뿌리거나, 봄에 뿌리에서 나오는 새순을 따서 심는다.

● 부들_ 잎

● 부들_ 종자 결실

194 부처꽃

Lythrum anceps (Koehne) Makino

- ▶ 이 명 : 두렁꽃
- ▶ 과 명 : 부처꽃과
- ▶ 개화기 : 7~8월

생육 특성

부처꽃은 우리나라 각처의 산과 들의 습지에서 나는 여러해살이 풀이다. 생육환경은 양지 혹은 반그늘의 습기가 많은 곳에서 자란다. 키는 약 1m 정도 되고, 잎의 길이는 3~4cm, 폭은 1cm 내외로 끝이 뾰족하며 마주난다. 꽃은 자홍색으로 정상부 잎겨드랑이에서 3~5개 정도가 달리며 줄기를 따라 올라가며 핀다. 열매는 9월경에 긴 타원형으로 달린다. 관상용으로 쓰이며 전초는 약용으로 쓰인다.

관리 및 번식법

화단에 심는 것이 좋다. 양지나 반그늘, 물기가 많거나 적은 곳 어디에서나 잘 자라지만, 물기 많은 곳에서 더 잘 자란다. 마른 땅에 심었을 경우 물은 1~2일 간격으로 준다. 9월에 얻은 종자를 바로 뿌리거나 종이에 싸서 냉장보관하다가 이듬해 봄에 뿌린다. 이른 봄 새싹이 올라올 때 뿌리를 캐서 여러 개로 포기나누기를 한다.

● 부처꽃_잎

● 부처꽃_종자 결실

195 | 부처손

Selaginella tamariscina (P. Beauv.) Spring

- ▶ 이 명 : 바위손
- ▶ 과 명 : 부처손과

`생육 특성`   부처손은 제주도와 울릉도, 남부, 중부, 북부지방의 돌 틈에서 자라는 상록 여러해살이풀이다. 키는 약 20cm 정도이고, 잎의 길이는 1.5~2cm로 끝이 실 같은 돌기로 되어 있고 4줄로 빽빽하게 있는 난형이다. 가지는 평면으로 갈라져 퍼지고 표면은 짙은 녹색이며 뒷면은 흰빛이 도는 녹색이다. 습기가 많을 때는 가지가 사방으로 퍼지고, 건조할 때는 안으로 말려서 공처럼 된다. 포자는 길이 0.5~1.5cm, 지름 0.2cm로 잔가지 끝에 1개씩 달리며 네모지다.

`관리 및 번식법`   화분이나 화단에 심어놓으면, 물이 마르면 잎이 오므라들고 물이 많을 때는 잎을 펼치기 때문에 물 주는 시기를 가늠하기가 쉽다. 화분에 돌을 올려놓고 그 위에 흙과 같이 심어도 좋다. 가을이나 이듬해 봄에 포기나누기를 한다.

● 부처손_ 잎 올라오는 모습

196 | 분홍바늘꽃

Epilobium angustifolium L.

▶ 이 명 : 큰바늘꽃, 버들잎바늘꽃
▶ 과 명 : 바늘꽃과
▶ 개화기 : 7~8월

생육 특성

분홍바늘꽃은 강원도 대관령 이북 산록의 개활지에서 자라는 여러해살이풀이다. 생육환경은 햇볕이 잘 드는 양지에서 자란다. 키는 약 1.5m 정도이고, 잎의 길이는 8~15cm가량으로 끝이 뾰족한 피침형이며 양끝은 좁고 가장자리에 잔 톱니가 있다. 잎 뒷면은 분백색으로 맥 위에 구부러진 털이 있다. 꽃의 지름은 2~3cm가량으로 줄기 끝에 뭉쳐서 핀다. 열매는 9~10월경에 달리는데, 길이 8~10cm로 종자에 갓털이 있다.

관리 및 번식법

햇빛을 직접 받지 않는 반 그늘진 화단에 심는다. 10~11월에 결실되는 종자를 바로 화분에 뿌리고, 이듬해 봄에 새싹이 올라올 때 포기나누기를 한다. 종자 발아율은 50% 이하로 낮게 나타난다. 자생지에서의 발아율과 발아 실험에서의 발아율도 모두 낮게 나타났다.

● 분홍바늘꽃_ 잎

● 분홍바늘꽃_ 꽃봉오리

197 붉은병꽃나무

Weigela florida Schneid

- ▶ 이 명 : 팟꽃나무, 병꽃나무
- ▶ 과 명 : 인동과
- ▶ 개화기 : 5월

생육 특성

붉은병꽃나무는 우리나라 각처의 산지에서 자라는 낙엽활엽관목이다. 생육환경은 토양이 비옥하고 물 빠짐이 좋은 반그늘 혹은 양지에서 자란다. 키는 3~6m이고, 잎의 길이는 4~10cm, 폭은 2~4cm이다. 잎 끝은 뾰족하고 가장자리에 잔 톱니가 있으며 표면 중앙부에 잔털이 있고 뒷면 중앙부에 흰 털이 빽빽하게 있다. 꽃은 짙은 홍자색으로 길이가 3~4cm이고, 잎 아래에 한 개씩 달린다. 열매는 9월경에 길이 1.5~2.2cm로 달린다.

관리 및 번식법

토양에 퇴비를 많이 넣고 반그늘이나 양지쪽의 화단에 심는다. 물은 2~3일 간격으로 준다. 9월에 받은 종자를 비닐이나 종이에 싸서 땅에 묻은 후 이듬해 봄 화단에 뿌리거나 이른 봄 새로 나온 가지를 이용하여 삽목한다.

• 병꽃나무

• 삼색병꽃나무

198 붓꽃

Iris sanguinea Donn ex Horn

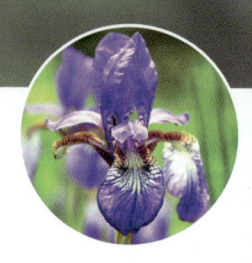

▶ **과　명** : 붓꽃과
▶ **개화기** : 5~6월

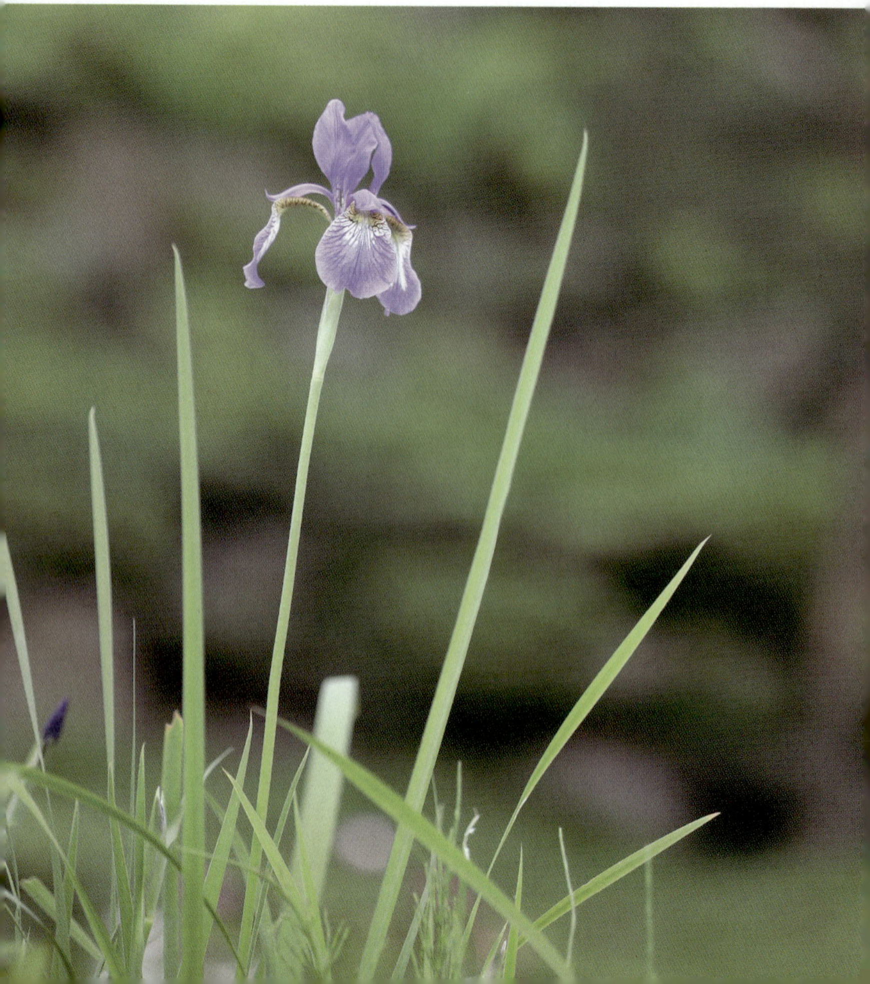

생육 특성

붓꽃은 전국 각처의 산과 들에 자라는 여러해살이풀이다. 생육 환경은 양지바른 곳의 습기가 많은 곳이나 메마른 땅에서 자란다. 키는 30~60cm이고, 잎의 길이는 30~50cm, 폭은 0.5~1cm로 줄기에 2줄로 붙어 올라간다. 꽃은 자주색으로, 밖으로 나가 있는 꽃잎의 안쪽에는 노란색과 검은 자색의 선이 있고 꽃줄기 끝에 2~3개 정도 달린다. 열매는 갈색으로, 길이 3~4cm이며 8~9월경에 결실된다. 끝이 갈라지면서 검고 광채가 나는 종자가 많이 들어 있다.

관리 및 번식법

햇살이 잘 드는 화단에 심으며 물 관리는 자주 해주지 않아도 좋다. 9월경에 받은 종자는 냉장보관하거나 일반적인 방법으로 보관해도 무방하다. 파종하기 전에 반드시 물에 2~3일간 담가둬야 하는데, 이는 종자 껍질이 두꺼워 수분 흡수가 잘 되지 않기 때문에 수분을 충분히 흡수시키기 위함이다. 뿌리나누기는 봄이나 가을에 한다.

● 붓꽃_ 피기 전(붓을 닮은 모양)

● 붓꽃_ 종자 결실

199 비비추

Hosta longipes (Franch. & Sav.) Matsum.

▶ 과 명 : 백합과
▶ 개화기 : 7~8월

생육 특성

비비추는 우리나라 중부 이남의 산골짜기에 자라는 여러해살이풀이다. 생육환경은 반그늘이나 햇볕이 잘 드는 약간 습한 지역에서 자란다. 키는 약 35cm 내외이며, 잎은 심장형 혹은 넓은 타원형으로, 암자색의 가는 점이 많이 있다. 잎은 암녹색을 띠며 길이는 5~15cm가량이다. 꽃은 얇은 막질을 한 포에 싸여 줄기를 따라 종 모양으로 피며 연한 보라색이다. 열매는 9~10월경에 긴 타원형으로 달리고 안에는 검은색의 얇은 막을 지닌 종자가 들어 있다. 관상용으로 쓰이며 어린잎은 식용으로 이용된다.

관리 및 번식법

화분이나 화단에 심고 공중 습도가 높고 토양이 비옥하도록 해준 다음 물 빠짐이 좋게 만들어야 한다. 빛이 많이 들어오는 곳에 심으면 잎 끝이 타는 현상이 발생한다. 물은 1~2일 간격으로 준다. 반그늘에서 자라는 식물이어서 베란다에 길러도 좋다. 가을이나 봄에 포기나누기를 하고 9월에 검게 결실되는 종자는 검은 막을 손으로 비벼 약간 제거한 후 가을이나 이른 봄 화분이나 화단에 뿌린다. 종자를 묘로 키운 것은 꽃이 피는 데 약 3~4년이 걸린다.

● 비비추_ 종자 결실

● 비비추_ 잎

200 비수리

Lespedeza cuneata G. Don

▶ 과 명 : 콩과
▶ 개화기 : 8~9월

생육 특성

비수리는 전국 각처의 산과 들에서 자라는 여러해살이풀 혹은 초본성 아관목이다. 생육환경은 햇볕이 잘 드는 곳이면 어디든지 자란다. 키는 약 1m이고, 잎은 어긋나고 잎 표면에는 털이 없으며 뒷면에 잔털이 있고 길이는 1~2cm, 폭은 0.2~0.4cm이다. 줄기는 가늘게 위로 올라가며 잔털이 많다. 꽃은 잎보다 짧게 잎몸에 붙어 흰색으로 핀다. 열매는 암갈색으로 10월에 달리고 안에는 황록색 바탕에 적색 반점이 있는 한 개의 씨가 들어 있다. 뿌리를 포함한 전초는 약용으로 이용한다.

관리 및 번식법

토양에 부엽질이 많고 햇볕이 잘 드는 곳에 집단적으로 심는다. 물은 2~3일 간격으로 준다. 10월에 달리는 종자를 종이에 싸서 냉장보관 후 이듬해 봄에 뿌린다. 이른 봄이나 가을에는 포기나누기를 해도 좋고 삽목을 하면 더 많은 개체를 얻을 수 있다.

● 비수리_ 새순 올라오는 모습

● 비수리_ 꽃봉오리

201 뻐꾹나리

Tricyrtia macropoda Miq.

▶ **과 명** : 백합과
▶ **개화기** : 7~8월

생육 특성

뻐꾹나리는 우리나라 중부 이남의 산지 숲에서 자라는 여러해살이풀이다. 생육환경은 과습하지 않을 만큼의 습기가 있는 반그늘에서 자란다. 키는 50~80cm이고, 잎 길이는 5~15cm, 폭은 2~7cm이고 긴 타원형으로 끝이 뾰족하다. 꽃은 흰색에 자주색 반점이 있으며 줄기나 잎 사이에서 달리고, 위에는 수술과 암술이 나와 있으며 아래를 향해 핀다. 열매는 10~11월경에 달리고 삼각형 모양으로 뾰족하게 생긴 씨방에는 작은 종자가 많이 들어 있다. 관상용으로 쓰이며 어린 잎과 줄기는 식용으로 이용한다.

관리 및 번식법

화분이나 화단에 심어 반그늘에서 키워야 한다. 빛을 많이 받으면 잎이 타고 꽃이 잘 피지 않기 때문이다. 물은 2~3일 간격으로 주면 좋고, 잎이 완전히 마르는 가을이나 겨울에는 4~5일에 한 번씩 준다. 실내에서 키우면 키가 너무 커지기 때문에 꽃이 예쁘지 않고 또한 가지가 많이 휘어지는 현상이 발생한다. 이른 봄에 포기나누기를 하거나 9월에 결실되는 종자를 바로 화분이나 화단에 뿌리면 좋다. 종자 발아율은 높기 때문에 한 개체에서도 많은 양을 얻을 수 있다.

● 뻐꾹나리_ 잎 전개되는 모습

● 뻐꾹나리_ 종자 결실

202 뻐국채

Rhaponticum uniflorum (L.) DC.

- ▶ 이 명 : 뻑국채
- ▶ 과 명 : 국화과
- ▶ 개화기 : 5~7월

생육 특성

뻐꾹채는 우리나라 각처의 산과 들에서 자라는 여러해살이풀이다. 생육환경은 빛이 잘 들어오고 물 빠짐이 좋은 비탈이나 산소 주변과 같이 마른땅에서 자란다. 키는 30~70cm 정도이고, 잎은 흰색 털이 빽빽하며 가장자리에 불규칙한 톱니가 있다. 뿌리에서 생긴 잎은 꽃이 필 때까지 남아 있고 길이는 15~20cm가량이다. 줄기에서 생긴 잎은 마주나고 위로 올라갈수록 점차 작아진다. 줄기는 흰색 털로 덮여 있으며 가시가 없고 곧게 자란다. 꽃은 원줄기 끝에 한 송이씩 홍자색으로 달리고 화관은 길이가 약 3cm이며 통 모양으로 이루어진 부분이 다른 부분보다 짧다. 열매는 긴 타원형으로, 9~10월경에 맺으며 길이는 2cm가량이고 관모가 여러 줄 있다.

우리나라는 5월이 가정의 달과 감사의 달이어서 많은 행사가 있는데, 한때 어버이날과 스승의 날에 카네이션 대신에 뻐꾹채를 달자는 운동이 있었다. 이때는 우리나라의 야생화가 주목을 받지 못한 상태였지만 이제는 그 분위기가 많이 바뀌고 야생화에 대한 이해가 높아졌으므로 다시 '뻐꾹채의 반란'이 시작되었으면 한다.

● 뻐꾹채_ 잎

● 뻐꾹채_ 꽃봉오리

관리 및 번식법   빛이 잘 들어오는 양지나 물 빠짐이 좋은 비탈진 곳에 심으면 좋다. 재배할 때는 유기질 퇴비를 많이 넣고 두둑을 높게 하여 심어야 한다. 물은 2~3일 간격으로 준다.

이것은 종자 번식이 가장 좋다. 뿌리는 너무 깊게 들어가 있기 때문에 캐서 나누기가 힘들고, 꽃이 지고 난 후 바로 받아 꽃대를 물속에 담그면 계속 수분 공급이 되기 때문에 종자를 얻을 수 있다. 종자가 완전히 익은 10월경에 윗부분에 붙은 관모를 제거하고 손으로 약하게 비빈 후 바로 뿌린다. 바로 뿌리지 않고 상온이나 냉장고에 보관하면 발아율이 낮아진다.

● 뻐꾹채_ 시드는 모습

● 뻐꾹채_ 종자 결실

203 사마귀풀

Aneilema keisak Hassk.

- ▶ 이 명 : 애기닭의밑씻개, 애기달개비
- ▶ 과 명 : 닭의장풀과
- ▶ 개화기 : 8~9월

생육 특성

사마귀풀은 우리나라 각처의 논과 습기가 많은 곳에서 자라는 한해살이풀이다. 생육환경은 습기가 많은 곳의 햇볕이 잘 드는 곳에서 자란다. 키는 10~30cm이고, 잎은 좁고 날카로우며 전체에 털이 많고 길이는 2~6cm, 폭은 0.4~0.8cm로 어긋난다. 줄기는 땅에 기듯 이어가며 땅에 닿은 줄기에서는 뿌리가 나오고 줄기 전체는 연한 홍자색이다. 꽃은 연한 홍자색으로 줄기의 윗부분이나 잎자루에서 1개씩 핀다. 열매는 10월경에 타원형으로 달리며 각 방에 5~6개의 종자가 들어 있고 길이는 0.8~1cm이다.

관리 및 번식법

습지에서 자라기 때문에 수분이 많은 곳에 심는 것이 좋으며 실내에서는 물이 잘 빠지지 않는 화분을 이용하여 심어서 관리해도 좋다. 10월에 달리는 종자를 이듬해 봄 화분이나 화단에 뿌린다.

● 사마귀풀_ 꽃

204 사위질빵

Clematis apiifolia DC.

- ▶ 이 명 : 질빵풀
- ▶ 과 명 : 미나리아재비과
- ▶ 개화기 : 7~9월

생육 특성

사위질빵은 우리나라 각처의 산록에서 자라는 낙엽 덩굴나무이다. 생육환경은 토양이 비옥한 반그늘이나 햇볕이 잘 들어오는 곳에서 나무를 감고 올라가며 자란다. 길이는 약 3m이고, 잎 길이는 4~7cm이며 작은 잎은 난형이고 가장자리에 거친 톱니가 있다. 꽃은 우산 모양으로 펼쳐지듯 피고, 꽃자루 길이는 약 5~12cm, 지름이 약 2cm가량으로 흰색이며 잎 사이에서 나온다. 열매는 9월에 달리고 길이 1cm 정도의 흰색 또는 연한 갈색 털이 있다. 관상용으로 쓰이며 어린잎은 식용으로 쓰고 줄기는 식용이나 약용으로 이용한다.

관리 및 번식법

햇볕이 잘 드는 화단이면 좋다. 덩굴성 식물이기 때문에 감고 올라갈 수 있는 것을 만들어줘야 한다. 물은 꽃이 피기 전에는 잎이 많아 1~2일 간격으로 주고 잎이 떨어지는 가을에는 4~5일 간격으로 주면 된다. 이른 봄이나 가을에 줄기를 화분에 삽목하거나 9~10월에 익은 종자를 바로 화분이나 화단에 뿌리거나 냉장보관한 후 이른 봄에 뿌린다.

● 사위질빵_ 잎

● 사위질빵_ 종자 결실

산골무꽃

Scutellaria pekinensis var. *transitra* (Makino) Hara

- ▶ **이 명** : 각씨골무꽃, 광릉골무꽃, 그늘골무꽃
- ▶ **과 명** : 꿀풀과
- ▶ **개화기** : 5~6월

생육 특성

산골무꽃은 우리나라 각처의 산지 숲 속에서 자라는 여러해살이풀이다. 생육환경은 토양의 유기질 함량이 높고 빛이 잘 들어오는 양지 혹은 반양지에서 잘 자란다. 키는 15~30cm가량 되고, 잎은 양면에 털이 있고 가장자리에 톱니가 있으며 길이는 2~4cm, 폭은 1.5~2.5cm로 어긋난다. 꽃은 줄기 윗부분에 한 개씩 달려 모두 한쪽 방향을 향하며 꽃차례 길이는 3~6cm이고 입술 모양으로 끝이 갈라진다. 윗입술 모양은 아랫입술 모양 길이의 1/2 정도이며 아랫입술은 3갈래로 갈라지고 연한 자주색으로 달린다. 열매는 7~8월경에 맺는데, 둥근 통과 같은 곳 안에 종자가 들어 있다.

관리 및 번식법

화분에 심을 때는 퇴비를 많이 넣고 배수가 잘 되게 심는 것이 좋다. 공기가 잘 통하는 곳에 두고 꽃이 지면 화분을 화단이나 햇볕이 많이 들어오는 곳에 둔다. 종자가 익은 9월경에 받아 화분이나 화단에 바로 뿌리거나 남은 종자를 종이에 싸서 냉장보관하여 이듬해 봄에 뿌리면 된다.

● 산골무꽃_ 잎

● 산골무꽃_ 종자 결실

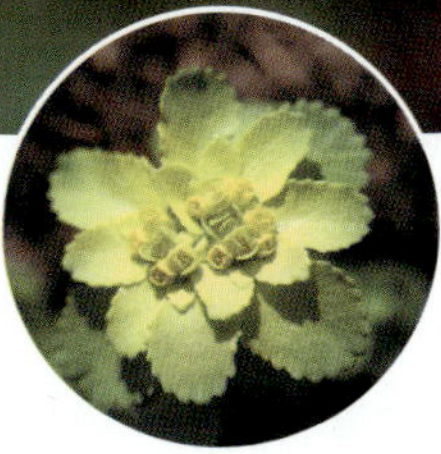

206 산괭이눈

Chrysosplenium japonicum (Maxim.) Makino

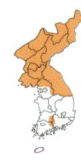

- **이　명** : 괭이눈
- **과　명** : 범의귀과
- **개화기** : 4~5월

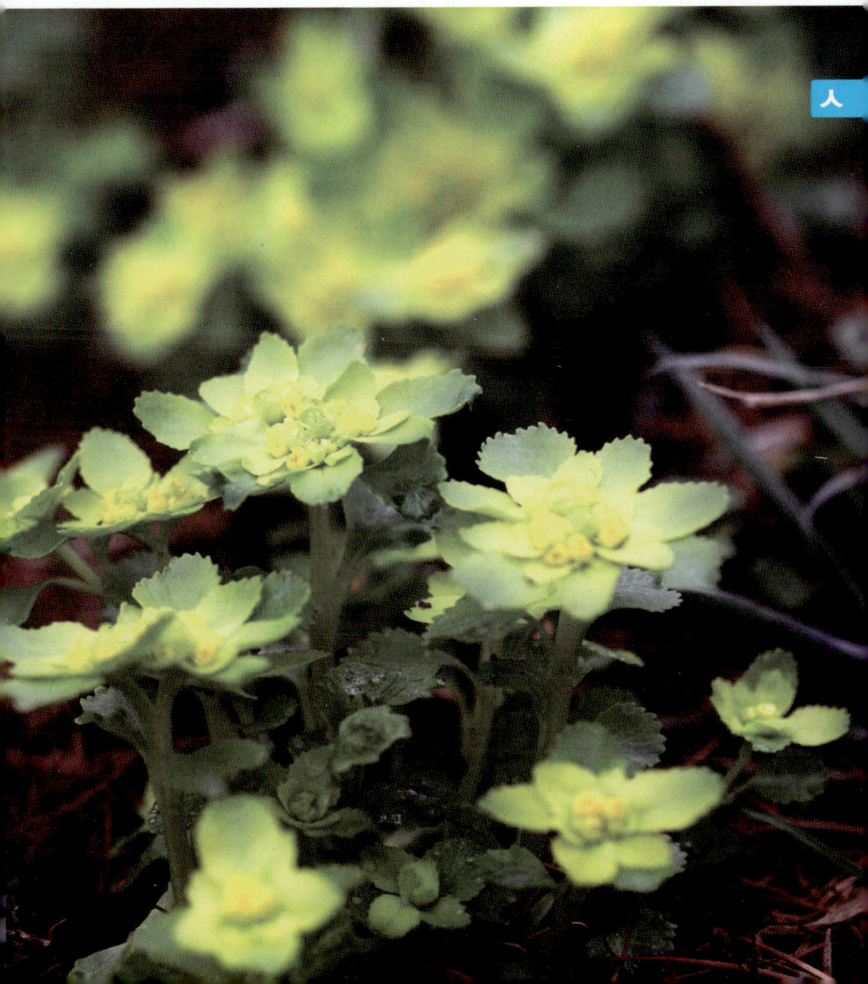

생육 특성

산괭이눈은 우리나라 중북부 이북에서 자라는 여러해살이풀이다. 생육환경은 주로 그늘진 곳이나 고목 주변에서 자란다. 키는 약 10~15cm 정도이며, 잎의 길이는 0.5~2cm, 폭은 0.8~2.5cm이고 둥근 모양을 한 심장형이다. 꽃은 지름이 약 1~2cm 내외이고, 연한 녹색에 가운데는 노란색으로 윗부분에서만 꽃이 뭉쳐 달린다. 꽃이 필 때 주변의 녹색 잎들은 매개충을 모으기 위해 꽃처럼 노란색으로 변하고, 종자를 맺으면 다시 녹색으로 돌아온다. 열매는 6~7월경에 달리고 넓은 난형이다. 잎 주변의 줄기에는 잔털이 나 있다. 다른 괭이눈 종류들이 대부분 개울이나 습지에서 자라는 반면 산괭이눈은 약간 마른 땅에서 자라는 특성을 가지고 있다.

관리 및 번식법

토양을 거름지게 해주고 햇살이 많이 들어오는 화단에 심어야 한다. 6~7월경에 익는 종자를 종이에 싸서 냉장보관하였다가 가을에 실내에 있는 화분에 뿌리거나, 가을과 이른 봄에 포기를 나누어 화분에 옮겨심기한다.

● 산괭이눈_ 새순 올라오는 모습

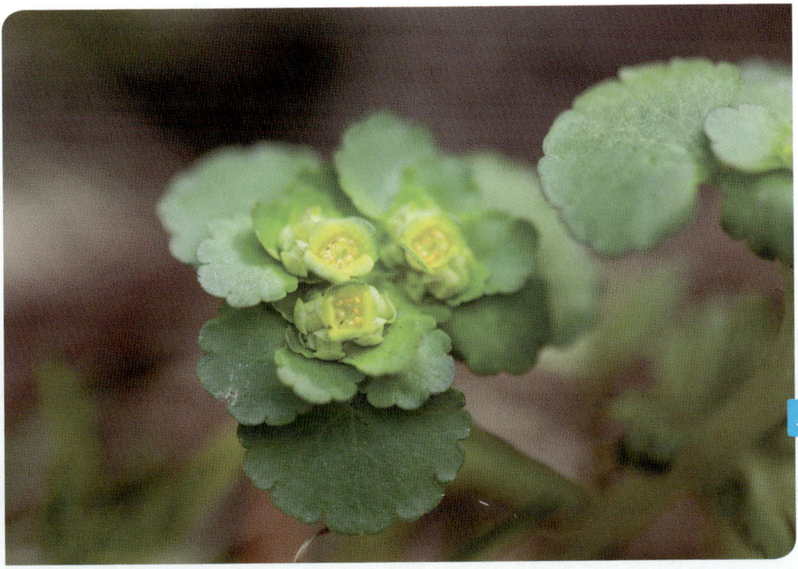

● 산괭이눈_ 잎

● 산괭이눈_ 꽃 피기 전

● 산괭이눈_ 꽃이 핀 모습

207 산괴불주머니

Corydalis speciosa Maxim.

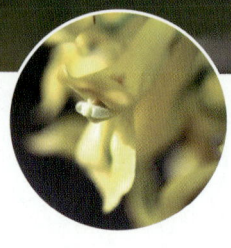

- **이 명** : 암괴불주머니
- **과 명** : 양귀비과
- **개화기** : 4~6월

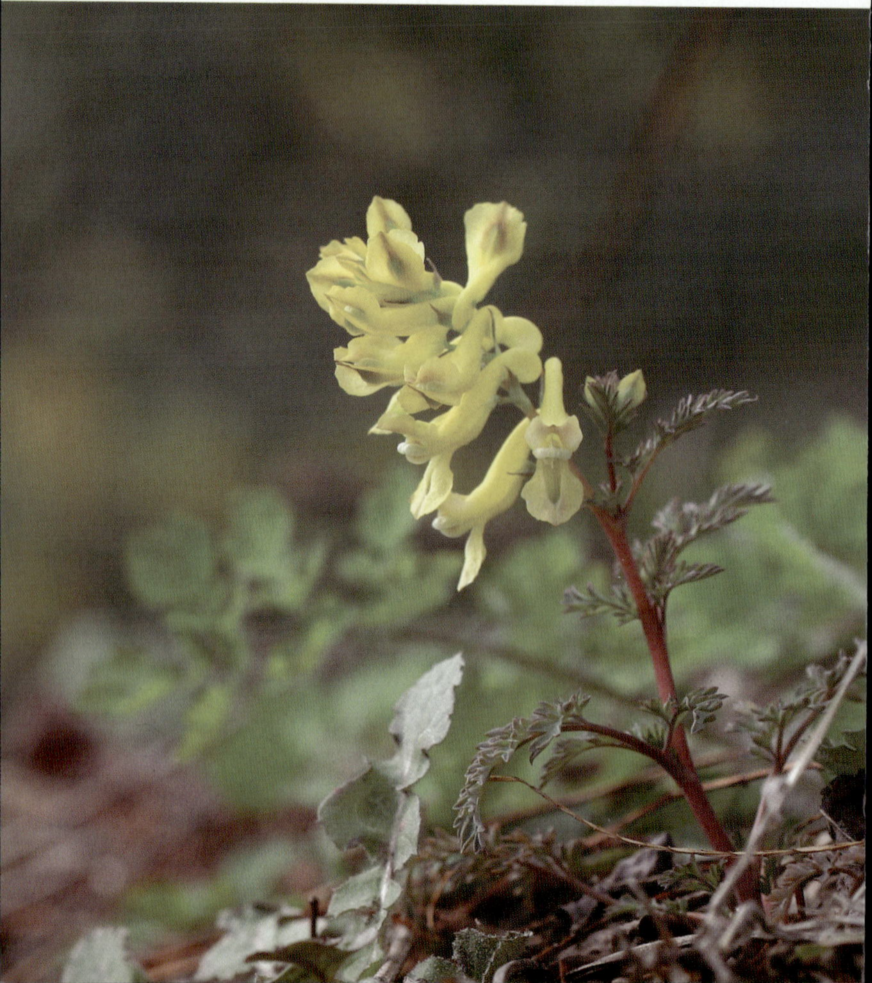

생육 특성

산괴불주머니는 우리나라 각처의 산이나 들에서 자라는 두해살이풀이다. 생육환경은 습기가 많은 반그늘에서 자란다. 키는 약 40cm이고, 잎의 길이는 10~15cm이고 깃꼴겹잎으로 끝은 뾰족하다. 꽃은 노란색으로 줄기를 따라 올라가며 달린다. 줄기는 속이 비어 있다. 열매는 7~8월경에 배 모양으로 달리고 종자는 검은색이며 크기가 작다. 그해에 떨어진 종자는 가을에 발아하며 겨울이 되면 잎이 고사하고 이듬해에 꽃을 피운다.

관리 및 번식법

잎이 많아 하루에 한 번 물을 줘야 한다. 다른 식물들과 혼식을 하는 것은 금하는 것이 좋은데, 이유는 여름과 가을에 싹이 올라와 다른 식물들의 생육에 지장을 주기 때문이다. 7~8월에 결실되는 종자로 번식시키며, 여름이나 늦가을 혹은 초겨울에 싹이 올라왔다 한겨울에는 없어지고 이른 봄에 그 자리에서 싹이 올라온다. 따라서 종자를 식물 근처에 뿌려주면 자연적으로 번식한다.

● 산괴불주머니_ 새순 올라오는 모습

● 산괴불주머니_ 무리

208 산국

Dendranthema boreale (Makino) Ling ex Kitam.

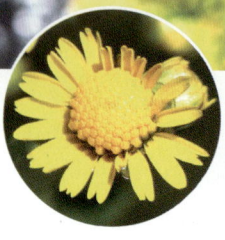

- **이 명** : 개국화, 나는개국화, 들국
- **과 명** : 국화과
- **개화기** : 9~10월

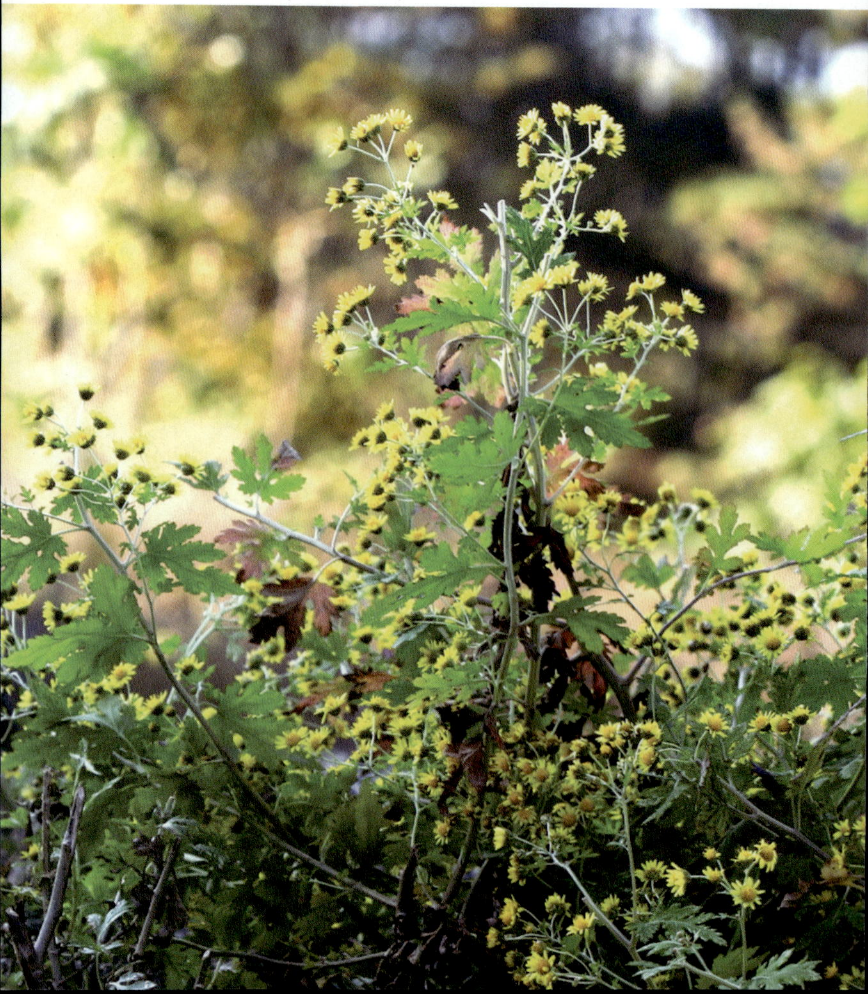

생육 특성

산국은 우리나라 각처의 산지에서 자라는 여러해살이풀이다. 생육환경은 토양에 부엽질이 많고 햇볕이 들어오는 반그늘에서 자란다. 키는 1~1.5m이고, 잎은 난형으로 감국의 잎보다 깊이 갈라지고 날카로운 톱니가 있으며 길이는 5~7cm이다. 꽃은 줄기 끝에서 노란색으로 달리고 지름이 약 1.5cm 정도 된다. 열매는 11~12월경에 달린다.

관리 및 번식법

물 빠짐이 좋고 토양이 기름진 화단에 심는다. 집 안에서 키울 경우 진딧물과 같은 유해충이 많이 붙어 다른 식물에 피해를 주기 때문에 가급적 피하는 것이 좋다. 물은 2~3일 간격으로 준다. 이른 봄 새싹이 올라오기 전에 뿌리를 캐서 뿌리가 붙어 있는 부분을 분리시키거나 5~6월경에 줄기에 잎을 붙여 삽목한다. 종자는 12월경에 받아 종이에 싸서 냉장보관한 후 이듬해 봄 화단에 뿌린다.

● 산국_잎

● 산국_꽃봉오리

산딸기

Rubus crataegifolius Bunge

- ▲ 이 명 : 산딸기나무, 나무딸기, 흰땅, 함박딸, 참딸, 곰딸, 긴잎산딸기, 긴잎나무딸기, 긴나무딸기
- ▲ 과 명 : 장미과
- ▲ 개화기 : 5~6월

생육 특성 산딸기는 우리나라 각처의 산과 들에 흔히 자라는 낙엽관목이다. 생육환경은 햇볕이 잘 들어오는 양지에서 자란다. 키는 약 2m이고, 잎의 길이는 8~12cm, 폭은 4~7cm이고 뒷면 맥 위에만 털이 있거나 없는 경우가 있다. 잎 뒷면에는 가시가 많이 나 있다. 꽃은 가지 끝에 붙어서 나며 흰색으로 지름은 2cm이다. 열매는 둥글고 6~7월에 익으며 검붉은 색으로 식용이 가능하다.

관리 및 번식법 화단 어느 곳에 심어도 잘 자란다. 그해 나온 새 가지를 이용하여 화분에 삽목 후 뿌리가 내리면 화단에 옮겨 심는 것이 좋다.

● 산딸기_ 열매 맺기 전

● 산딸기_ 열매

210 | 산딸나무

Cornus kousa F. Buerger ex Miquel

- ▶ 이 명 : 들메나무, 애기산딸나무, 준딸나무, 미영꽃나무, 박달나무, 쇠박달나무, 소리딸나무, 굳은산딸나무
- ▶ 과 명 : 층층나무과
- ▶ 개화기 : 6월

생육 특성

산딸나무는 황해도 이남 산지의 수림 속에 자라는 낙엽관목이다. 생육환경은 햇볕이 잘 들어오고, 토양의 부엽질이 많은 곳에서 자란다. 키는 7~12m이고, 잎은 난형 또는 둥근 모양으로 가장자리는 물결 모양의 굴곡으로 되어 있다. 꽃은 꽃자루가 없으며, 작은 가지 끝에 20~30개가 하늘을 향해 피고, 길이는 3~8cm, 폭은 2~3cm로 흰색이다. 둥근 열매가 10월에 붉은색으로 익으며 종자를 둘러싸고 있는 껍질은 육질이 달고 식용이 가능하다. 관상용으로 쓰이며 열매는 식용, 약용으로 이용한다.

관리 및 번식법

조경수로 이용하면 좋다. 물 빠짐이 좋은 곳을 선택하여 4~5m 간격으로 심으면 충분한 간격이 유지되기 때문에 잘 자란다. 1~2년생 가지를 삽목하는 방법과 10월에 결실되는 종자로 번식시킨다. 종자는 2년생 발아 종자이기 때문에 냉장처리를 하거나 땅속에 묻어 이듬해 봄 화분에 파종하면 발아율이 높게 나타난다.

● 산딸나무_ 종자 결실 과정

● 산딸나무_ 종자 결실

211 산마늘

Allium microdictyon Prokh.

- ▶ 이 명 : 망부추, 멩이풀, 서수레, 얼룩산마늘, 명이나물
- ▶ 과 명 : 백합과
- ▶ 개화기 : 5~7월

생육 특성

산마늘은 지리산, 설악산, 울릉도의 숲 속이나 우리나라 북부에서 자라는 여러해살이풀이다. 생육환경은 토양에 부엽질이 풍부하고 약간의 습기가 있는 반그늘에서 자란다. 키는 25~40cm이고, 잎은 2~3장이 줄기 밑에 붙어서 난다. 잎은 약간 흰빛을 띤 녹색으로, 길이는 20~30cm, 폭은 3~10cm가량이다. 꽃은 줄기 꼭대기에서 흰색으로 뭉쳐서 피며 둥글다. 보통의 마늘과 다른 점은 산마늘은 잎을 주로 식용하며 전체에서 마늘 냄새가 난다는 것이다. 뿌리는 한 줄기로 되어 있기 때문에 다른 마늘과도 쉽게 구분이 가능하다. 9~10월경에 검은색 종자가 달린다.

관리 및 번식법

재배하기 까다로운 종이다. 반그늘이며 비옥도가 높은 토양에 물 빠짐이 좋은 화단이어야 한다. 실내에서 키우고자 할 때는 화분 밑에 굵은 자갈을 넣고 퇴비를 많이 넣은 흙에 심는다. 잎이 올라오는 봄에는 2~3일 간격, 잎이 완전히 전개되었을 때는 1~2일 간격으로 물을 준다. 이른 봄에 알뿌리를 분리시키는 방법과 8~9월에 종자를 물에 1~2일 정도 담갔다가 바로 화분이나 화단에 뿌리는 방법이 있다. 종자가 발아에 1~2개월 걸리기 때문에 새싹이 올라올 때까지의 기간 동안 물 관리가 매우 중요하다.

● 산마늘_ 잎

● 산마늘_ 꽃봉오리

212 산박하

Isodon inflexus (Thunb.) Kudo

- ▶ **이 명** : 깻잎나물, 깻잎오리방풀, 애잎나울
- ▶ **과 명** : 꿀풀과
- ▶ **개화기** : 6~8월

생육 특성

산박하는 우리나라 각처의 산지에서 자라는 여러해살이풀이다. 생육환경은 햇볕이 잘 드는 곳의 토양이 비옥한 곳에서 자란다. 키는 약 1m이고, 잎은 난형으로 톱니가 있으며 길이는 3~6cm, 폭은 2~4cm이다. 꽃은 하늘색으로 줄기 아래에서 위쪽으로 올라가면서 핀다. 열매는 9~10월경에 달린다. 흔히 박하와 같은 것으로 알려진 민트(Mint)는 외국의 허브 식물 중 한 품종이다. 우리나라의 산박하는 서양 허브보다는 잎과 꽃이 작아 보잘것없이 보이지만, 향이 훨씬 더 은은하며 오래가고 우리 정서에 잘 맞는 품종이다. 우리나라 자원식물은 절화용이나 분화용으로 개발할 수 있는 것들이 많이 있고, 또한 최근 전 세계적으로 유행하는 '아로마(aroma)'로 이용할 수 있는 것들도 매우 많이 분포하고 있다. 산박하도 이처럼 상품화 또는 제품화시키기에 매우 좋은 품종 중 하나이다.

관리 및 번식법

화단 주변에 나무가 많이 있는 곳에 심는다. 심기 전 흙 속에 유기질이 많은 퇴비를 넣으면 좋다. 9~10월에 열리는 종자를 받아 바로 화분에 뿌린다. 포기나누기는 이듬해 봄에 한다.

● 산박하_잎과 줄기

● 산박하_꽃 피기 전

213 | 산솜다리

Leontopodium leiolepis Nakai

- ▶ **이 명** : 참솜다리
- ▶ **과 명** : 국화과
- ▶ **개화기** : 5~6월

생육 특성   산솜다리는 우리나라 북부의 깊은 산에서 자라는 여러해살이풀이다. 생육환경은 주변 습도가 높은 곳으로 안개가 많은 곳과 온도차가 많으며 빛이 잘 들어오지 않는 음지의 바위틈에서 잘 자란다. 키는 7~22cm 정도이고, 잎은 양면이 회백색이고 다소 누른빛이 돌며 면모와 짧은 털이 있고, 뿌리에서 생긴 잎은 길이 2.5~4cm, 폭은 약 0.5cm로 개화 후에도 그대로 남아 있다. 꽃은 줄기 끝에서 피고 회백색의 털이 밀생하며 연한 황색으로 달린다. 열매는 10월경에 긴 타원형으로 달린다. 이 품종은 산림청에서 지정한 멸종위기식물이기도 하고 특산식물이다.

관리 및 번식법   고산지대에서 자라는 식물이어서 재배하기 어려운 품종이다. 가을이나 이른 봄에 뿌리를 나누는 것이 가능하고 10월경에 받은 종자를 바로 뿌리는 방법도 있다. 하지만 종자 발아율이 낮고 고지대가 아닌 지역에서는 발아율이 매우 저조한 편이다.

● 산솜다리_ 잎

● 산솜다리_ 무리

214 산솜방망이

Tephroseris flammea (Turcz. ex DC.) Holub

- ▶ 이 명 : 두메솜방망이, 산솜맹이
- ▶ 과 명 : 국화과
- ▶ 개화기 : 8월

생육 특성

산솜방망이는 제주도 한라산, 지리산, 강원도의 깊은 산에서 자라는 여러해살이풀이다. 생육환경은 반그늘의 물 빠짐이 좋고 토양이 비옥한 곳에서 자란다. 키는 15~40cm이고, 잎은 긴 타원형으로 길이는 8~9cm, 폭은 약 2.5cm로 불규칙한 톱니가 있다. 잎자루는 끝이 둥글고 짧은 털과 거미줄 같은 털이 있으며 긴 타원형이다. 꽃은 적황색으로 지름은 약 3cm이고, 원줄기 끝에 2~7개가 달리며 수술과 암술은 윗부분에 돌출되어 있고 꽃잎은 아래로 처져 마치 시드는 듯한 모습을 하고 있다. 열매는 10월경에 맺으며 길이 약 0.5cm 정도의 흰색 갓털이 달려 있고, 종자는 긴 타원형으로 길이는 약 0.3cm이다. 한국특산식물로 보호종이다. 이것은 관상용으로 이용한다.

관리 및 번식법

고산식물로 재배하기 어려운 품종이다. 우리나라 특산식물이면서 멸종 위기종으로 분류되어 있어 재배 및 판매가 금지된 품종이다. 원예용으로 개발되어 시중에 유사종이 많이 판매되고 있다. 10월에 받은 종자를 바로 뿌리거나 종이에 싸서 냉장고에 보관 후 이듬해 봄에 뿌린다. 2월경에 뿌리는 것이 좋은데, 이유는 종자의 새순이 올라오는 시기가 고온이면 잎이 고사하기 때문이다.

● 산솜방망이_ 잎

● 산솜방망이_ 줄기

215 산수국

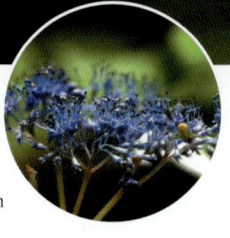

Hydrangea serrata f. *acuminata* (Siebold & Zucc.) Wilson

- **이　명** : 털수국, 털산수육
- **과　명** : 범의귀과
- **개화기** : 6~8월

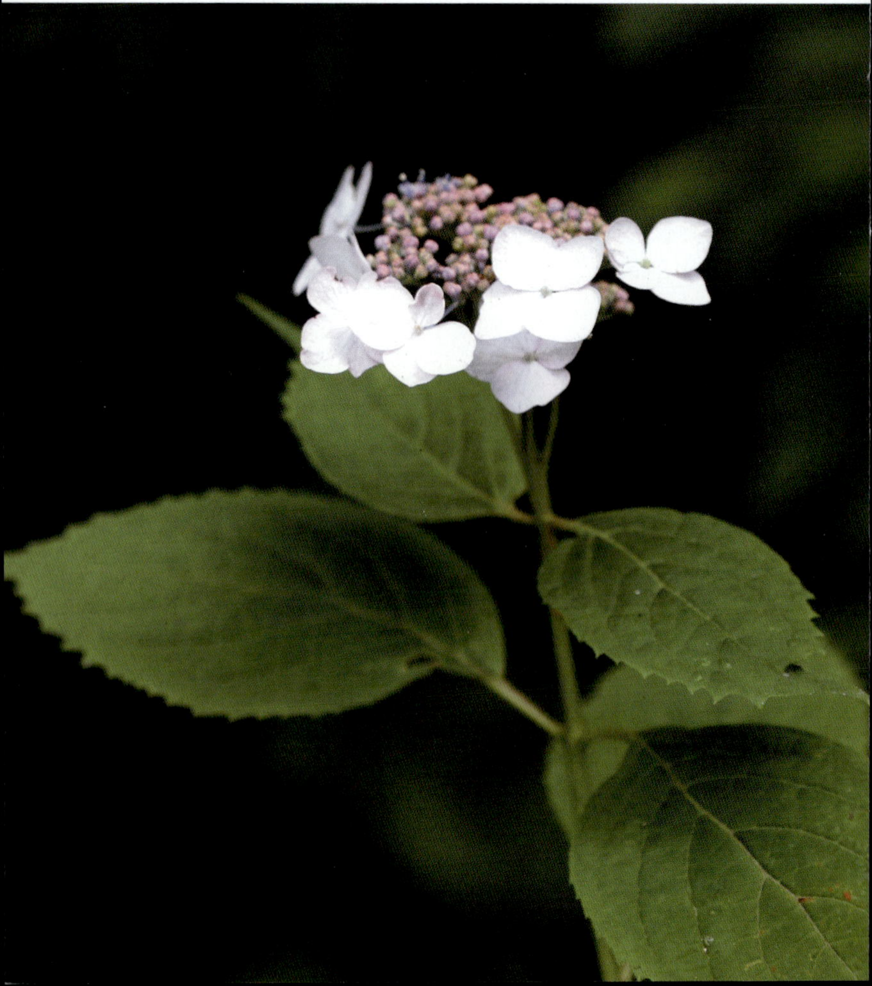

생육 특성

산수국은 우리나라 중부 이남의 산에서 자라는 낙엽관목이다. 생육환경은 산골짜기나 돌무더기의 습기가 많은 곳에서 자란다. 키는 약 1m 내외이고, 잎은 난형으로 끝은 꼬리처럼 길고 날카로우며 가장자리에 날카로운 톱니가 나있다. 잎 길이는 5~15cm, 폭은 2~10cm가량으로 표면에 난 줄과 뒷면 줄 위에만 털이 있다. 꽃은 희고 붉은색이 도는 하늘색으로 수술과 암술을 가운데 두고 앞에는 지름 2~3cm가량의 무성화가 있다. 열매는 9~10월에 익으며 이 시기의 꽃 색은 갈색으로 변해 있다. 이처럼 꽃 색이 변하는 것은 꽃이 아닌 무성화가 꽃처럼 되어 있기 때문인데, 처음에는 희고 붉은 색이지만 종자가 익기 시작하면 다시 갈색으로 변하면서 무성화는 꽃줄기가 뒤틀어진다. 이것은 관상용으로 쓰인다.

관리 및 번식법

물 빠짐이 좋은 반그늘이나 양지의 화단에 심는다. 잎이 많아지는 여름에는 매일 물을 주고, 그 외 계절에는 2~3일 간격으로 준다. 화분에 심어 관리하려면 큰 화분의 밑에 자갈을 넣어 물 빠짐을 좋게 해준다. 이른 봄 새순이 나오면 새싹을 포기나누기하고, 가을에는 새로 나온 가지를 잘라 삽목해도 된다. 종자는 9~10월에 결실된 것을 이른 봄까지 저장했다가 화분에 뿌린다.

● 산수국_ 꽃봉오리와 잎

● 산수국_ 종자 결실(갈색 꽃은 무성화가 변한 것)

216 산앵도나무

Vaccinium hirtum var. *koreanum* (Nakai) Kitam.

- ▶ 이 명 : 쨀나무, 물앵도나무, 물앵두나무
- ▶ 과 명 : 진달래과
- ▶ 개화기 : 5~6월

생육 특성

산앵도나무는 우리나라 각처의 깊은 산 나무 아래에서 자라는 낙엽활엽관목이다. 생육환경은 빛이 직접 들지 않거나 약하게 들어오는 나무 아래의 부엽질이 풍부한 곳에서 자란다. 키는 약 1m 정도이고, 잎 표면에는 털이 없으며 뒷면 맥 위에 털이 있고 가장자리에 안으로 굽은 잔 톱니가 있으며 길이는 3~6cm로 마주난다. 어린 가지에는 털이 많으며 꽃은 붉은색으로, 지난해의 가지 끝에서 2~3개가 종 모양으로 밑으로 처지며 달린다. 열매는 타원형이고 9월에 붉게 달린다.

관리 및 번식법

관상용으로 나무 아래에 심는 것이 바람직하다. 높은 지대에 사는 식물이라도 재배하는 것은 비교적 쉬운 편이어서 자생지 조건을 맞추어주는 것이 중요하다. 반그늘이 진 곳을 택하여 퇴비를 많이 넣고 심는다. 물은 3~4일 간격으로 주고 뿌리가 완전히 내린 후에는 별도의 물 관리는 해주지 않아도 된다. 어린 가지를 이용한 삽목이 가장 일반적이다. 봄이나 가을에 어린 가지에 발근촉진제를 발라 삽목상에서 관리한다.

● 산앵도나무_ 잎

● 산앵도나무_ 열매

217 산오이풀

Sanguisorba hakusanensis Makino

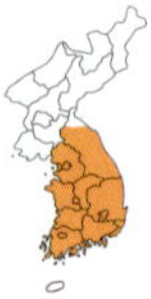

▶ 과 명 : 장미과
▶ 개화기 : 8~9월

생육 특성

산오이풀은 우리나라 중부 이남의 고산 중턱 이상에서 자라는 여러해살이풀이다. 생육환경은 산 정상이나 중턱부의 햇볕이 잘 드는 곳에서 자란다. 키는 50~70cm이고, 잎은 깃꼴겹잎이며 작은 잎이 5~11장 정도 있다. 잎 가장자리에는 이 모양의 톱니가 있으며 오이풀보다는 좀 큰 편이다. 꽃은 홍자색으로 가지 끝에 길이는 4~10cm, 지름이 1cm의 긴 원주형의 형태로 밑으로 처져 있으며 위에서부터 꽃이 다닥다닥 달려 피며 아래로 내려온다. 열매는 10월경에 익으며 네모진 형태를 하고 있다. 뿌리는 산짐승들이 좋아하며 자생지에서는 뿌리가 많이 파헤쳐져 있는 것을 볼 수 있다. 관상용으로 쓰이며 어린순은 식용, 뿌리는 약용으로 이용한다.

관리 및 번식법

반그늘이 지는 돌 틈 화단에 심는다. 아니면 물 빠짐이 좋고 토양에 모래가 많이 섞여 있는 곳을 선정해 심는다. 물은 2~3일 간격으로 준다. 이른 봄에 옆으로 나온 새싹을 보고 뿌리를 나눈다. 종자는 보관 후 2월경 화분에 뿌린다. 종자 발아율이 상당히 높기 때문에 많은 개체를 얻을 수 있다.

● 산오이풀_ 잎 올라오는 모습

● 산오이풀_ 종자 결실

218 산자고

Tulipa edulis (Miq.) Baker

- ▶ 이 명 : 물구, 물굿, 까치무릇
- ▶ 과 명 : 백합과
- ▶ 개화기 : 4~5월

생육 특성

산자고는 우리나라 중부 이남의 산과 들에 자라는 여러해살이풀이다. 생육환경은 양지쪽의 토양이 비옥한 곳에서 자란다. 키는 약 20cm이고, 잎은 회녹색으로 길이는 15~30cm, 폭은 0.4~0.5cm이고, 뿌리에서 2장이 나오며 끝이 날카롭다. 꽃은 흰색으로 지름은 1cm 내외이고, 넓은 종 모양으로 줄기 끝에 1송이씩 달린다. 꽃잎 뒷부분은 자주색 선이 선명하며 개화하기 전에는 붉은색 계통이 많이 들어가 있다. 열매는 7~8월경에 삼각형으로 달린다. 일반적으로 다른 꽃들은 곧추서서 자라지만 산자고는 대체로 비스듬히 옆으로 누워 있는 모습이다.

관리 및 번식법

물 빠짐이 좋은 곳을 선정하여 심고 화분에 심을 때는 아래에 돌과 같이 물 빠짐이 좋은 것을 넣고 심는 것이 좋다. 물은 2~3일에 한 번씩 준다. 가을과 이른 봄에 알뿌리를 자르거나 7~8월에 익는 종자를 받아 화분이나 화단에 바로 뿌리거나 혹은 냉장보관 후 가을이나 이른 봄에 뿌린다. 열매는 아래는 둥글지만 윗부분은 뾰족한 형태로, 꽃이 피어 있을 때와는 상당히 다르기 때문에 미리 장소를 알아놓고 씨앗을 받아야 한다.

● 산자고_ 잎

● 산자고_ 종자 결실

219 산층층이

Clinopodium chinense var. *shibetchense* (H. Lev.) Koidz.

- ▶ **이 명** : 개층꽃, 산층층꽃
- ▶ **과 명** : 꿀풀과
- ▶ **개화기** : 7~8월

생육 특성

산층층이는 우리나라 각처의 산이나 들에 흔히 나는 여러해살이풀이다. 생육환경은 햇볕이 많이 들어오는 곳의 물 빠짐이 좋고 토양의 유기질 함량이 많은 곳에서 자란다. 키는 15~40cm이고, 잎의 길이는 2~4cm, 폭은 1~1.3cm로 긴 달걀형이고 가장자리에는 톱니가 있고 마주난다. 줄기는 네모지고 짧은 털이 있으며 녹색이고 어렸을 때는 약간 비스듬히 자라다가 위로 자란다. 꽃은 흰색이고 길이는 약 0.5~0.8cm로 원줄기 끝과 가지 끝에 층층으로 달리며 꽃부리는 길이 0.8~1.1cm로 겉에는 잔털이 있으며 입술 모양이다. 열매는 9~10월경에 지름 약 0.6cm로 둥글게 달린다. 관상용으로 이용하고 어린잎과 줄기는 식용, 뿌리는 약용으로 사용한다.

관리 및 번식법

화단의 그늘진 곳이 아니면 어디든지 심어도 좋다. 층층이 올라가며 꽃을 피워 개화기간도 길 뿐만 아니라 모습이 좋아 관상용으로 가치가 높다. 토양은 시중에 판매되는 퇴비를 이용하여 물 빠짐을 좋게 한 후 심는다. 다른 식물과의 경합이 없는 식물이어서 재배도 쉬운 편이다. 물은 2~3일 간격으로 준다. 10월경에 받은 종자를 바로 뿌리거나 종이에 싸서 냉장고에 보관 후 이듬해 봄에 뿌린다. 종자 발아율이 높기 때문에 많은 종자를 뿌리지 않아도 된다. 한 개체에서 얻을 수 있는 종자가 많아 쉽게 번식이 가능하다.

● 산층층이_꽃

● 산층층이_꽃대

220 산해박

Cynanchum paniculatum (Bunge) Kitag.

▶ 이 명 : 산새박, 신해박
▶ 과 명 : 박주가리과
▶ 개화기 : 8~9월

생육 특성

산해박은 전국 각처의 산과 들의 풀숲에 나는 여러해살이풀이다. 생육환경은 양지 혹은 반그늘의 물 빠짐이 좋은 곳에서 자란다. 키는 약 60cm이고, 잎의 길이는 6~12cm, 폭은 0.4~1.5cm로 표면과 가장자리에 짧은 털이 있으며 가장자리가 약간 뒤로 말린다. 꽃은 연한 황갈색이고 윗부분의 잎겨드랑이에서 나와 몇 개로 갈라진다. 열매는 8~9월경에 달리는데 길이는 6~8cm, 지름이 0.6~0.8cm로 뿔과 같은 모양이다. 종자는 길이가 0.4~0.5cm 정도이다. 뿌리는 약용으로 쓰인다.

관리 및 번식법

바람이 잘 통하고 거름기가 많은 화분이나 화단에 심는다. 꽃이 작기 때문에 주의해서 관찰해야 한다. 물은 2~3일 간격으로 준다. 9월에 얻은 종자를 바로 뿌리거나 종이에 싸서 냉장보관 후 이른 봄에 뿌린다. 가을이나 이른 봄에 뿌리를 캐어 포기나누기를 한다.

● 산해박_ 새순 올라오는 모습

● 산해박_ 종자 결실

221 삼백초

Saururus chinensis (Lour.) Baill.

▶ **과 명** : 삼백초과
▶ **개화기** : 6~8월

생육 특성 삼백초는 제주도와 지리산 일부 지역에서 나는 여러해살이풀이다. 생육환경은 습기가 많은 계곡의 바람이 잘 통하고 공중 습도가 높은 반그늘에서 자란다. 키는 50~100cm이고, 잎의 길이는 5~15cm, 폭은 0.3~0.8cm로 긴 타원형이며 어긋난다. 잎 표면은 연한 녹색이고 뒷면은 연한 흰색이며 꽃이 필 무렵에는 위의 2~3개가 흰색으로 변한다. 잎에는 5~7개의 맥이 있으며 끝은 뾰족하고 가장자리는 밋밋하다. 뿌리는 흰색으로 흙 속으로 파고들며 옆으로 뻗으면서 자란다. 꽃은 흰색으로 아래로 처지다가 끝부분은 위로 올라가며 잎과 마주나고 길이는 10~15cm이고 꼬불꼬불한 털이 있다. 열매는 9~10월경에 꽃망울에 1개씩 둥글게 달린다. 관상용으로 이용하고 꽃을 포함한 잎과 줄기, 뿌리를 약재로 사용한다.

● 삼백초_잎

관리 및 번식법   자생지에서는 습기가 많은 곳에서 자라지만 재배할 때는 마른 토양이라도 무방하다. 최근 많은 지역에서 재배가 이루어지고 있는 품종이기도 하다. 이 품종은 지하경 발달이 활발하기 때문에 다른 품종과 혼식하는 것은 바람직하지 않다. 처음 심을 때 간격을 50~70cm로 심으면 2년 후에는 간격이 떨어져 있던 부분까지 모두 새순이 올라올 정도로 지하경의 발달이 좋은 식물이다. 전문적으로 재배하고자 할 때는 이랑의 폭을 넓게 한 후 두둑의 높이는 높게 하지 않아도 되고, 물은 처음에는 1~2일 간격으로 주면 된다. 특히 재배할 때 유의할 것은 번식력은 좋지만 키 큰 잡초들과의 경쟁에서는 잎이 고사하는 경우가 많기 때문에 잡초를 제거해줘야 한다는 점이다. 10월경에 종자를 받아 바로 뿌리거나 상온이나 냉장고에 보관 후 이듬해 봄에 뿌린다. 뿌리 번식은 이른 봄 새싹이 올라올 때 뿌리를 캐 새순이 올라오는 마디를 하나씩 분리하여 심으면 된다.

● 삼백초_ 잎 변하는 모습

● 삼백초_ 종자 결실

222 삼지구엽초

Epimedium koreanum Nakai

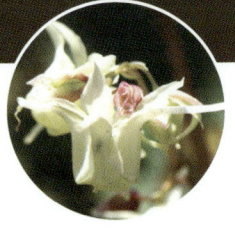

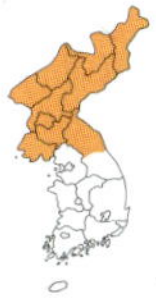

- **이　명** : 음양곽
- **과　명** : 매자나무과
- **개화기** : 4~5월

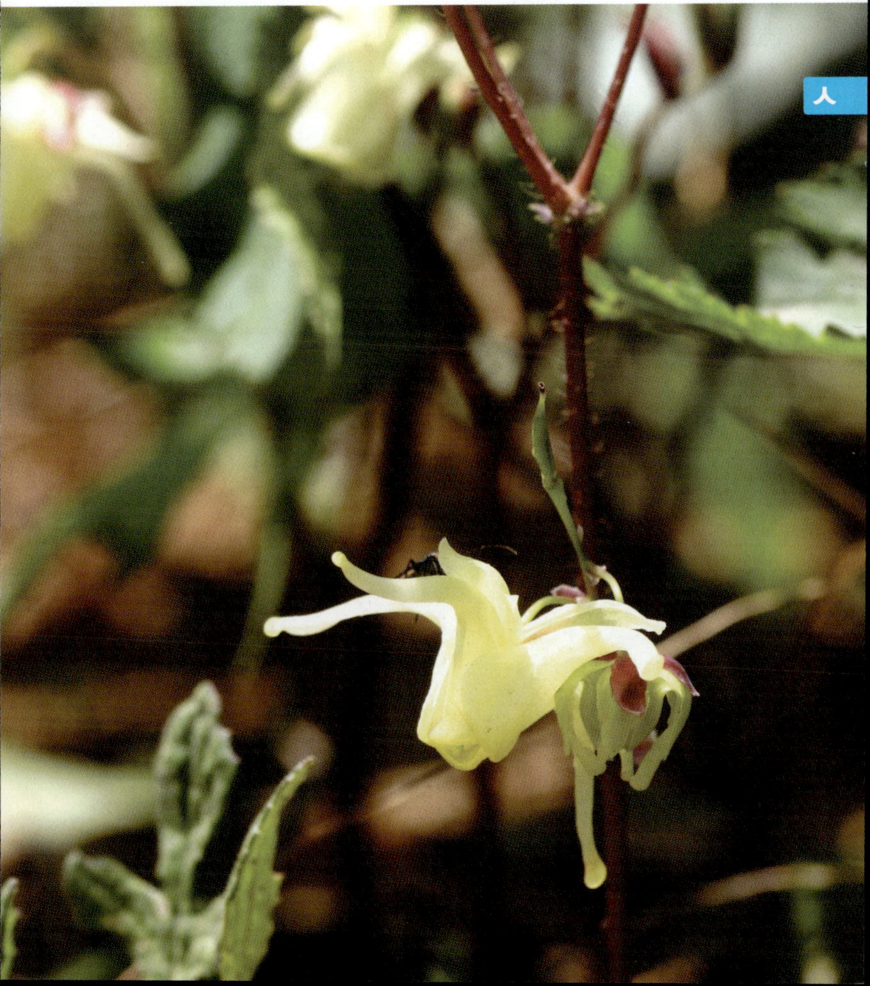

> **생육 특성**   삼지구엽초는 중북부 이북 지방에 주로 자생하는 여러해살이풀이며, 지리산 일대에서도 많지는 않지만 드문드문 개체가 발견되기도 한다. 생육환경은 비교적 온도가 낮은 고산지역을 좋아하며, 부엽질이 풍부한 토양에서 잘 자란다. 키는 약 30cm이고, 잎의 길이는 5~13.5cm, 폭은 1.5~7.2cm 정도이며, 가장자리에 잔 톱니가 규칙적으로 배열되어 있고 원줄기에 1~2개의 잎이 어긋나며 3개씩 2회 갈라진다. 꽃은 황백색으로 지름이 2cm 내외이고, 꽃자루는 길며 약간 아래를 보면서 갈라진 형태로 핀다. 열매는 8월경에 길이 1~1.3cm, 지름 0.5~0.6cm로 길고 딱딱하게 달린다. 원가지에서 가지가 3갈래로 갈라지고 그것이 다시 3갈래로 갈라져 '삼지구엽'이라 하는데, 잎이 어렸을 때는 꿩의다리와 승마 같은 종과 유사하여 혼동하는 경우가 많다. 하지만 삼지구엽초의 경우는 잎이 심장형(하트 모양)으로 생겼고 끝에 톱니와 같은 결각이 있기 때문에 쉽게 구분이 가능하다.

● 삼지구엽초_ 새순 올라오는 모습

● 삼지구엽초_ 잎 전개되기 전

관리 및 번식법 서늘한 화단에 두며 잎이 올라와 전개된 후 하루에 한 번 물을 준다. 꽃이 지고 잎만 남아 있을 경우에도 지속적으로 물을 주며, 양지쪽에 둔다. 8월에 익은 종자를 화단에 바로 뿌리거나 가을이나 이듬해 봄에 포기나누기한다.

● 삼지구엽초_ 잎

● 삼지구엽초_ 종자 결실

223 삽주

Atractylodes ovata (Thunb.) DC.

- ▶ 이 명 : 창출, 백출
- ▶ 과 명 : 국화과
- ▶ 개화기 : 7~10월

생육 특성

삽주는 우리나라 각처의 산지에서 자라는 여러해살이풀이다. 생육환경은 물 빠짐이 좋은 양지나 풀숲에서 자란다. 키는 30~100cm 정도이고, 잎의 길이는 8~11cm로 앞면은 광택이 있고 뒷면은 흰빛이 돌며 끝에 바늘 같은 작은 가시가 3~5개로 갈라져 있다. 잎자루의 길이는 3~8cm이다. 꽃은 지름이 1.5~2cm로, 흰색 또는 붉은색으로 원줄기 끝에 뭉쳐서 핀다. 열매는 9~10월에 갈색으로 익으며, 위로 향한 은백색 털이 뭉쳐 있고, 갓털의 길이는 0.8~0.9cm이다. 겨울이 지나고 봄이 와도 꽃대는 그대로 남아 있으나, 종자는 모두 날아가고 없다. 어린 잎은 식용, 뿌리는 약용으로 이용한다.

관리 및 번식법

반 그늘진 곳의 화분이나 화단이면 어디서나 가능하다. 뿌리 부분이 발달해야 하므로 물 빠짐이 좋은 곳을 선정해야 한다. 키가 작고 잎도 많이 나지 않기 때문에 물은 3~4일 간격으로 주면 된다. 익은 종자를 보관하여 이른 봄 화분에 뿌린다. 종자가 많이 달리고 발아율도 높기 때문에 몇 개체에서만 받아도 많은 양의 종자를 얻을 수 있다.

● 삽주_잎

● 삽주_종자 결실

224

삿갓나물

Paris verticillata M. Bieb.

- **이 명** : 삿갓풀, 자주삿갓나물, 자루삿갓풀
- **과 명** : 백합과
- **개화기** : 6~7월

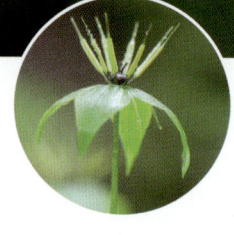

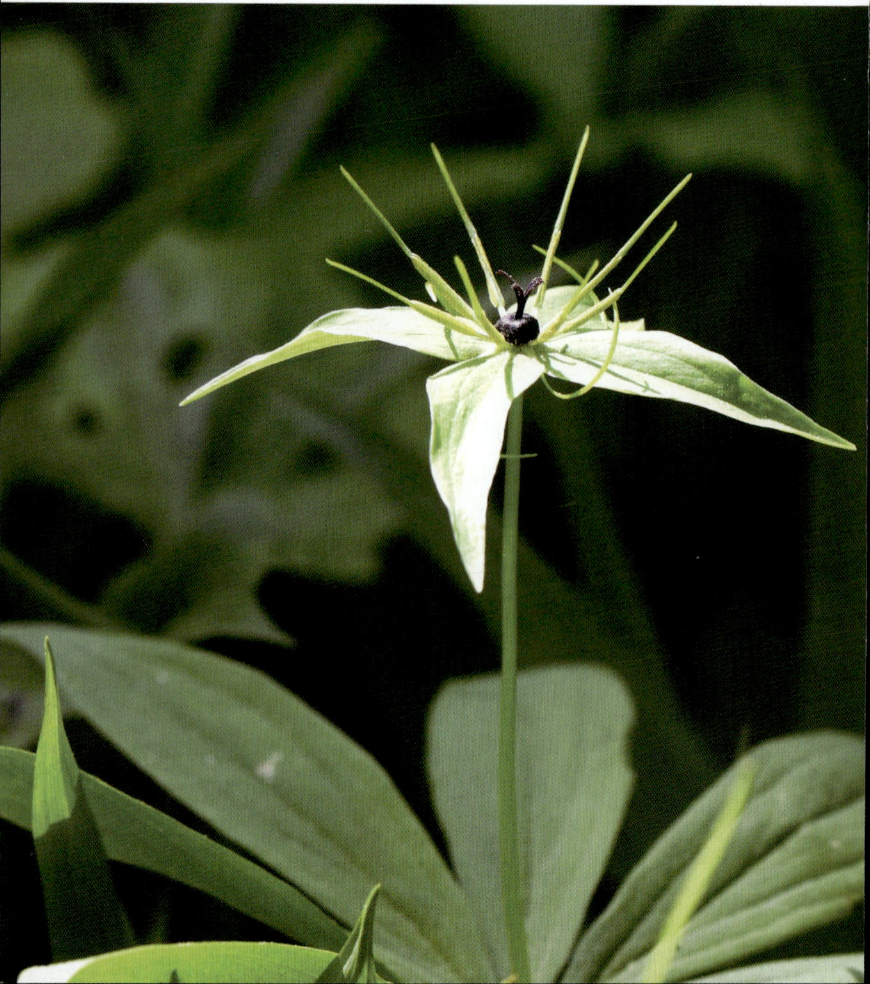

생육 특성

삿갓나물은 우리나라 전역의 산에서 자라는 여러해살이풀이다. 생육환경은 반그늘을 좋아하며 수분이 많은 토양에서 잘 자란다. 키는 30~50cm이고, 잎의 길이는 3~10cm, 폭은 1.5~4cm로 뾰족하며 좁고 긴 타원형이다. 꽃은 녹색으로 한가운데만 노란색이며, 잎 가운데에서 하나의 꽃자루가 길게 나와 한 개의 꽃이 둥글게 하늘을 향해 핀다. 수술은 8~10개로 길이는 0.5~0.7cm이고, 꽃밥의 길이는 약 0.1cm 정도이며 자방은 검은 자갈색이다. 열매는 9~10월경에 달리고 둥글며 자흑색이다. 농촌에서는 삿갓나물을 '우산나물'이라고도 부르는데, 우산나물은 식용이지만 삿갓나물은 독성이 많기 때문에 식용으로 하면 안 되는 품종이다. 우산나물과 쉽게 구분하는 방법은, 우산나물의 잎 끝은 V자 모양으로 갈라져 있지만, 삿갓나물은 원 잎에서 갈라질 뿐 한 개의 잎이 길게 나와 있다는 것이다.

관리 및 번식법

화단의 나무 아래 혹은 나무 사이에 심어 관리하며, 화분에 심어 관리할 때는 반그늘을 택하고, 물은 2~3일에 한 번씩 준다. 9월경에 익은 종자를 화단이나 화분에 바로 뿌리거나 가을이나 이른 봄에 포기나누기를 한다.

● 삿갓나물_ 꽃대 올라오는 모습

● 삿갓나물_ 종자 결실

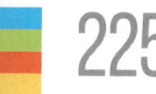

225 상사화

Lycoris squamigera Maxim.

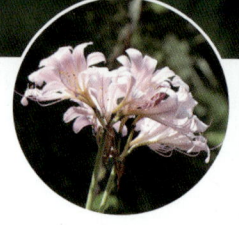

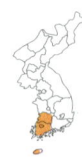

- **이 명** : 개가재무릇
- **과 명** : 수선화과
- **개화기** : 7~8월

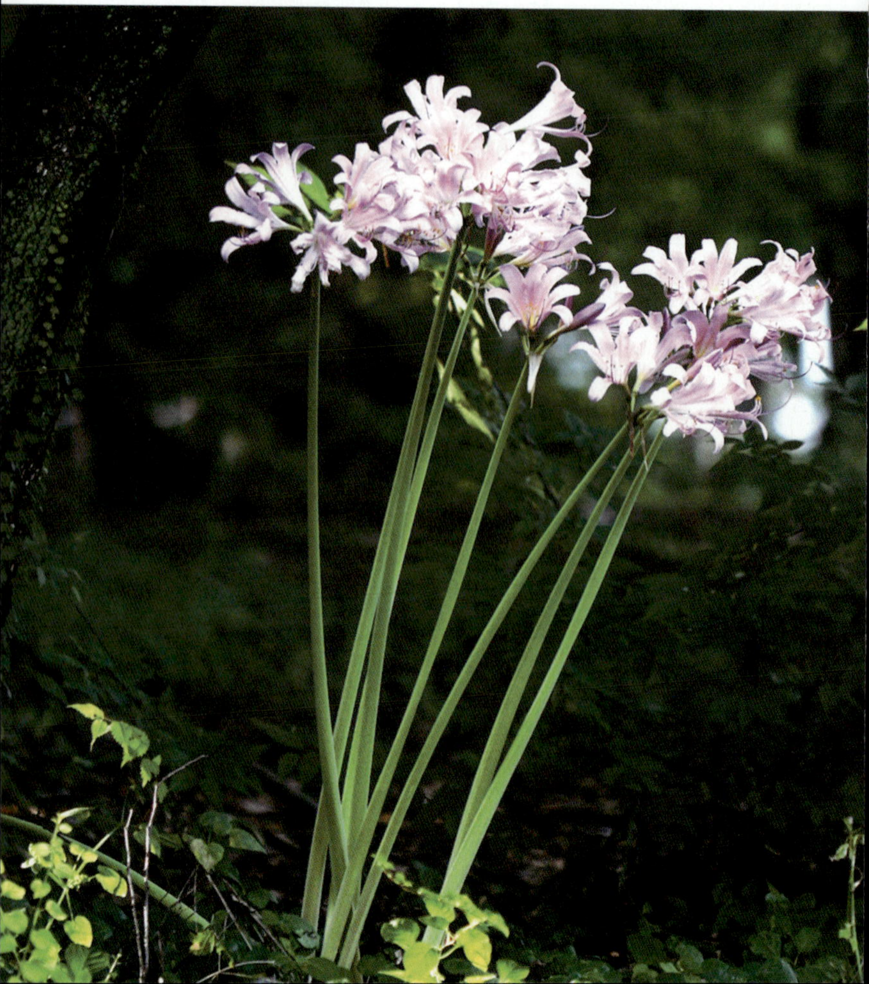

생육 특성

상사화는 제주도를 포함한 중부 이남에 분포하는 여러해살이풀이다. 생육환경은 물 빠짐이 좋고 부엽질이 많은 반그늘이나 양지에서 자란다. 키는 꽃자루의 높이가 60cm 정도까지 자라고, 잎은 2~3월경에 넓고 길게 올라오며 길이 20~30cm, 폭 18~25cm로 연한 녹색이다. 잎은 꽃대가 올라오기 전인 6~7월경에 없어진다. 꽃은 연한 홍자색으로 줄기 끝에 길이 9~10cm로 4~8개 달리고, 작은 꽃줄기는 길이가 1~2cm이다. 열매를 맺지 못하며, 관상용으로 쓰인다.

관리 및 번식법

물 빠짐만 잘 되는 곳이면 화단과 화분 어디에서나 잘 산다. 화분에 심어서 관리해도 좋다. 일본에서는 'Lycoris'라 하여 많은 종류들이 만들어져 판매되고 있는 품종이다. 물은 토양이 마를 때 준다. 종자가 결실되지 않고 알뿌리로만 번지기 때문에 알뿌리를 거꾸로 세우고 정확히 가운데를 8조각 정도 내어 모래에 심으면 된다. 꽃이 피는 여름만 피하여 번식시킨다.

● 상사화_ 잎 올라오는 모습

● 연노랑상사화_ 꽃

226 새콩

Amphicarpaea bracteata subsp. *edgeworthii* (Benth.) H. Ohashi

▶ **과　명** : 콩과
▶ **개화기** : 8~9월

생육 특성

새콩은 각처의 들에 나는 덩굴성 한해살이풀이다. 생육환경은 햇볕이 잘 들어오는 곳의 물 빠짐이 좋은 곳이면 어느 곳에서나 자란다. 키는 1~2m이고, 잎의 길이는 3~6cm, 폭은 2.5~4cm로 난형이며, 작은 잎은 3개이고 어긋난다. 꽃은 자주색이고 잎겨드랑이에서 나와 6개 정도 달리는데 잎보다 짧으며 퍼진 털이 있다. 열매는 10~11월경에 길이가 2.5~3cm, 폭은 약 0.7cm로 편평한 타원형으로 달리며 중앙의 맥을 중심으로 털이 있으며 약간 굽는다. 이것은 관상용으로 이용한다.

관리 및 번식법

햇볕이 잘 들어오는 곳에 퇴비를 넣고 물 빠짐을 좋게 한 후 심는다. 덩굴성 식물이기 때문에 나무 주변에 심는다. 11월에 받은 종자를 종이에 싸서 냉장고나 상온에 보관 후 이른 봄에 뿌린다. 종자가 딱딱하기 때문에 물에 2~3일 정도 불린 후 사용하면 발아율이 높다. 한해살이풀이기 때문에 뿌리 번식은 하지 않는다. 다른 식물과의 경합이 심하고 워낙 번식력이 좋은 품종이어서 격리되게 심는 것도 한 방법이다.

● 새콩_ 잎

● 새콩_ 꽃봉오리

227 새팥

Vigna angularis var. *nipponensis* (Ohwi) Hhwi & H. Ohashi

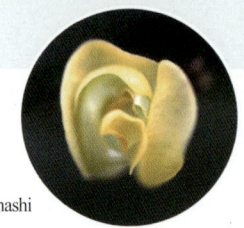

▶ **과　명** : 콩과
▶ **개화기** : 8월

생육 특성

새팥은 우리나라 각처의 낮은 산과 들에 자라는 한해살이 덩굴이다. 생육환경은 양지바른 곳이면 어디서나 자란다. 잎은 얇으며 길이는 3~7cm이고 어긋나며 잎자루는 길다. 꽃은 잎겨드랑이에서 연한 노란색으로 2~3송이 달려 핀다. 열매는 9~10월경에 달리고 흑갈색으로 길이는 3~7cm이다. 이것은 관상용으로 쓰인다.

관리 및 번식법

화단의 어느 곳에서나 잘 자란다. 10월경에 받은 종자를 보관 후 이른 봄 화단에 뿌린다. 덩굴을 길게 뻗어 올라가서 씨앗을 떨어뜨리는 품종이고 이 씨앗들의 발아율이 높아 다른 식물들에게 피해를 끼칠 수 있으므로 가능한 한 격리시켜 재배하는 것이 좋다.

● 새팥_ 덩굴손 나오는 모습

● 새팥_ 종자 결실

228 생강나무

Lindera obtusiloba Blume

- ▶ 이 명 : 아귀나무, 동백나무, 아구사리, 개동백나무
- ▶ 과 명 : 녹나무과
- ▶ 개화기 : 3월

생육 특성

생강나무는 전국의 야산에서 자라는 낙엽활엽관목이다. 키는 3~4m 내외이고, 잎의 길이는 5~15cm, 폭은 4~13cm로 어긋나며 난형 또는 난상원형이다. 꽃은 황색으로 가지를 따라 잎보다 먼저 달리고, 암수딴그루이다. 열매는 9~10월경에 지름 0.7~0.8cm로 둥글게 달리고, 녹색에서 황색 또는 홍색으로 변하며 검게 익는다. 봄에 우리나라 산의 나무에서 노랗게 꽃이 피는 종은 대부분이 생강나무라고 생각해도 좋다. 잎이 자라면 심장 모양을 하고 있다. 줄기를 따보면 식용으로 하는 생강과 같은 향이 나며, 잎과 꽃에서도 같은 향이 강하게 난다.

관리 및 번식법

물 빠짐이 좋은 돌이 많은 곳에 심는다. 화분이나 분재로 이용할 때는 봄에 잎이 많이 나오고 여름에는 잎이 크기 때문에 1~2일에 한 번씩 물을 준다. 10월경에 익은 종자를 노천 매장하여 이듬해 봄에 뿌리는 방법과 봄에 나온 가지를 이용하여 가을에 삽목하는 방법이 있다. 필자가 해본 바에 의하면 9월경에 그해 나온 새 가지를 이용하여 삽목하는 것이 묘 상태가 가장 좋았다.

● 생강나무_잎

● 생강나무_ 수꽃

● 생강나무_ 암꽃

● 생강나무_ 종자

● 생강나무_ 종자 결실

229 생열귀나무

Rosa davurica Pall.

- ▶ 이 명 : 해당화, 범의찔레, 가마귀밥나무, 붉은인가목, 좀붉은인가목, 뱀찔네, 산붉은인가목, 생열귀장미
- ▶ 과 명 : 장미과
- ▶ 개화기 : 5월

생육 특성

생열귀나무는 지리산 및 충청도 이북의 산골짜기나 산중턱에 자라는 낙엽활엽관목이다. 생육환경은 기온이 서늘하고 주변의 공중 습도가 높으며 물 빠짐이 좋은 자갈땅에서 자란다. 키는 1~1.5m 정도이고, 잎은 표면에 털이 없고 뒷면은 회녹색이고 작은 선점이 촘촘하게 있으며 가장자리에 잔톱니가 있다. 양 끝은 뾰족하고 길이는 1~3cm 정도로 마주난다. 원줄기는 적갈색이며 털이 없고 가지가 많이 갈라지며 턱잎 밑에 가시가 있다. 꽃은 새 가지 끝에 1개 또는 여러 개가 달리며 꽃잎은 5개로 넓은 도란형으로서 끝이 오므라지고 지름은 4~5cm이고 홍자색이다. 열매는 크기가 1~1.3cm가량으로 6월에 누른빛을 띤 홍색으로 익으며 둥글게 달린다.

● 생열귀나무_ 잎

● 생열귀나무_ 줄기

관리 및 번식법 굵은 가시가 줄기에 많은 품종이기 때문에 어린아이의 손이 잘 닿지 않는 곳에 심는다. 집단적으로 재배하기 위해서는 물 빠짐을 좋게 하고 주변 습도가 높은 곳을 선정하는 것이 좋다. 최근 들어 많은 연구가 되고 있는 품종이어서 묘종은 쉽게 구입이 가능하다. 삽목과 뿌리나누기, 종자로 번식한다. 먼저 삽목은 이른 봄과 가을에 신초(새해 나온 가지)의 가시를 모두 제거하고 잎을 2~3장 붙인 후 한다. 뿌리나누기는 가을에 잎이 모두 진 상태에서 뿌리에서 나오는 신초를 분리하여 심는다. 종자 번식은 6월경에 받은 종자를 모래와 같이 비벼 종피를 약하게 한 후 뿌리거나 종이에 수분기를 주어 냉장고에 보관한 후 이듬해 봄에 뿌린다.

● 생열귀나무_ 꽃봉오리

● 생열귀나무_ 열매

230 석산

Lycoris radiata (L'Her.) Herb.

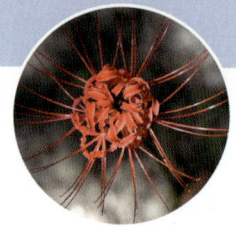

- ▶ 이 명 : 가을가재무릇, 꽃무릇
- ▶ 과 명 : 수선화과
- ▶ 개화기 : 9~10월

생육 특성

석산은 서해안과 남부지방의 사찰 근처에 주로 분포하고 가정에도 흔히 심는 여러해살이풀이다. 생육환경은 반그늘이나 양지 어디에서도 잘 자라고 물기가 많은 곳에서도 잘 자란다. 잎은 짙은 녹색으로 광택이 나고 길이는 30~40cm, 폭은 1.5cm 정도이며, 10월경 꽃이 시들면 알뿌리에서 새잎이 올라온다. 꽃은 붉은색으로 길이는 4cm, 폭은 0.5~0.6cm로 끝부분이 뒤로 약간 말리고 주름이 진다. 열매는 맺지 않는다. 관상용으로 이용되며 비늘줄기는 약용으로 쓰인다.

관리 및 번식법

물 빠짐이 좋은 화분이나 화단이면 된다. 꽃이 지고 10월에 잎이 바로 올라오기 때문에 가을과 겨울에도 3~4일에 한 번은 물을 줘야 한다. 초여름에는 토양이 마르면 물을 준다. 종자가 결실되지 않고 알뿌리로만 번지기 때문에 알뿌리를 거꾸로 세우고 정확히 가운데를 8조각 정도 내어 모래에 심으면 된다. 뿌리나누기는 꽃이 피는 여름만 피하면 된다.

● 석산_잎 올라오는 모습

● 석산_꽃대 올라오는 모습

231 석잠풀

Stachys japonica Miq.

- ▶ 이 명 : 배암배추, 뱀배추, 민석잠풀
- ▶ 과 명 : 꿀풀과
- ▶ 개화기 : 6~9월

생육 특성

석잠풀은 우리나라 전역에서 자라는 숙근성 여러해살이풀이다. 생육환경은 양지바르고 물 빠짐이 좋은 곳에서 자란다. 키는 30~60cm이고, 잎의 길이는 4~8cm, 폭은 1~2.5cm이다. 잎자루 길이는 0.5~1.5cm이고 마주나며 끝은 뾰족하다. 꽃은 연한 홍색으로 줄기와 잎 사이에 돌아가며 피고 길이는 1.2~1.5cm이다. 열매는 10월경에 달린다. 관상용으로 이용되며 꽃을 포함한 전초는 약용으로 쓰인다.

관리 및 번식법

화단의 어느 곳에서나 잘 자란다. 약재로 이용할 목적이라면 주변에 오염원이 적은 곳을 선정하여 심는다. 이른 봄 포기나누기를 하거나 보관한 종자를 화단에 뿌린다.

● 석잠풀_잎

● 석잠풀_종자 결실

232

석창포

Acoris gramineus Sol.

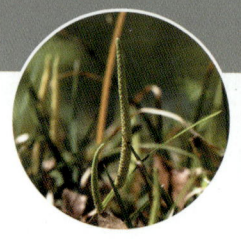

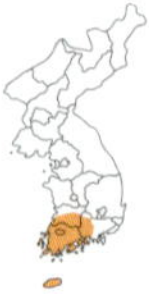

- ▶ **이 명** : 석장포, 석향포, 창포, 애기석창포, 바위석창포
- ▶ **과 명** : 천남성과
- ▶ **개화기** : 6~7월

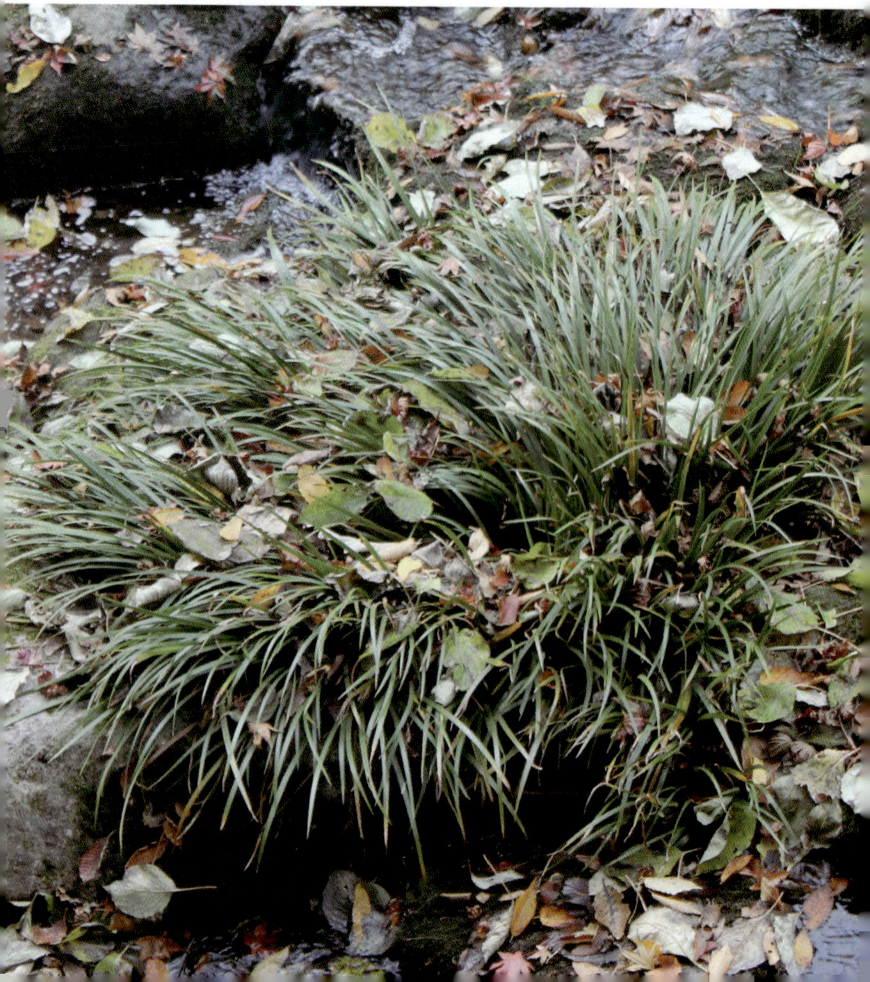

생육 특성 석창포는 남부지방의 지리산, 내장산, 진도, 제주도 등지의 냇가나 골짜기에서 나는 상록 여러해살이풀이다. 생육환경은 햇볕을 많이 받는 곳의 공중 습도가 높은 바위나 반그늘의 물이 많은 냇가에서 자란다. 키는 10~30cm이고, 잎은 선형으로 질기고 윤기가 있으며 뿌리줄기 끝에 엷은 녹색 줄이 있고, 뭉쳐난다. 뿌리는 옆으로 뻗어가며 자라고 마디가 많으며 근경 밑부분에서 수염뿌리가 난다. 지하에 묻힌 뿌리는 흰색이고 땅으로 올라온 것은 녹색이다. 꽃은 연한 황색으로 꽃줄기 길이는 잎과 비슷한 10~30cm, 폭은 약 0.5cm이다. 열매는 원형으로 8~9월에 녹색으로 맺으며 종자 밑부분에는 털이 있다. 관상용으로 이용하고 뿌리줄기는 약용으로 사용한다.

관리 및 번식법 햇볕이 잘 들어오는 경사지나 돌 틈에 심는다. 이 품종은 뿌리의 발달이 왕성하기 때문에 경사지에 심으면 장마철에 비가 많이 올 때 토양 유실을 방지할 수 있다. 잎은 항상 푸르게 있지만 개화 때 꽃이 안에 숨겨져 있어 볼 수 없으므로 꽃을 위한 관상용으로는 부적합한 품종이다. 뿌리가 활착되면 따로 물 관리를 해주지 않아도 좋다. 9월에 받은 종자를 냉장고에 1주일 이상 보관했다가 물에 2~3일 정도 불린 후 종자상에 파종한다. 종자가 딱딱하기 때문에 부드럽게 하기 위해 불린 후 뿌려주는 것이다. 종자를 이듬해 봄에 뿌리려고 저장방법을 달리하여 뿌려봤지만 발아율이 저조하였다. 뿌리 번식은 가을에 뿌리를 나누거나 이른 봄 새순이 올라올 때 나누어 심는다. 번식력이 좋은 식물이기 때문에 다른 식물과의 혼식은 어렵다.

233 선밀나물

Smilax nipponica Miq

- ▶ 이 명 : 새밀
- ▶ 과 명 : 백합과
- ▶ 개화기 : 5~6월

생육 특성

선밀나물은 우리나라 각처의 산과 들에서 자라는 여러해살이풀이다. 생육환경은 반그늘 혹은 양지에서 자란다. 키는 약 1m 정도이고, 잎의 길이는 5~15cm, 폭은 2.7~7cm로 표면은 녹색이고 뒷면은 분백색이며 넓은 타원형으로 어긋난다. 꽃은 황록색이고 밑부분의 잎겨드랑이에서 길이가 4~10cm 정도의 꽃줄기가 나온다. 수꽃은 길이가 0.4cm 정도로 옆으로 퍼지며 잎겨드랑이에 여러 개가 달리고, 암꽃은 둥근 씨방에 붙어 있다. 열매는 7~8월경에 검은색으로 익고 하얀 분으로 덮여 있으며 둥글게 달린다.

관리 및 번식법

물 빠짐이 좋고 부엽질이 많은 화단에 심는다. 물은 3~4일 간격으로 준다. 8월에 익은 종자를 받아 종이에 싸서 냉장보관 후 9~10월경에 뿌리고 이듬해 봄에 포기나누기를 한다.

● 선밀나물_ 암꽃

● 선밀나물_ 수꽃

234 설앵초

Primula modesta var. *hannasanensis* T. Yamaz.

- ▶ 이 명: 눈깨풀, 분취란화, 좀분취란화, 좀설앵초, 애기눈깨풀
- ▶ 과 명: 앵초과
- ▶ 개화기: 5~6월

생육 특성

설앵초는 전국의 깊은 산 돌 틈에서 자라는 여러해살이풀이다. 생육환경은 돌과 이끼가 있는 습기가 있는 곳에서 자란다. 키는 10~15cm이고, 주걱 모양의 잎은 길이가 약 10cm이고 뿌리에서 나오고 가장자리에는 이 모양의 톱니가 있다. 꽃은 엷은 자주색이며 긴 통꽃으로 줄기 정상부에 10개 정도 펼쳐지며 달린다. 열매는 8월경에 익으며 길이는 0.5~0.8cm로서 끝이 5개로 갈라진다.

관리 및 번식법

화단이나 화분에 심고 돌에 이끼를 붙여 함께 심는 것이 좋다. 이렇게 이끼를 붙이는 이유는 물 관리를 편하게 하고, 습도를 유지하기 위함이다. 물은 2~3일에 한 번 주고 매일 분무기로 주변에 뿌려주어야 한다. 8월경 익은 종자를 보관하였다가 이듬해 봄 화단이나 화분에 뿌린다. 뿌리는 가을에 포기를 나누어 봄에 심는 것이 좋다.

● 설앵초_ 잎

● 설앵초_ 꽃봉오리 올라오는 모습

235 | 세뿔투구꽃

Aconitum austrokoreense Koidz.

- ▶ **이 명** : 금오오돌또기, 담색바꽃, 미색바꽃, 금오돌또기
- ▶ **과 명** : 미나리아재비과
- ▶ **개화기** : 9월

생육 특성

세뿔투구꽃은 경상북도 대구와 전라남도, 지리산 숲 속에서 나는 여러해살이풀이다. 생육환경은 반그늘이 진 곳의 경사지에 물 빠짐이 좋고 부엽질이 풍부한 곳에서 자란다. 키는 60~80cm이고, 잎의 길이는 6~7cm, 폭은 5~6cm으로 삼각형 또는 오각형으로 어긋난다. 밑부분에 달린 잎은 3개로 갈라지며 양쪽으로 찢어진 것은 다시 2개씩으로 갈라지고 중앙에 있는 잎은 5개로 얕게 갈라지고 가장자리에 톱니가 있으며 위로 올라가면서 삼각형으로 되고 잎자루가 짧아지며 끝이 뾰족해진다. 줄기는 곧게 자라며 가지는 갈라지지 않는다. 꽃은 잎겨드랑이에서 줄기를 따라 올라가면서 작은 꽃줄기가 나와 하늘색으로 달리고, 작은 꽃자루에는 털이 있다. 뒤쪽의 꽃받침잎은 길이가 약 1.8cm로 앞에 부리가 있고 옆의 꽃받침잎은 둥글며 밑의 꽃받침잎은 긴 타원형이고 겉에 잔털이 있다. 열매는 10월경에 긴 타원형으로 달리고 암술머리가 뒤로 젖혀지며 겉에는 털이 있다. 우리나라 특산식물이며 최근 지리산에서도 군락지가 발견되었다. 이 품종은 투구꽃과 매우 유사하지만 잎 모양이 삼각형으로 되어 있어 이름에 '세뿔'을 붙였다.

● 세뿔투구꽃_잎

● 세뿔투구꽃_꽃봉오리

관리 및 번식법 알려진 재배법은 없다. 자생지 특성을 보면 물 빠짐이 좋고 그늘진 곳과 바람이 잘 통하는 서늘한 곳에서 살아가기 때문에 이런 환경을 만들어주면 될 것 같다. 앞으로 재배에 관해 좀 더 연구가 있어야겠다. 알려진 번식법은 따로 없다. 하지만 일반 투구꽃과 유사하게 하면 될 것 같다. 자생지에서의 종자 발아율은 높은 상태였다.

● 세뿔투구꽃(흰색)_ 꽃

● 세뿔투구꽃(흰색)_ 꽃대

236 **세잎종덩굴**

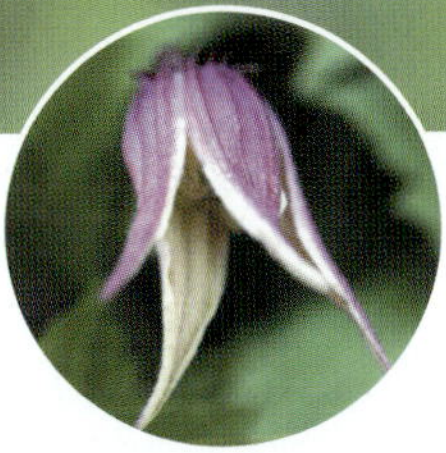

Clematis koreana Kom.

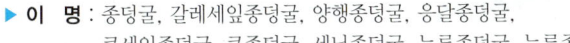

- **이 명** : 종덩굴, 갈레세잎종덩굴, 양행종덩굴, 응달종덩굴, 큰세잎종덩굴, 큰종덩굴, 세닢종덩굴, 누른종덩굴, 누른종덜굴, 왕세잎종덩굴, 음달종덩굴
- **과 명** : 미나리아재비과
- **개화기** : 5~6월

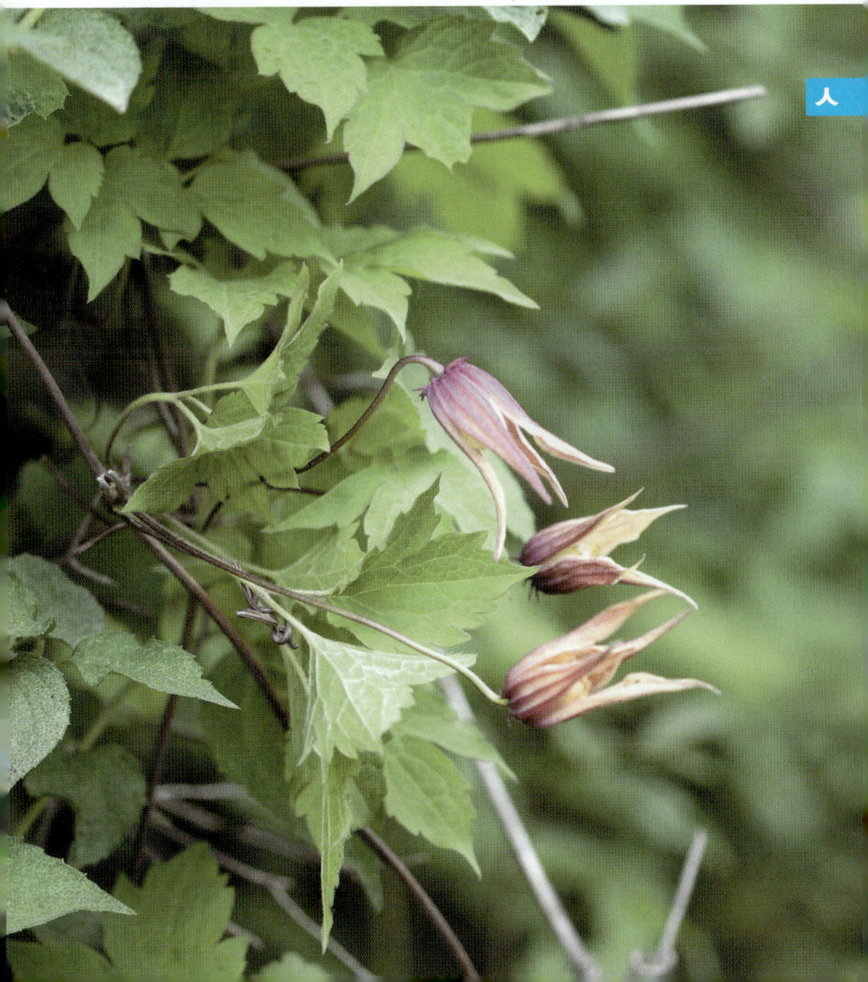

생육 특성

세잎종덩굴은 우리나라 각처의 높은 고지 숲 속에서 나는 낙엽활엽 만경목이다. 생육환경은 반그늘의 오후 햇볕을 받는 방향이 좋고, 부엽층이 두텁고 물 빠짐이 좋은 토양에서 자란다. 키는 약 1m이고, 잎의 길이는 4~8cm이고 세 갈래로 갈라진다. 가장자리에는 톱니가 있고 표면과 뒷면에는 잔털이 있으며 마주난다. 꽃은 암자색으로 종처럼 아래로 처지고 길이는 2.5~3.5cm로 꽃받침잎은 4장이며 털이 많이 나 있다. 황갈색 열매를 9월경에 맺는데, 길이 약 4.5cm의 회색 털이 있으며 종자 길이는 약 0.5cm, 폭은 약 0.3cm로 달린다. 관상용으로 쓰이고, 어린잎과 줄기는 식용으로 사용한다.

관리 및 번식법

덩굴성 식물로 고산지역에서 자라는 특성상 재배하기 쉽지 않은 품종이다. 우리나라 특산식물로 분류되어 있다. 9월경에 받은 종자를 냉장고에서 1주일 정도 보관 후 꺼내어 2~3일 정도 물에 불린 후 파종상에 뿌린다. 종자 발아율이 다른 품종에 비해 월등히 낮은 품종이다. 아직까지 삽목과 관련된 연구는 진행되어 있지 않다.

● 세잎종덩굴_ 잎

● 세잎종덩굴_ 꽃봉오리

● 세잎종덩굴_ 꽃

237 소엽맥문동

Ophiopogon japonicus (L. f.) KerGawl

- ▶ 이 명 : 겨우사리맥문동, 좁은맥문동, 긴잎맥문동
- ▶ 과 명 : 백합과
- ▶ 개화기 : 7~8월

생육 특성

소엽맥문동은 우리나라 남부지방의 산에서 자라는 여러해살이풀이다. 생육환경은 풀숲의 반그늘 혹은 양지에서 자란다. 키는 7~12cm이고, 잎은 밑부분에서 뭉쳐서 나고 선형이며 길이는 10~30cm, 폭은 0.2~0.4cm로 끝이 둔하다. 꽃은 연한 자주색 또는 흰색이고 10개 정도의 꽃이 달리고, 작은 꽃줄기는 길이가 1~3cm이다. 열매는 짙은 하늘색이며 9~10월경에 둥글게 달린다. 관상용으로 쓰인다.

관리 및 번식법

실화분이나 화단에 키우면 좋다. 반그늘이 가장 좋으며 물 빠짐이 좋은 곳에 심는다. 물은 2~3일 간격으로 준다. 가을이나 이른 봄에 포기나누기를 하거나 10월에 얻은 종자를 보관 후 이른 봄에 뿌린다.

238 속단

Phlomis umbrosa Turcz.

- ▶ 이 명 : 묏속단, 멧속단, 두메속단
- ▶ 과 명 : 꿀풀과
- ▶ 개화기 : 7월

생육 특성

속단은 우리나라 각처의 산에서 자라는 여러해살이풀이다. 생육환경은 습기가 많은 반그늘의 토양이 비옥한 곳에서 자란다. 키는 약 1m 정도이고, 잎은 길이가 약 13cm, 폭이 약 10cm 정도이고 달걀 모양이며 마주난다. 또한 잎 가장자리에는 둔하고 규칙적인 톱니가 있으면서 뒷면에 잔털이 있다. 꽃은 입술 모양으로, 붉은색 빛이 돌고 원줄기 윗부분에서 마주나며 길이는 1.8cm 정도이다. 꽃의 윗입술 부분은 모자 모양으로 겉에 우단과 같은 털이 빽빽하게 있고 아랫입술 부분은 3개로 갈라져서 퍼지고 겉에 털이 있다. 열매는 달걀 모양으로 9~10월경에 꽃받침에 싸여 익는다. 어린잎은 식용, 뿌리는 약용으로 이용한다.

관리 및 번식법

반 그늘지고 바람이 잘 통하는 화단에 심는다. 10월에 얻은 종자를 바로 뿌리거나 종이에 싸서 냉장보관 후 이듬해 봄에 뿌리고, 이른 봄이나 가을에 포기나누기를 한다.

● 속단_잎

● 속단_ 줄기

● 속단_ 꽃봉오리

● 속단(흰색)_ 꽃(정면)

● 속단(흰색)_ 꽃(측면)

239 솔나리

Lilium cernuum Kom.

- ▶ **이 명** : 흰솔나리, 솔잎나리, 검솔잎나리
- ▶ **과 명** : 백합과
- ▶ **개화기** : 7~8월

> **생육 특성**

솔나리는 중북부 이북에서 자라는 다년생 구근이다. 생육환경은 양지 혹은 반그늘의 물 빠짐이 좋은 곳에서 자란다. 키는 70cm 정도이고, 잎의 길이는 10~15cm, 폭은 좁은 편으로 0.1~0.5cm이고, 소나무 잎처럼 뾰족하게 달리며 올라간다. 꽃은 짙은 홍자색이고 안쪽에는 자주색 반점이 있으며, 길이는 2.5~4.2cm, 폭이 0.8cm로 원줄기 끝과 가지 끝에 1~4개가 밑을 향해 달린다. 암술은 수술보다 길이가 길어 밖으로 나와 있다. 열매는 9~10월에 익고 편평하며 갈색이다. 관상용으로 쓰이며 비늘줄기는 식용으로 이용한다.

> **관리 및 번식법**

서늘한 곳에서 자라는 품종이어서 관리가 더욱 필요하다. 낮은 지대의 양지에 심으면 여름에 잎이 타는 현상이 생기고 꽃 색이 빨리 탈색되므로 반그늘인 화단에 심어야 한다. 물은 봄에는 2~3일, 여름에는 1~2일 간격으로 준다. 가을이나 봄에 인편을 이용하여 번식시키며, 여름에는 뿌리가 꽃과 줄기로 영양분을 보내기 때문에 줄어들어 있어 번식용으로 이용하기에는 좋지 않다. 또는 9~10월에 달리는 종자를 바로 뿌리거나 이듬해 봄 화단에 뿌린다.

• 솔나리_ 잎

• 솔나리_ 꽃 말린 모습

240 솔나물

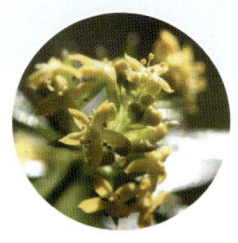

Galium verum var. *asiaticum* Nakai

- **이　명** : 큰솔나물
- **과　명** : 꼭두서니과
- **개화기** : 6~8월

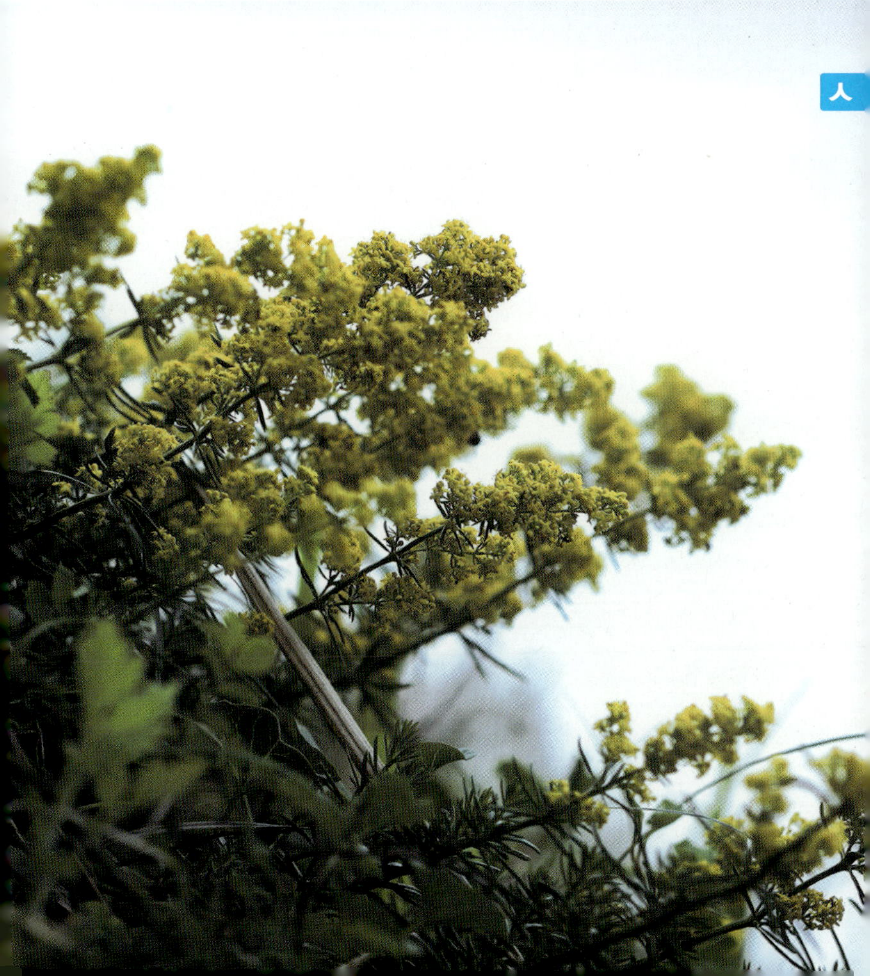

생육 특성

솔나물은 전국의 산과 들에서 자라는 숙근성 여러해살이풀이다. 생육환경은 햇볕을 많이 받고 토양의 비옥도가 높아야 한다. 키는 70~100cm 정도이고, 잎의 길이는 2~3cm, 폭은 0.15~0.3cm로 길고 뾰족하며 줄기를 중심으로 돌아가면서 달린다. 꽃은 황색으로 작은 꽃 하나의 지름이 0.25cm 정도로 작으며 많은 수의 꽃들이 뭉쳐서 핀다. 열매는 9~10월경에 익으며 타원형이다. 관상용으로 쓰이며 꽃을 포함한 모든 전초는 약용으로 사용한다.

관리 및 번식법

토양이 비옥한 화단에서는 잘 번식한다. 양지바른 곳을 택하여 심되 5~6월경 잎이 무성해질 때에는 물을 2~3일에 한 번 준다. 9~10월경 종자를 받아 바로 화분이나 화단에 뿌리는 것이 발아율이 가장 높다. 냉장보관하거나 일반적으로 저장한 후 뿌렸을 경우 발아율이 현저히 떨어진다. 또한 이른 봄 새싹이 올라올 때 포기나누기를 한다.

● 솔나물_ 잎

● 솔나물_ 개화 직전

241 솔체꽃

Scabiosa tschiliensis Gruning

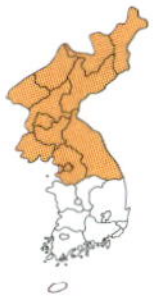

- ▶ 이 명 : 체꽃
- ▶ 과 명 : 산토끼꽃과
- ▶ 개화기 : 8~9월

> **생육 특성**   솔체꽃은 중북부 이북의 깊은 산에 자라는 두해살이풀이다. 생육환경은 습기가 많은 반그늘과 산기슭의 경사지 혹은 풀숲에서 자란다. 키는 50~90cm이고, 잎은 중앙에 있는 것은 길이가 9cm, 폭은 3cm이고, 뿌리에서 나온 잎은 꽃이 필 때 없어진다. 꽃은 하늘색으로 가지와 줄기 끝에 뭉쳐 달린다. 열매는 10~11월경에 달리고 꽃자루에 붙어 있으며 갈색으로 변하고 바람이 불면 바로 떨어진다.

> **관리 및 번식법**   반그늘이 진 화단에 심는다. 토양의 비옥도는 높아야 한다. 잎이 많지 않아 물 관리는 어렵지 않다. 집 안에서 키워도 좋다. 11월에 얻은 종자를 종이에 싸서 냉장보관 후 이듬해 봄 화분이나 화단에 뿌린다.

● 솔체꽃_ 꽃봉오리

● 솔체꽃_ 꽃 피어나는 과정

● 솔체꽃_ 종자 결실

● 솔체꽃(흰색)_ 꽃봉오리

● 솔체꽃(흰색)_ 꽃

● 솔체꽃(흰색)_ 지상부

242 솜나물

Leibnitzia anandria (L.) Tcurcz.

▶ **과 명** : 국화과
▶ **개화기** : 4~5월

생육 특성

솜나물은 우리나라 각처의 산과 들에서 자라는 여러해살이풀이다. 생육환경은 토양 비옥도에 상관없이 양지바른 곳에서 자란다. 키는 10~20cm이고, 잎은 길이가 5~15cm 정도이다. 표면은 빛이 많이 나며 짙은 녹색이고, 뒷면은 작은 섬모들이 나 있다. 이른 봄 잎이 올라올 때는 가는 섬모들로 둘러싸여 있으며 따뜻해지면 서서히 섬모가 없어지는 모양이다. 꽃은 흰색으로 가지 윗부분에서 피며 뒷면은 홍자색이다. 열매는 7~9월경에 달리고, 종자는 갈색이다.

관리 및 번식법

양지에서 자라는 식물이기 때문에 햇볕을 많이 받는 화단에 심으며, 물은 1~2일에 한 번씩 준다. 9월경 익은 종자를 화단에 뿌리거나 가을에 포기나누기한다. 늦가을에는 잎과 함께 종자 결실된 개체들만 보인다. 이는 여름을 지나면서 생기는 현상인데 고온에 꽃을 피우지 못하고 종자만 결실하는 것으로 생각된다.

● 솜나물_ 잎

● 솜나물_ 종자 결실

243 솜방망이

Tephroseris kirilowii (Turcz. ex DC.) Holub

- ▶ 이 명 : 들솜쟁이, 구설초, 산방망이, 소곰쟁이
- ▶ 과 명 : 국화과
- ▶ 개화기 : 5~6월

생육 특성

솜방망이는 전국의 들에서 자라는 여러해살이풀이다. 생육환경은 비교적 척박한 토양에서도 잘 자라지만 부엽질이 많은 양지바른 곳에서 군락을 이룬다. 키는 20~60cm 정도로 큰 편이며, 긴 타원형 잎은 여러 겹으로 길이는 5~10cm, 폭은 1.5~2.5cm이며 개화기까지 남아 있다. 잎의 양면이 많은 솜털로 덮여 있기 때문에 '솜방망이'라고 한다. 꽃은 노란색으로 지름이 3~4cm 정도로 줄기 끝에 3~9개 정도가 달린다. 열매는 7~8월경에 맺으며 길이는 0.25cm 정도로 원통형이며 털이 촘촘히 있다. 이른 봄 잎이 올라올 때는 잎 전체가 잔털로 덮여 있지만 자라면서 잔털은 많이 없어진다. 주로 무덤가 근처와 같이 햇볕이 잘 드는 곳에서 집단적으로 핀다.

관리 및 번식법

반그늘 혹은 음지에 두면 키가 너무 커서 줄기가 휘어져버리기 때문에 양지쪽 화단에 심어야 하며 물은 1~2일에 한 번씩 준다. 7~8월에 익은 종자를 화단에 바로 뿌리면 종자 발아율은 상당히 높다. 또한 이른 봄에 뿌리를 여러 개로 나누고 화단에 옮겨심기한다.

● 솜방망이_ 잎

● 솜방망이_ 종자 결실

244 송이풀

Pedicularis resupinata L.

- ▶ 이 명 : 수송이풀, 마주송이풀, 명천송이풀, 가지송이풀, 이삭송이풀, 그늘송이풀, 도시락나물, 마주잎송이풀, 잔털송이풀, 칠보송이풀, 털송이풀
- ▶ 과 명 : 현삼과
- ▶ 개화기 : 8~9월

생육 특성

송이풀은 우리나라 전역의 산에 자생하는 여러해살이풀이다. 생육환경은 토양이 비옥하고 물 빠짐이 좋은 반그늘에서 자란다. 키는 30~60cm이고, 잎의 길이는 4~9cm, 폭은 1~2cm로 좁은 난형이고 끝이 뾰족하다. 끝에는 규칙적으로 톱니처럼 들어간 것이 이중으로 있다. 꽃은 홍자색으로 둥글게 올라가며 잎 사이에서 올라오는 듯 보인다. 꽃받침은 길이가 0.5~1cm이고, 앞쪽이 깊게 갈라지고 뒷면은 끝이 둥글며 2~3개의 둔한 톱니와 짧은 털이 있다. 열매는 10월경에 달리고 길이는 0.7~1cm로 달걀 모양이며 뾰족하다. 어린잎은 식용으로 사용한다.

관리 및 번식법

키가 크지 않기 때문에 실내에서 키워도 좋다. 빛이 많이 들어오는 곳은 가급적 피하고 물은 2~3일 간격으로 준다. 종자를 종이에 싸서 냉장보관하여 이른 봄 화분에 뿌리거나 봄에 새싹이 올라오면 포기나누기를 한다.

● 송이풀_ 잎

● 송이풀_ 종자 결실

245 송장풀

Leonurus macranthus Maxim.

▶ 이 명 : 개속단, 개방앳잎, 산익모초
▶ 과 명 : 꿀풀과
▶ 개화기 : 8월

생육 특성

송장풀은 우리나라 각처의 산지에서 나는 여러해살이풀이다. 생육환경은 바위가 많고 햇볕을 많이 받는 곳이나 반그늘이 지며 토양에 부엽질이 많은 곳에서 자란다. 키는 약 1m이고, 잎의 길이는 6~10cm, 폭은 3~6cm로 좁은 난형이고 가장자리에 둔한 톱니가 있다. 표면은 녹색으로 복모가 있고 뒷면은 회녹색이고 표면보다 털이 더 많으며 마주난다. 줄기는 녹색 또는 자주색이 도는 둔한 사각형이고 줄기 반대쪽으로 거세게 난 털이 많다. 꽃은 연한 홍색으로 잎겨드랑이에서 5~6개가 길이 2.5~3.2cm로 달린다. 꽃부리는 2개로 갈라지며 길이는 2~2.8cm로 윗부분과 아랫부분이 갈라지고 윗부분 뒷면에는 흰색 털이 있다. 열매는 10~11월경에 달리며 길이는 약 2.5cm로, 검은색으로 익는다. 관상용으로 쓰이며 잎과 줄기의 모든 부분을 약용으로 사용한다.

관리 및 번식법

물 빠짐이 좋고 햇볕이 많이 들어오는 곳에 심는다. 화분에 심으면 키가 너무 크기 때문에 관상가치가 없으며, 화단에 심을 때는 부엽질이 많은 퇴비를 많이 넣는다. 심는 곳은 깊게 파서 잔돌을 많이 넣어 물 빠짐이 좋게 해주어야 한다. 송장풀은 키가 큰 품종이므로 가운데나 뒤쪽에 집단적으로 심는다. 11월경에 받은 종자를 바로 뿌리거나 종이에 싸서 냉장고에 보관 후 이듬해 봄에 뿌린다. 종자 발아율은 높은 편이고 뿌리 번식은 이른 봄 새순이 올라올 때 분리하여 심는다.

● 송장풀_꽃봉오리

246 쇠뜨기

Equisetum arvense L.

- ▶ **이 명** : 뱀밥, 즌슬, 필두채
- ▶ **과 명** : 속새과
- ▶ **개화기** : 4~10월

생육 특성

쇠뜨기는 전국의 산과 들에서 자라는 여러해살이풀이다. 생육 환경은 햇살이 잘 들어오는 곳이나 양지바른 곳에서 자란다. 키는 30~40cm이고, 이른 봄에 생식경이 나와 줄기 끝에 마치 아파트와 같은 모양으로 포자낭수를 형성한다. 영양경은 속이 비어 있고 비스듬히 자라다가 지상에서 곧게 서며 세로로 모가 나 있다.

관리 및 번식법

양지바른 곳이면 좋다. 이른 봄에는 생식경만 나 있다가 바로 영양경으로 변하면서 녹색을 띠는 모습은 이 품종이 어떻게 변화하는지를 보여주는 단면이어서 교육용으로 적합하다. 봄이나 여름에 땅속으로 길게 뻗어 있는 지하경을 이용하여 번식시킨다. 하지만 워낙 좁은 공간에서도 잘 번식하는 품종이고 다른 식물과의 경합도 심해 가능하면 상자와 같은 한정된 공간에서 번식시킨다.

● 쇠뜨기_ 생식경

● 쇠뜨기_ 영양번식 상태

247 쇠비름

Portulaca oleracea L.

- ▶ 이 명 : 돼지풀
- ▶ 과 명 : 쇠비름과
- ▶ 개화기 : 6~9월

생육 특성

쇠비름은 전국의 낮은 산과 들에서 자라는 한해살이풀이다. 생육환경은 양지 혹은 반그늘의 언덕이나 편평한 곳에서 자란다. 키는 약 30cm이고, 잎의 길이는 1.5~2.5cm, 폭은 0.5~1.5cm로 긴 타원형이고 끝이 둥글며 마주나거나 어긋난다. 꽃은 황색으로 줄기나 가지 끝에 3~5개씩 모여서 6월부터 가을까지 계속 핀다. 열매는 타원형이고, 종자는 검은빛이 도는 원형이며 긴 대에 많은 종자가 들어 있다. 이 품종은 최근 모 기업에서 식물성 천연 '오메가 3'를 추출하여 산업화하기도 했다. 중국에서는 '마치현'이라 하며 살균력이 우수하여 국내 대기업에서 많은 양을 수출하기도 한다. 이렇듯 주변에 흔히 있으면서 우수한 효과를 가진 품종들이 최근 많이 연구 개발되고 있다.

관리 및 번식법

어느 곳에서나 잘 자란다. 논과 밭 주변에서 잡초로 자라 많이 알려진 품종이다. 잎이 있는 시기면 언제라도 줄기를 이용한 삽목이 가능하고, 9월에 받은 종자를 이듬해 봄 화단에 뿌린다.

● 쇠비름_ 잎

● 쇠비름_ 꽃봉오리

248 수까치깨

Corchoropsis tomentosa (Thunb.) Makino

- ▶ 이 명 : 푸른까치깨, 참까치깨, 민까치깨, 암까치깨
- ▶ 과 명 : 벽오동과
- ▶ 개화기 : 8~9월

생육 특성 수까치깨는 경기도 이남의 산과 들에 나는 한해살이풀이다. 생육 환경은 반그늘에서 자란다. 키는 약 60cm이고 잎의 길이는 4~8cm, 폭은 2~4.5cm로 난형이고, 가장자리에 둔한 톱니가 있다. 꽃은 황색이고 지름이 1~1.5cm로 잎겨드랑이에 한 송이씩 달리며, 작은 꽃줄기는 길이가 1.5~3cm이다. 열매는 10~11월경에 길이가 3~4cm, 지름이 0.3cm인 난형으로 달린다. 이것은 관상용으로 쓰인다.

관리 및 번식법 어느 곳에서나 잘 자란다. 이 시기에 피는 다른 꽃과는 모양이 많이 다르게 피는 품종이며, 키가 커 화단의 중간이나 뒷부분에 심는다. 11월에 받은 종자를 보관 후 이듬해 봄에 뿌린다. 모본이 자란 부근을 이른 봄 호미와 같은 작은 농기구를 이용하여 땅을 부드럽게 하고 한 번 뒤집어 놓으면 종자가 땅속으로 들어가 발아율이 더 높아진다.

● 수까치깨_ 종자 결실

249 수리취

Synurus deltoides (Aiton) Nakai

- ▶ **이 명** : 개취, 조선수리취, 다후리아수리취
- ▶ **과 명** : 국화과
- ▶ **개화기** : 9~10월

생육 특성

수리취는 우리나라 전역의 높은 산에서 자라는 여러해살이풀이다. 생육환경은 양지 혹은 반그늘의 물 빠짐이 좋고 토양 비옥도가 높은 곳에서 자란다. 키는 40~100cm이고, 잎의 길이는 10~20cm로 표면에 꼬불꼬불한 털이 있으며 뒷면에는 흰색 털이 촘촘히 있다. 끝에는 톱니가 있으며 긴 타원형이고 끝이 뾰족하다. 꽃은 갈자색 또는 흑록색이며 길이는 3cm 정도, 지름은 4.5~5.5cm로 밖에는 거미줄과 같은 흰색 선이 감싸고 있다. 열매는 11월경에 갈색으로 달리고 1.8cm 정도 되는 갓털이 있다.

관리 및 번식법

유기질 함량이 높은 화단에 심는다. 빛이 강하면 잎 끝이 타는 현상이 보이기 때문에 반그늘을 선택하는 것이 좋다. 11월에 받은 종자는 종이에 싸서 냉장보관한 후 이듬해 봄 화단에 뿌리거나 이듬해 봄 새싹이 올라올 때 포기를 나눈다. 익은 종자를 늦게 받으면 씨방 안에 있는 애벌레가 종자를 모두 먹어버리므로 익으면 빨리 받아야 한다.

● 수리취_ 꽃봉오리

● 수리취_ 종자 결실

250 수염가래꽃

Lobelia chinensis Lour.

- ▶ 이 명 : 수염가래
- ▶ 과 명 : 초롱꽃과
- ▶ 개화기 : 5~8월

생육 특성

수염가래꽃은 우리나라 전역의 들에서 자라는 여러해살이풀이다. 생육환경은 토양에 관계없이 볕이 잘 드는 곳에 자란다. 키는 3~15cm이고, 잎의 길이는 1~2cm, 폭이 0.2~0.4cm이며 2줄로 배열되며 잎자루가 없고 뾰족하거나 좁은 타원형이다. 꽃은 연한 자줏빛이 돌고 길이는 1.5~3cm이며, 꽃이 필 때는 서 있지만 꽃이 지면 아래로 처지고 한 가지에 1~2개씩 핀다. 꽃받침은 끝이 5개로 갈라지고 꽃부리 길이는 약 1cm이며 5갈래로 갈라진다. 열매는 7~9월경에 달리고 길이는 0.5~0.7cm이며, 종자는 적갈색이며 작다. 관상용으로 쓰이며 전초는 약용으로 이용한다.

관리 및 번식법

화단과 화분에 심으며 어느 곳에서나 잘 자란다. 실내에서 키울 때는 공기가 잘 통하고 빛이 많이 들어오는 곳이 좋다. 온도가 적당하면 늦가을까지 계속 꽃이 핀다. 물은 2~3일 간격으로 준다. 종자를 받으면 바로 화분이나 화단에 뿌리는 것이 좋다. 이유는 꽃이 피는 시기가 길어 종자가 열릴 때마다 받아야 하기 때문이다. 포기나누기는 가을과 이른 봄에 한다.

● 수염가래꽃_ 시든 모습

● 수염가래꽃_ 종자 결실

251 수정난풀

Monotropa uniflora L.

- ▶ 이 명 : 수정란풀, 석장초, 수정란, 수정초
- ▶ 과 명 : 노루발과
- ▶ 개화기 : 7월

생육 특성

수정난풀은 전국의 산속에서 자라는 다년초이며 부생식물이다. 생육환경은 토양에 부엽질이 풍부한 반그늘 혹은 음지에서 자란다. 키는 10~20cm이고, 잎은 비늘과 같은 것이 퇴화되어 긴 줄기를 이루고 있다. 꽃의 길이는 1.5~2.5cm, 폭이 1.4~1.8cm로 종 모양이며 흰색이다. 긴 줄기를 따라 끝에 한 개씩 아래를 향해 달리고, 꽃받침잎은 1~3개, 꽃잎은 3~5개이다. 열매는 8~9월에 익으며 둥근 모양으로 길이가 2.5cm, 폭은 2cm가량이며, 종자는 타원형으로 길이는 약 0.1cm 정도로 아주 작다. 전초는 약용으로 사용한다.

관리 및 번식법

재배는 불가능하다. 햇빛을 받으면 윗부분이 타는 현상이 발생하고 기생할 수 있는 식물이 항상 있어야 하기 때문이다. 늦가을에 포기나누기를 해야 한다. 새순이 올라오면 이미 옮기는 시기가 늦기 때문이다. 받은 종자는 이듬해 봄에 뿌린다. 발아율은 높지 않지만 한번 발아한 개체는 그해에 작게라도 싹을 보인다.

• 수정난풀_ 새순 올라오는 모습

• 수정난풀_ 종자 결실

252 순비기나무

Vitex rotundifolia L. f.

- ▶ 이 명 : 만형자, 풍나무, 만형자나무, 만형
- ▶ 과 명 : 마편초과
- ▶ 개화기 : 7~9월

생육 특성

순비기나무는 우리나라 중부 이남의 바닷가 모래땅에서 나는 낙엽활엽관목이다. 생육환경은 바닷가의 모래땅이나 잔돌이 많으며 햇볕이 잘 드는 곳에서 자란다. 잎의 길이는 2~5cm, 폭은 1.5~3cm로 난형이며 두껍고 표면에는 잔털이 많이 있으며 회색빛이 돌고 뒷면은 은백색으로 마주난다. 줄기는 비스듬히 지면을 향해 자라고 전체에 회백색의 잔털이 있다. 꽃은 가지 끝에 달리며 길이 4~7cm의 꽃줄기에 벽자색의 꽃들이 많이 달린다. 꽃받침잎은 술잔 모양이고 암술머리는 연한 자주색으로 2개로 갈라진다. 열매는 9~10월경에 흑자색으로 달리며 지름은 약 0.6cm이다. 관상용으로 쓰이며 열매는 약용으로 이용한다.

관리 및 번식법

작은 돌이 많이 있는 곳에 심거나 물 빠짐이 좋고 햇볕을 많이 받는 곳에 심는다. 가지가 옆으로 뻗어나가는 특성이 있기 때문에 나무 사이의 간격을 최소한 1m 이상은 유지해야 한다. 물은 2~3일 간격으로 준다. 10월경에 받은 종자를 이용하거나 삽목을 하기도 한다. 종자가 딱딱해서 마쇄를 하거나 물에 5~6일 정도 충분히 불린 후 뿌리면 발아율이 높다. 삽목할 때는 모래에 지난해의 가지를 이용하며 습도와 온도를 맞추어주는 것이 뿌리 발육의 중요한 요소다.

● 순비기나무_ 꽃봉오리

● 순비기나무_ 종자 결실

253 술패랭이꽃

Dianthus longicalyx Miq.

- ▶ 이 명 : 수패랭이꽃
- ▶ 과 명 : 석죽과
- ▶ 개화기 : 6~8월

생육 특성

술패랭이꽃은 중부 이북의 고산에서 자생하는 여러해살이풀이다. 생육환경은 서늘하며 습기가 많지 않은 반그늘에서 잘 자란다. 키는 30~60cm이고, 잎의 길이는 4~10cm, 폭은 0.2~1cm로 뾰족하며 끝이 좁고 가장자리가 밋밋하다. 꽃은 연한 홍색으로 가지와 원줄기 끝에 꽃줄기가 길게 올라와 달리고 아래로 계속 내려오며 달린다. 꽃잎 끝은 5갈래로 깊게 갈라지며 꽃잎 안쪽은 가는 털이 나 있다. 열매는 9~10월경에 원주형으로 달리고 끝은 4개로 갈라지며 안에는 편평하고 검은 종자가 많이 들어 있다. 꽃이 활짝 개화할 때 바람 부는 방향에 있으면 은은한 향이 전해온다.

관리 및 번식법

햇볕이 많이 들어오는 곳에 화분을 두거나 화단을 조성하고 토양습도를 높지 않게 하여 심는다. 물을 많이 주면 토양과 접한 줄기가 상해 시들어 버리는 경향이 있으니 물 관리에 주의해야 한다. 이른 봄 줄기를 삽목하거나 9~10월에 익은 종자를 바로 화분이나 화단에 뿌린다. 종자 발아는 잘 되는 편이지만 습도가 높으면 어린 싹의 줄기가 부러지는 증상과 더불어 뿌리가 검게 변해 고사한다. 따라서 본 잎이 전개되고 약 7일이 지나면 옮겨 심어야 한다.

● 술패랭이꽃_ 흰꽃

● 술패랭이꽃_ 종자 결실

254 숫잔대

Lobelia sessilifolia Lamb.

- ▶ 이 명 : 진들도라지, 잔대아재비, 습잔대
- ▶ 과 명 : 초롱꽃과
- ▶ 개화기 : 7~8월

생육 특성

숫잔대는 남부 도서지방과 제주도를 제외한 전국에서 자라는 여러해살이풀이다. 생육환경은 주변 습도가 높거나 소형 늪지대와 같이 물기가 많은 곳에서 자란다. 키는 50~100cm로 곧게 자라고, 잎의 길이는 4~7cm, 폭은 0.5~1.5cm로 많이 붙어 있으며, 중앙부는 잎자루가 없고 끝이 좁아진다. 꽃은 벽자색으로 원줄기 끝에 한 개가 뭉쳐서 달리며, 윗부분에서 암술이 아래를 향해 있고 꽃잎 끝에는 작은 섬모들이 나 있다. 작은 꽃자루의 길이는 0.5~1.2cm이다. 열매는 9~10월경에 긴 타원형으로 달리며 길이는 0.8~1cm이고, 종자는 편평하고 길이는 약 0.2cm 정도로 매끄럽다. 관상용으로 쓰이며 뿌리를 포함한 전초는 약용으로 사용한다.

관리 및 번식법

물기가 많은 화단에 심는다. 연못이나 다른 식물이 잘 살지 못하는 습지 같은 곳을 이용한다. 9~10월에 받은 종자를 바로 화분이나 화단에 뿌리는 것이 좋다. 이른 봄 새순이 올라올 때 포기나누기를 한다. 완숙된 종자는 검고 윤기가 많이 나며 발아율은 매우 높다. 대량으로 번식시키고자 할 때는 포기나누기보다 종자를 이용하는 것이 좋다.

● 숫잔대_ 새순 올라오는 모습

● 숫잔대_ 꽃 피기 전

● 숫잔대_ 꽃(정면)

● 숫잔대_ 종자 결실

● 흰숫잔대_ 꽃(정면)

● 흰숫잔대_ 꽃(측면)

255 쉽싸리

Lycopus lucidus Turcz. ex Benth.

- ▶ 이 명 : 택란, 개조박이, 털쉽사리, 쉽사리
- ▶ 과 명 : 꿀풀과
- ▶ 개화기 : 7~8월

생육 특성

쉽싸리는 우리나라 각처의 산에서 자라는 여러해살이풀이다. 생육환경은 낙엽수가 있는 반그늘이나 양지쪽에서 자란다. 키는 1m 정도로 자라는 비교적 큰 식물이고, 잎의 길이는 2~4cm, 폭은 1~2cm이고, 잎자루가 없이 옆으로 퍼진다. 꽃은 흰색이며, 암꽃과 수꽃이 따로 피는 자웅이주이다. 열매는 9~10월경에 달리고 사각형이다. 관상용으로 쓰이며 잎과 줄기는 약용으로 사용한다.

관리 및 번식법

화단의 양지에 심는 것이 좋다. 주변 습도가 높은 지역에서 자라는 품종이므로 주변에 물이 고인 곳이나 흐르는 곳에 심는다. 물은 2~3일 간격으로 준다. 받은 종자는 이른 봄 화분에 뿌리고, 가을이나 봄에 포기나누기를 한다. 종자 발아는 잘 되는 품종이다.

● 쉽싸리_ 잎

● 쉽싸리_ 종자 결실

256 시호

Bupleurum falcatum L.

- ▶ 이 명 : 큰일시호
- ▶ 과 명 : 산형과
- ▶ 개화기 : 8~9월

생육 특성

시호는 우리나라 각처의 산지에서 자라는 여러해살이풀이다. 생육환경은 물 빠짐이 좋은 반그늘 혹은 양지에서 자란다. 키는 40~70cm이고, 뿌리에서 나온 잎의 길이는 10~30cm이고, 줄기에서 나온 잎의 길이는 4~10cm, 폭은 0.5~1.5cm로 뾰족하다. 꽃은 황색이고 원줄기 끝과 가지 끝에 달리는데, 가운데 있는 꽃줄기가 가장 길고 끝으로 가면서 꽃줄기가 짧아지는 형태이다. 열매는 9~10월경에 달리고 타원형이고 납작하다.

관리 및 번식법

산지에서 약용으로 재배한다. 부엽질이 많은 토양을 선택하고 물 빠짐이 좋은 곳에 심는다. 물은 3~4일 간격으로 준다. 10월에 결실되는 종자를 바로 화분에 뿌리는 것이 좋고 종자를 종이에 싸서 냉장보관 후 이듬해 봄에 뿌리면 발아율이 낮다. 이른 봄 새싹이 올라올 때 포기나누기를 한다.

● 시호_ 새순 올라오는 모습

● 시호_ 꽃봉오리

257 실새삼

Cuscuta australis R. Br

▶ 과 명 : 메꽃과
▶ 개화기 : 7~8월

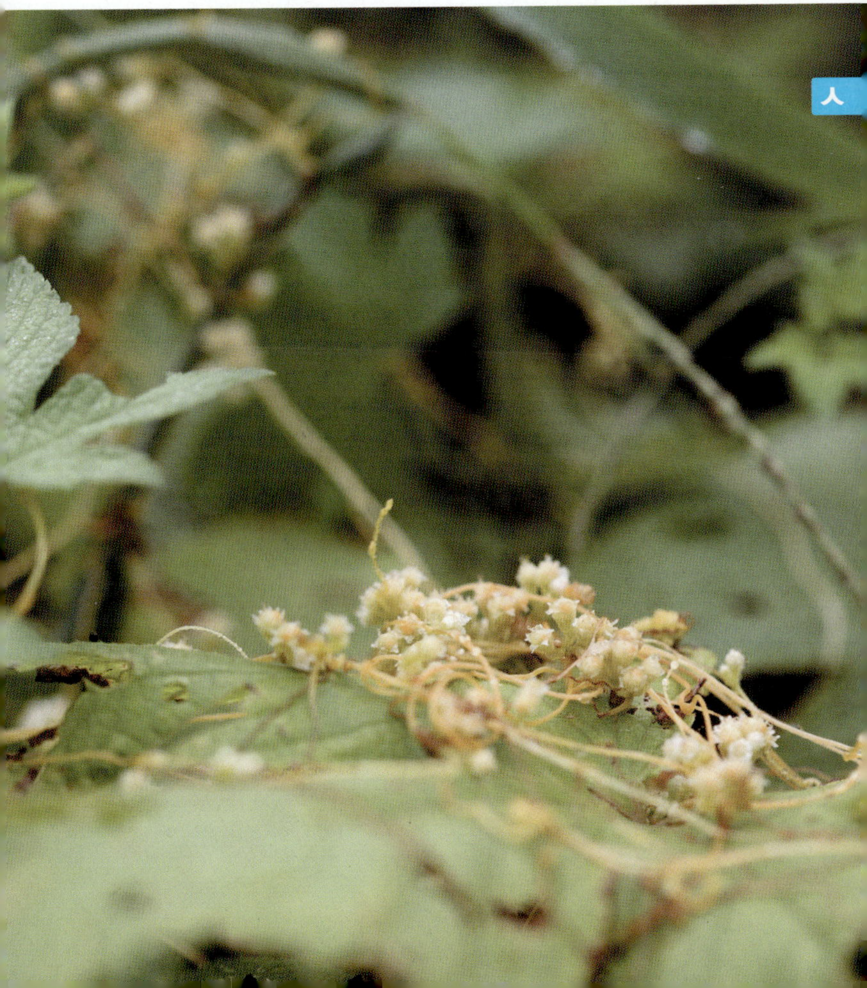

생육 특성

실새삼은 우리나라 각처의 들과 밭, 콩밭에 기생하는 덩굴성 한해살이풀이다. 생육환경은 양지바른 곳에서 자란다. 키는 약 50cm이고, 잎은 비늘과 같이 생겼다. 꽃은 흰색이고 가지에 뭉쳐서 덩어리처럼 달리며 꽃줄기는 짧고, 작은 꽃줄기가 달린 작은 꽃들이 빽빽이 있다. 줄기는 황색으로 실 모양이고 전체에 털이 없으며 왼쪽으로 감으면서 뻗고 다른 식물을 감아 올라가며 뿌리는 없다. 열매는 9~10월경에 달리고 종자는 토사자라 한다. 씨는 약용으로 쓰인다.

관리 및 번식법

숙주가 있어야 한다. 약용식물로 쓰지 않으려면 재배하지 않는 것이 좋은데, 이유는 다른 식물의 수분을 모두 빨아 먹어 고사하게 만들기 때문이다. 10월에 받은 종자를 이듬해 봄에 뿌린다.

● 실새삼_꽃

258 쑥부쟁이

Kalimeris yomena Kitam.

- ▶ **과 명** : 국화과
- ▶ **개화기** : 7~8월

생육 특성

쑥부쟁이는 우리나라 각처의 산과 들에서 자라는 여러해살이풀이다. 생육환경은 반그늘 혹은 양지에서 자란다. 키는 35~50cm 정도이고, 잎의 길이는 5~6cm, 폭은 2.5~3.5cm로 타원형이다. 잎자루가 길고 잎 끝에는 큰 톱니와 털이 있으며, 처음 올라온 잎은 꽃이 필 때 말라 죽는다. 꽃은 가지 끝과 원줄기 끝에 여러 송이가 달린다. 열매는 9~10월경에 달리고 종자 끝에 붉은빛이 도는 갓털이 달리며 길이는 약 0.3cm 정도이다. 관상용으로 쓰이며 어린순은 식용으로 사용한다.

관리 및 번식법

물 빠짐이 좋은 화단이면 어디에서나 재배 가능하다. 화분에 키울 때는 유기질이 많이 들어 있는 퇴비를 사용하면 꽃을 많이 볼 수 있다. 물은 초여름에는 1~2일 간격으로 주고 다른 계절에는 3~4일 간격으로 준다. 이른 봄 심어진 것을 캐어 여러 개로 나누어 올라오는 새순을 뿌리를 붙여 화단에 옮겨 심으면 된다. 종자는 받아 바로 화분이나 화단에 뿌린다. 뿌리지 못한 종자는 보관하여 이른 봄에 뿌리면 되는데 이렇게 올라온 새싹은 그해에 꽃을 피우는 비율이 50% 정도로 낮기 때문에 받는 즉시 뿌리는 것이 좋다.

● 쑥부쟁이_ 시드는 모습

● 쑥부쟁이_ 종자 결실

● 쑥부쟁이(흰색:색변이)_ 무리

259 쓴풀

Swertia japonica (Schult.) Griseb.

- ▶ **이 명** : 참쓴풀, 당약
- ▶ **과 명** : 용담과
- ▶ **개화기** : 9~10월

생육 특성 쓴풀은 전국의 산과 들에 자생하는 한해살이풀이다. 생육환경은 과습하지 않은 양지나 반그늘의 풀숲에서 자란다. 키는 5~20cm이고, 줄기는 곧게 선다. 잎은 선형이며 길이는 2~4cm, 폭은 좁은 편으로 약 0.1cm 정도이다. 꽃은 흰색으로 피며 크기는 1cm 내외이다. 줄기에 잔털이 없으며, 꽃은 모두 가지 아래에서 위쪽으로 피고, 상단부에 3~5개가량의 꽃이 뭉쳐서 핀다. 열매는 10~11월에 달린다. 유사종으로는 개쓴풀과 자주쓴풀이 있고, 고산지역에서 나오는 네귀쓴풀도 같은 종에 속한다.

관리 및 번식법 직접 햇볕을 받지 않는 반그늘 진 화단에 심는다. 이 시기에 피는 다른 품종에 비해 키가 작아 화단에 심을 때는 앞부분에 심어 관리한다. 11월에 받은 종자를 보관하여 이듬해 봄 화단에 뿌린다. 이른 봄 모본이 있던 땅을 호미와 같은 농기구를 이용하여 땅을 부드럽게 해주면 떨어진 종자가 땅속으로 들어가 종자 발아율이 높아진다.

● 쓴풀_ 종자 결실

260 씀바귀

Ixeridium dentatum (Thunb.) Tzvelev

- ▶ 이 명 : 씸배나물, 씀바기, 쓴귀물, 싸랑부리, 꽃씀바귀, 흰씀바귀
- ▶ 과 명 : 국화과
- ▶ 개화기 : 5~7월

> **생육 특성**   씀바귀는 우리나라 중부 이남의 산이나 들에 흔히 나는 여러해살이풀이다. 생육환경은 양지 혹은 반그늘 어느 곳에서도 잘 자란다. 키는 25~50cm 이고, 잎은 끝이 뾰족하고 밑은 좁아져 잎자루로 이어지며 1/2 아래쪽에 치아 모양의 톱니가 생긴다. 꽃은 황색으로 지름이 약 1.5cm 정도로 원줄기 끝에 달린다. 열매는 9~10월경에 달리고, 종자에 붙은 갓털은 연한 갈색이다.

> **관리 및 번식법**   어느 곳에서나 잘 자란다. 식용을 목적으로 할 경우는 오염원이 많이 없는 곳에 심고 퇴비도 많이 준다. 물은 2~3일 간격으로 준다. 10월에 받은 종자를 바로 화단에 뿌리거나 종자를 종이에 싸서 냉장보관 후 이듬해 봄에 뿌린다. 포기나누기는 이른 봄 새순이 올라올 때 한다.

● 씀바귀_ 꽃봉오리

● 씀바귀_ 종자 결실

261 앉은부채

Symplocarpus renifolius Schott ex Miq.

- ▶ 이 명 : 산부채풀, 삿부채잎, 우엉취
- ▶ 과 명 : 천남성과
- ▶ 개화기 : 3~5월

생육 특성

앉은부채는 전국의 산지에서 나는 여러해살이풀이다. 생육환경은 골짜기나 약하게 경사진 곳의 주변 습도가 높은 곳에서 자란다. 키는 10~20cm이고, 잎의 길이는 30~40cm, 폭은 35~42cm로 둥글고 길며, 끝이 뾰족하고 뿌리에서 발달되어 나온다. 꽃은 검은 자갈색으로 길이는 10~20cm이고, 포의 길이는 8~20cm, 지름은 5~12cm로 잎보다 꽃이 먼저 핀다. 열매는 6~7월경에 둥글게 모여 달린다. 잎은 꽃이 시든 후 크게 펼쳐진다. 그래서 상춘객들이 모여드는 시기에는 꽃은 시들고 없으며 잎만 무성하게 자라 있어 품종을 잘 구분하기 힘들다. 특히 이른 봄 자생지에 가면 꽃 안에 들어 있는 열매가 사라지고 없는 것을 볼 수 있는데, 이는 겨우내 굶주렸던 들쥐가 따 먹고 없기 때문이다.

관리 및 번식법

유독성이 강한 식물이어서 집 안에서 기르기는 좋지 않은 종이다. 6~7월에 익은 종자를 바로 뿌리거나 가을에 포기나누기한다.

● 앉은부채_ 잎 올라오는 모습

● 앉은부채_ 수술이 먼저 발달한 모습

262 앉은좁쌀풀
Euphrasia maximowiczii Wettst.

- ▶ 이 명 : 좁쌀풀, 선좁쌀풀, 기생깨풀
- ▶ 과 명 : 현삼과
- ▶ 개화기 : 6~8월

생육 특성

앉은좁쌀풀은 우리나라 각처의 깊은 산 건조한 풀숲에서 나는 반기생 한해살이풀이다. 생육환경은 햇볕이 잘 들어오는 곳의 물기가 많은 곳이나 건조한 땅에서 자란다. 키는 20~30cm이고, 잎의 길이는 0.6~1.2cm, 폭은 0.5~1cm로 달걀형이고 뒷면에는 맥 위에 잔털이 있으며 가장자리에는 뾰족한 톱니가 있다. 줄기는 잔가지가 많이 갈라져 나오며 잔털이 많다. 꽃은 연한 자주색으로 길이는 약 0.4cm이고 줄기 윗부분의 잎겨드랑이에 달리며 꽃잎 윗부분은 곧게 서고 아래 꽃잎은 중앙부에 황색 실선이 있으며 끝이 3갈래로 갈라진다. 열매는 긴 타원형으로 9~10월경에 맺으며 길이는 약 0.5cm이다. 관상용으로 이용한다.

관리 및 번식법

화분이나 화단 어느 곳에 심어도 좋다. 화분은 이른 봄에는 햇볕이 잘 드는 곳에 두고 꽃대가 올라오는 시기에는 반그늘에 두어 감상한다. 화단에 심을 경우는 1년생이기 때문에 종자가 떨어져 그 자리에서 날 수 있도록 앞쪽에 심거나 주변에 잔디와 같은 풀이 있는 곳에 심는다. 물은 2~3일 간격으로 주며 한 번에 많이 주지 말고 여러 번 나누어 준다. 10월에 받은 종자를 종이에 싸서 냉장고에 보관 후 이듬해 봄에 뿌린다. 한해살이풀이어서 뿌리 번식은 하지 않는다.

● 앉은좁쌀풀_무리

263 알록제비꽃

Viola variegata Fisch. ex Link var. *variegata*

- ▶ 이 명 : 청자오랑캐, 청알록제비꽃, 알록오랑캐, 얼룩오랑캐
- ▶ 과 명 : 제비꽃과
- ▶ 개화기 : 5~6월

생육 특성

알록제비꽃은 우리나라 전역의 산에서 자라는 여러해살이풀이다. 생육환경은 양지 혹은 반그늘의 물 빠짐이 좋은 곳에 자란다. 키는 5~10cm이고, 잎의 길이와 폭은 각 2.5~5cm로 표면은 짙은 녹색이고 잎맥을 따라 흰색 무늬가 있으며 뒷면은 자주색이다. 꽃은 자주색으로 몇 개의 꽃줄기가 잎 속에서 나와 끝에 꽃이 한 개씩 달린다. 열매는 8~9월경에 타원형으로 달린다.

관리 및 번식법

화단이나 화분에 심는다. 물 빠짐이 좋은 곳이면 어디서나 잘 자란다. 자생지 환경은 반음지의 바위 위에 이끼나 약간의 흙이 있는 곳에서 자라는 것이 많은데, 이는 집 안에서 화분에 돌을 이용해 키워도 좋음을 의미한다. 물은 2~3일 간격으로 준다. 9월에 종자를 받아 보관 후 9월에 뿌리거나 이른 봄 새순이 올라올 때 포기나누기를 한다. 종자 발아율은 매우 높은 편이다.

● 알록제비꽃_ 잎

● 알록제비꽃_ 시든 모습

264 알며느리밥풀

Melampyrum roseum var. *ovalifolium* Nakai ex Beauverd

- ▶ 이 명 : 둥근잎밥풀, 둥근잎며느리밥풀, 둥근잎새애기풀, 알며느리바풀
- ▶ 과 명 : 현삼과
- ▶ 개화기 : 8~9월

생육 특성

알며느리밥풀은 중부 이남에서 자라는 반기생 한해살이풀이다. 생육환경은 습기가 많은 반그늘에 주로 자란다. 키는 30~70cm 정도이고, 잎은 중앙에 있는 잎이 난형이며 뾰족하고 길이는 3~6cm, 폭은 1.5~3cm이다. 꽃은 홍자색이며 줄기 정상부 꽃대에 여러 개의 꽃이 아래에서 위쪽으로 어긋나게 달리고 끝에 긴 가시털 같은 톱니가 있다. 열매는 10~11월경에 달리고 길이가 1cm 정도로 끝이 뾰족하며 짧은 털이 있다. 관상용으로 쓰인다.

관리 및 번식법

낮에 비치는 강한 빛을 막아주는 화단이면 좋다. 꽃 모양이 다른 꽃들과는 달리 앞부분이 마치 밥 알갱이 같은 모양을 하고 있어, 식물의 이름이 어떻게 지어졌는지를 알 수 있듯이 교육용으로 좋은 품종이다. 물은 2~3일 간격으로 준다. 10~11월에 받은 종자를 보관 후 이듬해 봄 화분에 뿌려 화단에 옮겨심기한다. 이른 봄 모본이 있던 곳을 호미와 같이 작은 농기구를 이용하여 땅을 부드럽게 해주면 땅속으로 종자가 들어가 발아율이 높아진다.

● 알며느리밥풀_ 잎 올라오는 모습

● 알며느리밥풀_ 종자 결실

265 애기골무꽃

Scutellaria dependens Maxim.

- ▶ **과 명** : 꿀풀과
- ▶ **개화기** : 7~8월

생육 특성

애기골무꽃은 우리나라 각처 들의 습지에서 나는 여러해살이풀이다. 생육환경은 햇볕이 잘 들어오고 습기가 많거나 습지의 유기질 함량이 많은 곳에서 자란다. 키는 10~30cm이고, 잎의 길이는 1~2cm, 폭은 0.6~1cm로 좁은 달걀형으로 마주나고 가장자리에 잔털이 있다. 줄기는 흰색 포복경이 땅속으로 뻗고 털이 약간 있으며 원줄기에 예리한 능선이 있다. 또 줄기에 굽은 잔털이 있고 가지가 갈라져서 비스듬히 선다. 꽃은 윗부분 잎겨드랑이에서 한 개씩 흰색으로 달리고, 꽃부리는 아랫입술 모양의 꽃잎에 안쪽에 자주색 점이 있다. 꽃받침은 꽃이 필 때 길이 약 0.2cm로 녹색으로 달린다. 열매는 9월경에 잔돌기가 원형으로 돌며 달린다.

관리 및 번식법

습기가 많은 곳에 심는다. 이 품종과 같이 살아가는 노루오줌이나 동자꽃과 같이 심어 관리하는 것도 좋다. 화분에 심을 때는 밑부분이 막혀 물이 새어 나가지 않는 것을 선정해 그 위에 심는다. 반그늘보다는 양지쪽에 심어 관리하면 좋다. 9월경에 달리는 종자를 받아 바로 뿌리거나 종이나 솜에 싸서 수분 증발을 억제시킨 후 냉장고에 보관하여 이듬해 봄에 일찍 뿌린다. 종자 발아율은 높은 편이다. 또한 이른 봄이나 가을에 뿌리를 파서 포기나누기를 하여 심어도 좋다.

● 애기골무꽃_ 잎과 줄기

● 애기골무꽃_ 종자 결실

266 애기괭이눈

Chrysosplenium flagelliferum F. Schmidt

- ▶ 이 　명 : 덩굴괭이눈, 애기괭이눈풀
- ▶ 과 　명 : 범의귀과
- ▶ 개화기 : 4~5월

생육 특성

애기괭이눈은 우리나라 각처의 계곡에서 자라는 여러해살이풀이다. 생육환경은 습기가 많은 계곡의 바위틈에 이끼와 같이 공존하고 있다. 키는 약 15cm가량 되며, 잎은 둥근 심장형으로 길이는 0.3~1cm 정도, 폭은 0.4~1.2cm 정도이다. 꽃은 연한 황록색이며 열매는 6월경에 속이 여러 칸으로 나누어진 씨방에 많은 종자가 달린다. 애기괭이눈은 다른 괭이눈 종류와는 달리 길고 가늘게 자라며 번식은 6월경에 열리는 종자로 이루어진다. 종자로 번식하는 대부분의 식물에서는 변이체가 나타나기 쉬운데 이는 괭이눈 종류도 마찬가지여서, 최근에 약용식물에 관심이 높아지면서 많은 보고가 되고 있다.

관리 및 번식법

빛이 많이 들어오는 곳에 돌에 이끼와 흙을 붙여 심으면 좋다. 이렇게 심은 후에는 상대습도를 높게 해주어야 하기 때문에 수반과 같은 곳에 물을 많이 넣어 수분이 증발되게 만들거나 분무기 등을 이용하여 공중에 물을 뿌려줘 습도를 맞춰주는 것도 좋다. 6월경에 익은 종자를 바로 화분에 뿌리거나 가을에 포기나누기를 한다. 종자는 한 송이에서 20~40개 정도를 얻을 수 있기 때문에 한 송이만 가지고 있어도 많은 양의 묘를 얻을 수 있다.

● 애기괭이눈_ 새순 올라오는 모습

● 애기괭이눈_ 씨방

267 애기괭이밥

Oxalis acetosella L.

▶ 이 명 : 큰선괭이밥, 산괭이밥, 애기괭이밥풀
▶ 과 명 : 괭이밥과
▶ 개화기 : 5~6월

생육 특성

애기괭이밥은 우리나라 각처의 깊은 산에서 나는 여러해살이풀이다. 생육환경은 습기가 많고 토양이 비옥한 반그늘에서 자란다. 키는 5~15cm이고, 잎의 길이는 3~10cm이고 뿌리에서 생기며 잎자루 끝에서 3개의 작은 잎이 옆으로 퍼진다. 작은 잎의 길이는 0.4~2cm, 폭은 0.7~3cm로 심장형이다. 꽃은 흰색으로 뿌리에서 꽃줄기가 나와 줄기 끝에 1송이가 달린다. 열매는 7~8월경에 달리고 길이는 0.4~0.6cm로 둥글다.

관리 및 번식법

토양 비옥도가 높은 곳을 좋아하고 물 빠짐이 좋아야 한다. 화단에서는 반그늘에 두고, 실내에서는 어느 곳에 두더라도 잘 자란다. 7~8월경에 익은 종자를 종이에 싸서 냉장보관하였다가 가을 무렵 화단에 뿌린다. 여름에 얻은 종자를 바로 뿌리면 종자가 부패하거나 혹은 발아하여 올라온 묘가 고온에 상할 수 있기 때문에 온도와 습도에 많은 신경을 써야 한다.

● 애기괭이밥_ 꽃과 잎

● 애기괭이밥_ 종자 결실

268 애기나리

Disporum smilacinum A. Gray

- ▶ **이 명** : 가지애기나리
- ▶ **과 명** : 백합과
- ▶ **개화기** : 4~5월

생육 특성

애기나리는 중부 이남의 산지에서 자라는 여러해살이풀이다. 생육환경은 반그늘이나 양지쪽에서 잘 자라며 배수가 잘 되는 토양을 좋아한다. 키는 20~40cm이고, 잎은 타원형으로 길이는 4~7cm, 폭은 1.5~3.5cm이다. 꽃은 4~5월에 연한 녹색으로 피며 가지 끝에서 1~2개가 밑을 향해 달린다. 열매는 7~8월경에 길고 둥글게 검은색으로 익으며 달린다.

관리 및 번식법

화분이나 화단에 심는다. 어느 곳에서도 잘 재배되는 품종이며, 물은 2~3일에 한 번 정도 주고, 잎이 시드는 가을에는 4~6일에 한 번 준다. 7~8월경에 익은 종자를 바로 화분이나 화단에 뿌리거나 가을에 포기나누기를 한다. 대량으로 번식시키기 위해서는 종자 발아와 포기나누기를 병행하는 것이 좋은데, 이는 두 방법 모두 번식이 잘 이루어지기 때문이다.

● 애기나리_ 변이된 잎의 모습

● 애기나리_ 종자 결실

269 애기똥풀

Chelidonium majus var. *asiaticum* (Hara) Ohwi

- ▶ **이 명** : 까치다리, 젖풀, 씨아똥
- ▶ **과 명** : 양귀비과
- ▶ **개화기** : 5~8월

생육 특성

애기똥풀은 전국의 산지와 동네 주변에서 자라는 두해살이풀이다. 생육환경은 양지바른 곳 어디에서나 잘 자란다. 키는 30~70cm이고, 잎은 어긋나며 길이는 7~14cm, 폭은 5~10cm로 끝이 둥글고 가장자리에 둔한 톱니가 있다. 꽃은 황색으로 길이는 1.2cm이고 줄기 옆에서 나오고 꽃잎은 4장이며, 꽃봉오리 상태에서는 많은 털이 나 있다. 열매는 9월경에 길이는 3~4cm, 지름이 0.2cm 정도의 좁은 원주형으로 달린다. 꽃줄기를 자르면 노란 액체가 뭉쳐 있는 것을 볼 수 있는데 이 모양이 마치 아기의 똥과 같다고 하여 붙여진 이름이다.

관리 및 번식법

화단에 심으며 여름철 물 관리가 중요하다. 잎이 많아 광합성 작용을 많이 하기 때문에 하루에 한 번 이상 물을 줘야 한다. 9~10월에 결실되는 종자를 보관하여 이듬해 봄 화단에 뿌린다. 이른 봄 모본이 있던 곳을 호미와 같은 작은 농기구를 이용하여 땅을 부드럽게 해주면 땅속으로 종자가 들어가 발아율이 높아진다. 종자 발아율은 매우 높다.

● 애기똥풀_ 잎

● 애기똥풀_ 시드는 모습

270 애기풀

Polygala japonica Houtt.

- ▶ **이 명** : 영신초, 아기풀
- ▶ **과 명** : 원지과
- ▶ **개화기** : 4~5월

생육 특성

애기풀은 우리나라 각처의 산이나 들에서 자라는 초본성 반관목이다. 생육환경은 토양의 수분이 적은 곳과 물 빠짐이 좋고 빛이 잘 들어오는 곳에서 자란다. 키는 약 20cm이고, 잎은 난형으로 잔털이 있으며 마주난다. 줄기는 뿌리에서 여러 대가 나와 바로 서거나 비스듬히 자라며 전체에 잔털이 난다. 꽃은 나비와 같은 형상을 하고 연한 홍색으로 달리고 꽃받침잎은 5개로 양쪽 2개의 꽃받침잎이 날개 모양으로 된다. 9월경에 넓은 날개가 있으며 편평한 원형으로 열매를 맺는다.

관리 및 번식법

빛이 잘 들어오는 곳과 물 빠짐이 좋은 곳이면 어디든지 심어도 된다. 화분에 키우면 작은 크기에 단독으로 심는 것이 좋고, 외부에 심을 때는 처음에는 집단을 이루게 심어야 한다. 물은 뿌리를 내리기 전에는 2~3일 간격으로 주고 뿌리를 내린 다음에는 별도의 물 관리가 필요 없다. 번식은 뿌리나누기를 권하며 이른 봄이나 가을에 옆에 붙어 나오는 뿌리를 잘라 분리시킨다. 종자 번식은 9월경에 받은 종자를 바로 뿌리는 것이 좋다.

● 애기풀_ 꽃봉오리

● 애기풀_ 꽃(측면)

271 앵초

Primula sieboldii E. Morren

- ▶ 이 명 : 취란화, 깨풀, 연앵초
- ▶ 과 명 : 앵초과
- ▶ 개화기 : 4월

생육 특성

앵초는 전국 각처의 산지에서 자라는 여러해살이풀이다. 생육 환경은 배수가 잘 되고 비옥한 토양의 반그늘에서 잘 자란다. 키는 10~25cm이고, 잎은 타원형이며 길이는 4~10cm, 폭은 3~6cm로 가는 섬모가 있고 표면에 주름이 많이 지며 가장자리가 얕게 갈라지고 뿌리에 모여 있다. 꽃은 홍자색으로 4월에 피며 줄기 끝에 7~20개의 꽃이 옆으로 펼쳐지듯 달린다. 열매는 둥글며 8월경에 지름 0.5cm 정도로 달린다. 앵초라는 이름은 꽃 모양이 마치 앵두와 같다고 하여 붙여진 이름이며, 유사한 꽃들이 시중에 많이 판매된다. 이는 앵초가 외국에서는 많이 개량되어 판매되는 '프리뮬라'에 속하는 식물이기 때문이다.

관리 및 번식법

화분에서 키우기 좋은 품종으로 이른 봄 솜털에 덮인 싹이 올라오면 2~3일에 한 번 물을 준다. 여름에 햇볕이 강한 곳에 두면 잎이 타기 때문에 반그늘에 둬야 한다. 8월에 받은 종자를 바로 화분이나 화단에 뿌리고, 잎이 지상부에서 없어지는 가을에 포기나누기를 한다. 종자 발아율은 높지 않은 품종이어서 가능한 한 많은 종자를 받아 뿌리면 좋다. 종자 크기가 작아 종자상에 뿌릴 때는 위에서 흩어 뿌리고 그 위에 약하게 상토를 뿌려주면 된다. 너무 상토를 많이 뿌리면 종자 발아율이 낮아진다.

● 앵초_잎

● 앵초_종자

272 약모밀

Houttuynia cordata Thunb.

- ▶ **이 명** : 삼백초, 십자풀, 어성초, 즙채, 집약초
- ▶ **과 명** : 삼백초과
- ▶ **개화기** : 6월

생육 특성 약모밀은 제주도와 울릉도, 남부지역의 습지와 중부지방에서도 자라는 여러해살이풀이다. 생육환경은 양지 혹은 반그늘에서 자란다. 키는 20~50cm이고, 잎의 길이는 3~8cm, 폭은 3~6cm로 연한 녹색이며 심장형이고 어긋난다. 꽃은 흰색으로 원줄기 끝에서 짧은 꽃줄기가 나와 끝에 달린다. 열매는 8~9월경에 맺으며 연한 갈색 종자가 달린다. 전초는 약용, 관상용으로 이용한다.

관리 및 번식법 화분이나 화단에 심는다. 어떤 환경에서도 잘 자라기 때문에 특별한 관리가 필요 없다. 이른 봄에 뿌리를 캐내 포기나누기를 한다. 한 줄기만 심어도 다음 해에는 많은 줄기가 뻗어 나와 새로운 개체가 형성된다. 이런 이유로 원치 않아도 그 자리에는 항상 이 품종이 올라오므로 한정된 공간에서 재배하는 것이 좋다.

● 약모밀_ 종자 결실

273 양지꽃

Potentilla fragarioides var. *major* Maxim.

- ▶ 이 명 : 소시랑개비, 큰소시랑개비, 좀양지꽃, 애기양지꽃, 왕양지꽃
- ▶ 과 명 : 장미과
- ▶ 개화기 : 4~6월

생육 특성

양지꽃은 전국의 산과 들에 자라는 여러해살이풀이다. 생육환경은 토질에 관계없이 빛이 잘 들어오는 곳에서 자란다. 키는 30~50cm이고, 잎의 길이는 1.5~5cm, 폭은 1~3cm로 여러 개가 나와 사방으로 퍼지고, 잎 양끝이 좁고 양면에 털이 있으며 타원형이다. 꽃은 황색으로 폭이 1.5~2cm로 꽃받침 길이보다 1.5~2배 정도 길다. 열매는 6~7월경에 길이가 약 0.2cm 정도로 달리고 털이 없으며 난형이다.

관리 및 번식법

화단이나 화분에 심는다. 양지바른 곳이면 어디에서든지 잘 자란다. 물은 1~2일에 한 번씩 줘야 한다. 7월경에 종자를 받아 바로 화분이나 화단에 뿌리거나 가을과 이듬해 이른 봄 새싹이 지상부로 조금 올라올 때 포기나누기를 한다.

● 양지꽃_ 새순 올라오는 모습

● 양지꽃_ 종자 결실

274 어리연꽃

Nymphoides indica (L.) Kuntze

▶ 이 명 : 금은연, 어리연
▶ 과 명 : 조름나물과
▶ 개화기 : 8~9월

생육 특성

어리연꽃은 제주도와 남부, 중부지역의 습지나 연못에서 자라는 여러해살이 수생초이다. 생육환경은 물 깊이가 낮고 잘 고여 있는 양지바른 곳에서 자란다. 원줄기는 가늘며 약 1m 정도 자라고 1~3개의 잎이 잎자루를 길게 하여 드문드문 자란다. 또한 줄기 생장은 물이 고인 깊이에 따라 조절되며 깊은 곳보다는 얕은 쪽에서 생장한다. 잎의 폭은 7~20cm로 비교적 작으며, 1~3개가 자라면서 물 위에 수평으로 뜬다. 꽃은 흰색 바탕에 꽃잎 주변으로 가는 섬모들이 촘촘히 나 있고 중심부는 황색이며, 잎겨드랑이 사이에서 물 위쪽으로 나와서 핀다. 열매는 10~11월에 달리고 종자는 타원형으로 길이가 약 0.1cm 정도이고 갈색이 도는 회백색이다. 관상용으로 쓰인다.

관리 및 번식법

깊이 1m 내외인 물이 고이는 연못을 이용한다. 집 안에서 키울 때는 물을 가둘 수 있는 곳에 흙을 넣고 뿌리를 심어 물을 가득 부어놓으면 된다. 가을이나 겨울에는 실내 습도를 유지하기 위한 방법으로 사용해도 좋다. 이른 봄 새싹이 올라올 때 포기나누기를 한다. 줄기가 땅속으로 들어가 있기 때문에 땅을 파 줄기를 분리해야 한다. 여름에도 꽃이 피기 전에 포기나누기를 하는 것이 가능한데, 이때는 뿌리가 나 있는 줄기를 분리하여 바로 화분이나 화단에 옮겨 심어야 한다.

● 어리연꽃_ 잎

275 어수리

Heracleum moellendorffii Hance

- ▶ **이 명** : 개독활
- ▶ **과 명** : 산형과
- ▶ **개화기** : 7~8월

생육 특성

어수리는 제주도와 도서지방을 제외한 전국에 분포하는 여러해살이풀이다. 생육환경은 비옥한 토질의 반그늘 혹은 양지에서 자란다. 키는 70~150cm 정도이고, 잎은 잎자루가 있으며 크고 새의 깃과 같은 모양으로 3~5개의 작은 잎으로 구성되어 있으며, 옆에서 나온 잎은 2~3개로 갈라지고 길이는 7~20cm이다. 꽃은 흰색이며 가지와 원줄기 끝에 달리고 길이가 7~10cm 정도 되는 약 20~30개의 작은 줄기로 흩어져 갈라져서 25~30개의 꽃이 각각 달린다. 열매는 9~10월경에 달리고 납작하며 윗부분에 무늬가 있다. 관상용으로 쓰이며 어린 순은 식용으로 이용한다.

관리 및 번식법

약용으로 재배할 때는 약 50~70cm 간격으로 심고, 물은 2~3일 간격으로 준다. 산형과 식물은 애호가들도 구분이 쉽지 않지만 이 품종은 꽃만 보고도 쉽게 확인이 가능하다. 가을에 피는 다른 산형과 식물들과 함께 심어 품종을 구분하게 하면 학생들의 교육용으로 적합한 품종이다. 봄에 포기나누기를 하고 9~10월경에 달리는 종자는 받아 종이에 싸서 냉장보관 후 이듬해 봄 화단에 뿌린다. 종자 발아율이 매우 높기 때문에 포기나누기보다는 종자 번식을 권한다.

● 어수리_ 꽃봉오리

● 어수리_ 꽃 피기 전

276 얼레지

Erythronium japonicum (Balrer) Decne.

- ▶ **이 명** : 가재무릇
- ▶ **과 명** : 백합과
- ▶ **개화기** : 4월

생육 특성

얼레지는 전국의 높은 산에서 자라는 여러해살이 구근식물이다. 생육환경은 반그늘이며 물 빠짐이 좋은 비옥한 토질이어야 한다. 키는 20~30cm이고, 잎의 길이는 6~12cm, 폭은 2.5~5cm로 녹색 바탕에 자주색 무늬가 있으며 좁은 난형 또는 긴 타원형이다. 꽃은 자주색으로 2장의 잎 사이에서 긴 한 개의 꽃줄기가 나오고 윗부분에 한 개의 꽃이 밑을 향해 달린다. 꽃잎은 6개이고 길이는 5~6cm, 폭은 0.5~1cm로 아침에는 꽃봉오리가 닫혀 있다가 햇볕이 들어오면 꽃잎이 벌어지는데, 소요되는 시간은 불과 10분 이내이며 오후가 되면 꽃잎이 뒤로 말린다. 꽃 안쪽에는 암자색 선으로 된 W자 형의 무늬가 선명하게 있다. 타원형 또는 구형의 열매는 6~7월경에 갈색으로 변하고, 종자는 검은색으로 뒤에는 흰 액과 같은 것이 붙어 있다. 씨방이 아래로 향해 있기 때문에 시기를 놓치면 쏟아지고 없다. 잎이 한 장 또는 두 장으로 나오는데 한 장을 가진 잎은 개화하지 않는다. 간혹 잎이 한 장인 것에서 꽃대가 올라오는 것이 있지만 이는 다른 잎이 손상되어 나타나는 현상이다. 또한 종자 발아를 해서 생긴 구근은 해마다 땅속 깊이 들어가는 특성을 보이는데, 많이 들어간 것은 약 30cm 정도 되고 일반적으로 20cm가량은 들어가 있다. 얼레지는 1경 1화(한 개의 구근에서 한 개의 꽃이 피는 것을 의미함)이다. 간혹 흰얼레지(*Erythronium japonicum* (Balrer) Decne. for. *album* T. Lee)가 발견되기도 하는데 이는 외국에 자생하는 흰얼레지와는 다른 형태의 것으로 생각된다.

관리 및 번식법

화단에 심으며, 토양 20~30cm 아래에는 물 빠짐이 좋아야 한다. 물은 자주 주지 않아도 좋다. 집에서 키우기는 적합하지 않다. 5~6월경에 익는 종자를 화단에 뿌리고 습도만 잘 유지해주면 발아율은 좋다. 종자는 저장하지 말고 그해에 바로 뿌려야 한다. 아직까지 구근으로 번식하는 것은 보고된 바가 없으나 직접 해본 바로는 구근의 제일 아래쪽을 상처 내어 냉장고에 두면 조그마한 어린 구근이 형성된다.

● 얼레지_ 새순 올라오는 모습

● 얼레지_ 잎

● 얼레지_ 꽃봉오리

● 얼레지_ 종자 결실

277 엉겅퀴

Cirsium japonicum var. *maackii* (Maxim.) Matsum.

- ▶ **이 명** : 가시엉겅퀴, 가시나물, 항가새
- ▶ **과 명** : 국화과
- ▶ **개화기** : 6~8월

생육 특성

엉겅퀴는 우리나라 전역의 산과 들에 자라는 여러해살이풀이다. 생육환경은 양지에서 자라고 토양은 물 빠짐이 좋아야 한다. 키는 50~100cm 내외이고, 잎의 길이는 15~30cm, 폭은 6~15cm 정도로 타원형 또는 뾰족한 타원형이다. 잎 밑부분이 좁으며 새의 깃털과 같은 모양으로 6~7쌍이 갈라지고 잎 끝에는 톱니가 있다. 꽃은 지름 3~5cm로서 가지 끝과 원줄기 끝에 한 개씩 달리고 꽃부리는 자주색 또는 적색이며 길이는 1.9~2.4cm이다. 열매는 9~10월경에 달리고 흰색으로 된 갓털은 길이가 1.6~1.9cm이다. 어린순은 식용으로 쓰이며 잎, 줄기, 뿌리는 약용으로 이용한다.

관리 및 번식법

화단에 심으며 물 빠짐이 좋고 반그늘일 때 약효와 꽃이 가장 좋다. 물은 2~3일 간격으로 준다. 9~10월경에 달리는 종자를 바로 화분이나 화단에 뿌리는 것이 좋다. 종자를 보관했다가 뿌리면 발아율도 낮아지고 뿌리가 튼튼하지 못하기 때문이다.

• 엉겅퀴_잎

• 엉겅퀴_줄기

● 엉겅퀴_ 꽃봉오리 올라오는 모습

● 엉겅퀴_ 꽃봉오리

● 엉겅퀴_ 시드는 모습

● 엉겅퀴_ 종자 결실

278 여로

Veratrum maackii var. *japonicum* (Baker) T. Schmizu

▶ 과 명 : 백합과
▶ 개화기 : 7~8월

생육 특성

여로는 우리나라 전역에 자생하는 여러해살이풀이다. 생육환경은 습기가 많은 반그늘이나 양지에서 자란다. 키는 40~120cm 정도이고, 잎은 줄기 가운데 아랫부분에서 어긋나고 잎집이 원줄기를 완전히 둘러싼다. 밑부분에 있는 잎은 좁고 뾰족하며 길이는 20~35cm, 폭은 3~5cm이다. 꽃은 짙은 자줏빛이 도는 갈색이고 약간 드문드문 달리며, 지름 1cm 정도로 반쯤 퍼지고, 밑부분에는 수꽃, 윗부분에는 수꽃과 암꽃이 모두 달린다. 열매는 9~10월경에 달리고 타원형이다. 뿌리는 약용으로 쓰인다.

관리 및 번식법

주변 습도가 높은 곳에서 자라기 때문에 습지 근처에 심는다. 자생지 환경을 보면 드문드문 한 개체씩 자라며 집단적으로 서식하지 않는다. 따라서 이 품종은 한 개체씩 따로 심어 관리하고 화단의 가운데나 뒤쪽에 심는다. 9~10월에 종자를 받아 바로 화분이나 화단에 뿌리거나 이듬해 봄 화단에 뿌린다. 발아에서 꽃이 필 때까지의 기간이 2~3년 정도 걸린다. 포기나누기는 이른 봄에 한다.

● 여로_ 잎

● 여로_ 종자 결실

279 여우구슬

Phyllanthus urinaria L.

▶ 과 명 : 대극과
▶ 개화기 : 7~8월

생육 특성

여우구슬은 우리나라 남부지방의 풀밭이나 밭에 나는 한해살이풀이다. 생육환경은 햇볕이 잘 드는 마른 토양에서 자란다. 키는 15~40cm이고, 잎의 길이는 7~17cm, 폭은 0.3~0.7cm로 긴 타원형이며 줄기 밑부분의 잎 몇 장을 제외하고는 모두 비늘 모양의 잎이 있으며 어긋나고 뒷면은 흰빛이 돈다. 가지는 옆으로 비스듬히 퍼지고 길이는 5~12cm이다. 꽃은 적갈색으로 잎겨드랑이에 달린다. 열매는 9~10월경에 적갈색으로 익으며 지름은 약 0.3cm이고 종자는 길이가 약 0.1cm이며 주름이 있다. 관상용으로 이용한다.

관리 및 번식법

화단에 적합하다. 한해살이풀이기 때문에 화분보다는 화단에 심는 것을 권장한다. 줄기에 구슬이 달려 있는 모습이 다른 식물들과 다르기 때문에 교육용으로도 적합하다. 한해살이풀이므로 종자가 떨어지면 주변에서 이듬해에 싹이 올라온다. 10월에 받은 종자를 종이에 싸서 상온에 보관 후 이듬해 봄에 뿌린다.

● 여우구슬_ 새순 올라오는 모습

● 여우구슬_ 꽃

280 연꽃

Nelumbo nucifera Gaertn.

- ▶ 이 명 : 연
- ▶ 과 명 : 수련과
- ▶ 개화기 : 7~8월

생육 특성

연꽃은 원산지가 인도로 추정되나 확실치 않으며, 일부에서는 이집트라고도 한다. 우리나라 중부 이남지역에서 재배되는 여러해살이풀이다. 생육 환경은 습지나 마을 근처의 연못과 같은 곳에서 자란다. 키는 약 1m 정도 자라고, 잎은 지름이 약 40cm로 방패 모양으로 물 위로 올라와 있다. 뿌리에서 나온 잎은 잎자루가 길며, 물에 잘 젖지 않고 꽃잎과 같이 수면보다 위에서 전개한다. 꽃은 꽃줄기 끝에 큰 꽃이 한 송이 피며 연한 홍색 또는 흰색으로 지름은 15~20cm이다. 뿌리에서 꽃줄기가 나오고 꽃줄기는 잎자루처럼 가시가 있다. 열매는 검은색이고 타원형이며 길이는 2cm 정도이다. 관상용으로 쓰이며 잎과 뿌리, 열매는 식용 및 약용으로 이용한다.

관리 및 번식법

큰 연못이나 논과 같이 물 빠짐이 좋지 않은 곳에 심는다. 잎이 없어지는 가을이나 새순이 나오기 전인 이른 봄에 뿌리를 나눈다. 종자는 물속에 넣어 보관하거나 종이에 싸서 냉장보관하며 발아하는 데 시간이 너무 오래 걸리기 때문에 포기나누기를 권한다.

● 연꽃_잎

● 연꽃_종자 결실

281 연복초

Adoxa moschatellina L.

- ▶ 이 명 : 련복초(북)
- ▶ 과 명 : 연복초과
- ▶ 개화기 : 4~5월

생육 특성

연복초는 가야산 북부 이북에서 자라는 여러해살이풀이다. 생육 환경은 토양이 비옥한 반그늘에서 서식한다. 키는 8~15cm이고, 잎은 잎자루 길이가 4~9cm이며 3~9개의 소엽으로 갈라진다. 꽃은 황록색으로 길이가 0.2~0.3cm의 아주 작은 꽃들이 줄기 윗부분에 뭉쳐 달린다. 열매는 5월 말경에 익으며 지름 0.2~0.3cm 정도이고 구형으로 달린다. 꽃과 잎의 색이 정확치 않고 너무 작은 꽃들이 상층부에 뭉쳐 피기 때문에 쉽게 지나칠 수 있는 품종이다. 최근에는 남도지방에서도 큰 자생지들을 관찰할 수 있어 이 품종의 분포지는 다시 확인되어야 할 것으로 생각된다.

관리 및 번식법

화분이나 화단의 빛이 많이 들어오지 않는 곳에 심고, 물은 많이 주지 말고 2~3일 간격으로 준다. 화분에 심으면 좋은데 이때는 물을 많이 주지 않아도 되는 품종과 같이 심는 것이 좋다. 6월에 종자를 받아 바로 화분이나 화단에 파종하는 것이 가장 좋고, 가을이나 이듬해 봄에 포기나누기를 한다.

● 연복초_잎

● 연복초_꽃 시드는 모습

282 연영초

Trillium kamtschaticum Pall. ex Pursh

- ▶ **이 명** : 왕삿갓나물, 큰꽃삿갓풀, 큰연영초, 큰연령초, 연령초
- ▶ **과 명** : 백합과
- ▶ **개화기** : 5~6월

생육 특성

연영초는 우리나라 경북(울릉도), 강원, 경기 이북의 산지에서 자라는 여러해살이풀이다. 생육환경은 주변 습도가 높거나 개울가 반그늘 혹은 음지의 부엽질이 풍부한 곳에서 자란다. 키는 20~40cm 정도이고, 잎 끝은 짧게 뾰족하고 밑은 약간 둥글며 가장자리는 밋밋하고 뒷면에 작은 돌기가 있다. 길이와 폭은 각 7~17cm이고, 줄기 끝에 3개의 잎이 돌아가며 난다. 꽃은 꽃줄기 끝에 한 개가 비스듬히 위로 향해 피며 길이는 4~6cm이다. 꽃받침조각은 3개이며 긴 타원형으로 길이는 2.5~3.5cm이고 꽃잎도 3개이며 타원형으로 끝이 둔하고 길이는 3~4cm이다. 열매는 7~8월경에 둥글게 달린다.

관리 및 번식법

재배하기 까다로운 품종이다. 8월경에 받은 종자를 바로 뿌리거나 종이에 싸서 냉장고에 보관 후 이른 봄에 뿌린다. 저장한 종자로 발아 실험을 해 본 결과 발아율은 10% 미만으로 상당히 낮은 편이었다.

● 연영초_ 새순 올라오는 모습

● 연영초_ 꽃봉오리 올라오는 모습

283 염주괴불주머니

Corydalis heterocarpa Siebold & Zucc.

- ▶ 이 명 : 갯현호색
- ▶ 과 명 : 양귀비과
- ▶ 개화기 : 4~5월

생육 특성

염주괴불주머니는 전국 각처의 산과 들, 바닷가에서 자라는 두해살이풀이다. 생육환경은 공중 습도가 높은 곳의 양지에서 자란다. 키는 40~60cm이고, 잎의 길이와 폭은 각 10~25cm로 삼각형 모양을 하고 있다. 꽃은 황색이고 길이는 1.5~2cm로 한쪽은 방패와 같은 모양으로 벌어지고, 다른 한쪽은 반대로 된다. 열매는 6~7월경에 달리고 염주처럼 잘록하며 종자는 검은색이고 한 줄로 배열되며 많이 붙어 있다.

관리 및 번식법

화단에 심을 경우 잎이 많아 하루에 한 번 물을 줘야 한다. 다른 식물들과 혼식하지 않는 것이 좋은데, 이유는 여름과 가을에 싹이 올라와 다른 식물들의 생육에 지장을 주기 때문이다. 7~8월에 결실되는 종자로 번식시키며, 여름이나 늦가을 혹은 초겨울에 싹이 올라왔다 한겨울에는 없어지고 이른 봄에 그 자리에서 싹이 올라온다. 따라서 종자는 식물 근처에 뿌려주면 자연적으로 번식한다.

● 염주괴불주머니_ 잎

● 염주괴불주머니_ 종자 결실

284 영아자

Phyteuma japonicum (Miq.) Briq.

- ▶ 이 명 : 염아자
- ▶ 과 명 : 초롱꽃과
- ▶ 개화기 : 7~8월

생육 특성

영아자는 우리나라 각처의 산골짜기 낮은 지대에서 자라는 여러해살이풀이다. 생육환경은 토양이 비옥한 반그늘에서 주로 자란다. 키는 50~90cm이고, 잎의 길이는 5~12cm, 폭은 2.5~4cm 정도이다. 표면에 약간의 털이 있으며 양끝은 뾰족하게 어긋나 있다. 꽃은 보라색으로, 암술대가 길게 나와 있고 꽃잎은 뒤로 말려 있다. 열매는 10~11월에 익으며 납작하고 둥근 모양이다. 관상용으로 쓰이며 어린잎은 식용으로 이용한다.

관리 및 번식법

빛이 많이 들어오지 않는 토질 좋은 화단에 심는다. 직접 햇빛을 받으면 잎 끝이 타기 때문이다. 물은 2~3일 간격으로 준다. 10월경 받은 종자는 바로 화분이나 화단에 뿌리고, 11월에 받은 종자는 종이에 싸서 냉장보관하다가 이른 봄에 뿌린다. 이른 봄에 새싹이 올라오면 새싹에 붙어 있는 뿌리를 나눈 후 심는다.

● 영아자_ 잎

● 영아자_ 종자 결실

285 오리방풀

Isodon excisus (Maxim.) Kudo

- ▶ 이 명 : 둥근오리방풀, 지리오리방풀
- ▶ 과 명 : 꿀풀과
- ▶ 개화기 : 6~8월

생육 특성

오리방풀은 우리나라 각처의 산에서 자라는 여러해살이풀이다. 생육환경은 습기가 많고 토양이 비옥한 반그늘에서 자란다. 키는 50~100cm이고, 잎은 원형이며 끝이 거북 꼬리 같고 길이는 2~5cm이다. 꽃은 자주색으로 원줄기 끝에서 마주난다. 윗부분의 꽃입술은 얕게 갈라지며 젖혀지고, 아랫부분의 꽃입술은 배 같은 모양을 하고 있으며 앞으로 나와 있다. 열매는 9~10월에 익는다. 드물게 흰색오리방풀[Isodon excisus for. albiflorus (Sakata) Hara]도 보인다. 어린순은 식용으로 쓰인다.

관리 및 번식법

낙엽 지는 나무가 많이 있는 주변의 화단에 심는다. 심기 전 흙 속에 유기질이 많은 퇴비를 넣어주면 좋다. 9~10월에 열리는 종자를 받아 바로 화분이나 화단에 뿌린다. 포기나누기는 이듬해 봄에 한다. 종자 발아율은 높지 않지만 한 개체에서 많은 종자를 얻을 수 있어 대량 번식에는 그다지 어려움이 없는 품종이다.

● 오리방풀_ 잎

● 오리방풀_ 종자 결실

286 오이풀

Sanguisorba officinalis L.

- ▶ 이 명 : 지우초, 수박풀, 외순나물, 지우
- ▶ 과 명 : 장미과
- ▶ 개화기 : 7~9월

생육 특성

오이풀은 우리나라 각처의 산지에서 자라는 여러해살이풀이다. 생육환경은 물 빠짐이 좋은 반그늘이나 양지의 풀숲에서 자란다. 키는 30~150cm이고, 잎의 길이는 2.5~5cm, 폭은 1~2.5cm로 삼각형의 톱니가 있는 타원형이다. 꽃은 붉은색으로 길이가 1~2.5cm, 지름이 0.6~0.8cm이며, 한 개의 긴 꽃대 주위로 꽃자루가 없는 것들이 곧게 서서 많이 달린다. 열매는 사각형으로 10~11월경에 달린다.

관리 및 번식법

토양의 유기질 함량이 높고 물 빠짐이 좋은 화단에 심는다. 꽃은 드라이 플라워처럼 종이 질감이 난다. 오이풀 종류로는 가는잎오이풀, 산오이풀 등이 있는데, 이들 품종과 함께 심어 관리하면 품종의 특성을 정확히 파악할 수 있어 교육용으로 좋다. 11월에 받은 종자를 이듬해 봄에 뿌리고 새순이 올라오는 봄에 포기나누기를 한다. 종자 발아가 어렵기 때문에 포기나누기를 권한다.

● 오이풀_ 잎과 줄기

● 오이풀_ 꽃봉오리

287 옥녀꽃대

Chloranthus fortunei (A. Gray) Solms

- ▶ 이 　명 : 과부꽃대
- ▶ 과 　명 : 홀아비꽃대과
- ▶ 개화기 : 4~5월

생육 특성

옥녀꽃대는 제주도와 남부지방의 숲에 사는 여러해살이풀이다. 생육환경은 반그늘이나 양지에서 자라며 토양의 비옥도가 좋아야 한다. 키는 15~40cm이고, 잎은 녹색으로 줄기 끝에 타원형으로 4장이 뭉쳐나고, 끝이 날카롭지 않다. 꽃은 흰색으로 4장의 잎 사이에서 꽃대가 올라오며 길이는 20~25cm이다. 전체에 털이 없으며 가지는 갈라지지 않는다. 열매는 6~7월경에 노란색이 도는 녹색으로 둥글게 달린다. 처음 발견된 장소가 거제도 옥녀봉이어서 옥녀꽃대라고 하였다. 몇 년 전까지만 해도 남도지방에서는 이 꽃을 '홀아비꽃대', 혹은 꽃이 작고 잎이 크기 때문에 '과부꽃대'라고도 불렀다. 하지만 홀아비꽃대와는 분명한 차이가 있어 이제는 정정하여 '옥녀꽃대'로 부르고 있다. 종자가 익는 시기는 6월경인데, 종자가 결실되면 홀아비꽃대는 위로 솟구치지만 옥녀꽃대는 약 45~60도 정도 비스듬히 누워 있다. 그래서 종자가 익는 시기에도 두 꽃의 구분이 가능하다.

관리 및 번식법

물 빠짐이 좋은 화분이나 화단에 심어야 하고, 물은 봄에는 2~3일 간격으로, 가을에는 4~6일 간격으로 주면 된다. 7월에 익은 종자를 따서 바로 화분이나 화단에 뿌리는 것이 발아율이 가장 높고, 저장했다가 이듬해 봄에 뿌리면 발아율이 너무 낮다. 가을이나 이른 봄 새싹이 올라올 때 포기나누기를 한다.

● 옥녀꽃대_ 줄기

● 옥녀꽃대_ 꽃봉오리

288 | 옥잠난초

Liparis kumokiri F. Maek.

- ▶ 이 명 : 구름나리란
- ▶ 과 명 : 난초과
- ▶ 개화기 : 6~7월

생육 특성

옥잠난초는 우리나라 전역에 분포하는 여러해살이풀이다. 생육 환경은 물 빠짐이 좋고 토양 비옥도가 높은 반그늘 혹은 음지에서 자란다. 뿌리는 구경 지름이 1~1.5cm 정도인데, 지상에 나와 있는 것은 '위인경(僞鱗莖)'이라 부르며 마른 잎자루로 싸여 있다. 키는 20~30cm이고, 잎의 길이는 5~12cm, 폭은 2.5~5cm로 지난해의 줄기 옆에서 2개가 나오며, 긴 타원형이고 가장자리에 주름이 많다. 꽃은 자줏빛이 도는 연한 녹색으로, 높이 15~30cm의 꽃자루에 5~15송이의 꽃이 달린다. 열매는 8~9월경에 익으며 길이는 1~1.5cm 정도이다. 관상용으로 쓰인다.

관리 및 번식법

집 안에서 키우기 좋은 품종이다. 잎이 넓어 물은 2~3일 간격으로 주되 꽃이 피는 6월경에는 4~5일 간격으로 준다. 해마다 옆에서 생기는 작은 알뿌리를 봄에 분리한다. 종자는 덜 익은 것은 인위적으로 배양을 해야 하고 완전히 익은 것은 따서 이끼가 많은 곳에 뿌린다. 발아율은 매우 낮다.

● 옥잠난초_ 개화 직전

● 옥잠난초_ 종자 결실

289 옹굿나물

Aster fastigiatus Fisch.

- ▶ 이 명 : 옹굿나물
- ▶ 과 명 : 국화과
- ▶ 개화기 : 8~10월

생육 특성

옹굿나물은 우리나라 각처의 황무지나 냇가에 나는 여러해살이풀이다. 생육환경은 물 빠짐이 좋고 햇볕이 잘 들어오는, 척박하거나 약한 부엽질의 토양에서 자란다. 키는 30~100cm이고, 잎은 처음 나온 것은 길이가 5~12cm, 폭이 0.4~1.5cm로 뾰족하고 양끝이 좁으며 뒷면은 흰빛이 돌고 가장자리에 톱니가 있다. 줄기에서 자란 잎은 뾰족하며 위로 올라가면서 작아진다. 줄기는 곧추서 있으며 세로로 능선이 있고, 윗부분의 가지는 옆으로 퍼지며 털이 많다. 꽃은 흰색으로 지름이 약 0.8cm이며 원줄기 끝에서 펼쳐지면서 달린다. 꽃줄기는 0.3~0.8cm이며, 꽃대의 끝에서 꽃의 밑동을 싸고 있는 비늘 모양의 조각은 길이가 약 0.4cm, 폭이 약 0.5cm로 통형이다. 혀 모양의 꽃은 꽃부리 길이가 약 0.6cm, 폭은 약 0.1cm이다. 열매는 10~11월에 달리는데, 길이가 약 0.1cm, 폭이 약 0.06cm로 긴 타원형이며 잔털이 있고 관모의 길이가 약 0.4cm로 어두운 흰색 혹은 연한 붉은색을 띤다.

관리 및 번식법

어느 곳에서 재배해도 잘 자란다. 화단에 심을 때는 햇볕이 잘 드는 앞부분이 좋다. 척박한 토양에서도 잘 자라기 때문에 특별한 관리가 필요하지 않다. 또한 화분에 심어 감상하려면 제일 아래에 모래를 넣고 그 위쪽으로 마사와 약간의 퇴비를 넣고 심으면 된다. 물은 2~3일 간격으로 준다. 11월경에 받은 종자를 바로 뿌리거나, 종자를 종이나 솜에 싸서 수분 증발을 억제한 채로 냉장고에 보관했다가 이듬해 봄에 뿌린다. 종자 발아율은 높은 편이다. 포기 번식은 이른 봄이나 가을에 옆에서 나오는 순을 분리하여 심는다.

● 옹굿나물_ 새순 올라오는 모습

● 옹굿나물_ 개화 직전

290 왕고들빼기

Lactuca indica L.

▶ **과　명** : 국화과
▶ **개화기** : 7~9월

생육 특성

왕고들빼기는 우리나라 각처의 산과 들에 분포하는 한해살이풀이다. 생육환경은 반그늘이나 양지에서 자란다. 키는 1~2m까지 자라고, 잎의 표면은 녹색, 뒷면은 분백색이고 길이는 10~30cm, 폭은 1~5cm로 타원형이며 끝이 뾰족하다. 꽃은 연한 황색으로 길이가 20~40cm, 지름이 약 2cm이며, 원가지에서 여러 개 갈라지면서 작은 꽃들이 많이 달린다. 열매는 흰색으로 9월경에 달리고, 종자 위의 갓털 길이는 0.7~0.8cm이다. 어린순은 식용, 뿌리는 약용으로 쓰인다.

관리 및 번식법

화단에 심으면 어느 곳에서나 잘 자란다. 식용을 목적으로 재배할 경우는 토양이 기름진 곳에 심고 물은 2~3일 간격으로 준다. 9월경에 받은 종자는 보관했다가 이른 봄 화단에 뿌린다.

● 왕고들빼기_잎

● 왕고들빼기_종자 결실

291 왜박주가리

Tylophora floribunda Miq.

- ▶ **이 명** : 양반풀, 좀양반풀, 양반박주가리, 나도박주가리
- ▶ **과 명** : 박주가리과
- ▶ **개화기** : 6~7월

생육 특성

왜박주가리는 중부지방(경기도 광릉, 소요산) 이북과 지리산 일대에서 자라는 덩굴성 여러해살이풀이다. 생육환경은 부엽질이 풍부하고 주변에 습기가 많아 습도를 유지하기 좋은 장소에서 자란다. 키는 1~2m이고, 잎은 삼각형으로 뾰족하며 어긋나고, 길이는 2.5~8cm, 폭은 1~3cm가량 되고, 잎 표면에만 털이 약간 있으며 전체적으로는 털이 없다. 줄기는 가늘고 길며 뿌리는 짧고 옆으로 퍼지는 형태. 꽃은 흑자색이며 지름이 0.4~0.5cm로 원줄기의 잎 사이에서 꽃이 나오며 여러 송이가 핀다. 열매는 9월경에 맺는데, 길이가 4~5cm로 뾰족하고 털이 없다. 관상용으로 쓰인다.

관리 및 번식법

실내에서 재배할 때는 줄이나 나뭇가지를 이용하여 덩굴이 감고 올라갈 수 있게 한 후 심어 햇볕이 좋은 곳에 둔다. 정원이나 실외에 심는 경우는 작은 가지나 잎이 큰 초본성 식물 옆에 심어 감고 올라가게 한다. 물은 2~3일 간격으로 준다. 9월경에 달리는 종자를 바로 뿌리거나 종이에 싸서 보관 후 이듬해 봄에 뿌린다. 또한 줄기는 잎 2마디 정도를 붙여서 4~5월경에 삽목해도 된다.

● 왜박주가리_ 잎

● 왜박주가리_ 꽃봉오리

292 왜솜다리

Leontopodium japonicum Miq.

- ▶ 이 명 : 솜다리
- ▶ 과 명 : 국화과
- ▶ 개화기 : 8~9월

생육 특성

왜솜다리는 소백산 이북의 고산지대에서 자라는 여러해살이풀이다. 생육환경은 바람이 잘 통하는 반그늘 혹은 양지의 돌 틈이나 경사지에서 자란다. 키는 25~55cm이고, 잎의 길이는 4~6.5cm, 폭은 0.5~1.4cm로 끝이 뾰족하고 표면에 면모가 있거나 없으며 뒷면에 회백색 면모가 있다. 꽃은 회백색이며 길이는 0.4~0.5cm, 폭은 0.5cm 정도이고 한 개 혹은 여러 개가 줄기 끝에 모여 달린다. 열매는 10~11월경에 달린다. 관상용으로 쓰인다.

관리 및 번식법

화분에 심고 이끼를 올린다. 처음 올라오는 싹은 아주 작지만 꽃이 피면서 줄기가 점점 커진다. 물은 2~3일 간격으로 준다. 11월에 종자를 받아 종이에 싸서 냉장보관한 후 이른 봄 화분에 뿌린다. 종자 발아율이 낮기 때문에 모두 뿌려야 한다.

● 왜솜다리_ 새싹 올라오는 모습

● 왜솜다리_ 고사한 후 잎 모양

293 왜현호색

Corydalis ambigua Cham. & Schleht

- ▶ 이 명 : 산현호색
- ▶ 과 명 : 양귀비과
- ▶ 개화기 : 4~5월

생육 특성

왜현호색은 우리나라 각처의 산지에서 나는 여러해살이풀이다. 생육환경은 반그늘 혹은 양지의 물 빠짐이 좋고 토양 비옥도가 높은 곳에서 자란다. 키는 10~30cm이고, 잎의 길이는 1~3cm, 폭은 약 0.2cm로 연하며 남회색이 도는 녹색이고 가장자리는 밋밋하고 3개로 갈라지며 끝이 둥글다. 꽃은 자줏빛이 도는 하늘색이며 길이가 1.7~2.5cm로 원줄기 끝에서 3~10여 개의 꽃이 뭉쳐서 한쪽 옆을 향하여 달리고 입술처럼 퍼진다. 열매는 긴 타원형으로, 6~7월경에 길이가 1.5~2.3cm, 폭은 약 0.3cm로 달린다. 종자는 검은 광택이 나는 갈색으로 10여 개가 들어 있다.

관리 및 번식법

양지쪽에 물 빠짐이 좋은 곳을 선정하여 화분이나 화단에 심으면 좋다. 물은 2~3일 간격으로 준다. 7월에 받은 종자를 종이에 싸서 냉장보관 후 가을에 뿌리거나 이듬해 봄에 뿌린다. 가을에는 뿌리를 캐서 새로 생긴 작은 뿌리를 나누어 심는다.

● 왜현호색_잎

● 왜현호색_무리

294 요강나물

Clematis fusca var. *coreana* (H. Lev. & Vaniot) Nakai

- ▶ 이 명 : 선종덩굴
- ▶ 과 명 : 미나리아재비과
- ▶ 개화기 : 5~6월

생육 특성

요강나물은 중부 이북의 설악산 이북 높은 지대에서 자라는 낙엽 반관목이다. 생육환경은 주변 습도가 높거나 안개가 많아 공중 습도가 높고 부엽질이 많은 양지에서 자란다. 키는 30~100cm이고, 잎은 어긋나고 3개의 작은 잎으로 구성되거나 단엽으로 깊게 3개로 갈라져 단풍잎처럼 되는 것도 있다. 잎 표면과 뒷면 맥 위에는 잔털이 있다. 꽃은 줄기 끝에 1개씩 아래를 향해 달리며 꽃받침은 흑갈색이고 작은 털이 많이 나 있다. 열매는 길이 약 3cm 정도로 9월경에 맺는데, 갈색으로 된 깃털 모양의 털이 있으며 달걀을 거꾸로 한 모양으로 달린다.

관리 및 번식법

주변 습도가 높은 곳에서 재배한다. 제일 좋은 곳은 높은 산꼭대기의 습지 근처이다. 처음 싹이 올라와 꽃이 필 때까지 둥근 끈끈이 모양을 한 꽃봉오리가 달려 관상가치는 높지만 실내식물로 재배하기 어려운 품종이다. 이른 봄이나 가을에 포기나누기를 하거나 9월경에 달린 종자를 바로 뿌려 번식한다.

● 요강나물_잎

● 요강나물_꽃봉오리

295 우산나물

Syneilesis palmata (Thunb.) Maxim.

- ▶ 이 명 : 섬우산나물, 대청우산나물, 삿갓나물
- ▶ 과 명 : 국화과
- ▶ 개화기 : 6~8월

생육 특성

우산나물은 전국의 산에 넓게 분포하는 여러해살이풀이다. 생육환경은 전국의 야산에서부터 표고 1,000m씩 되는 고산지대까지 수림 밑의 반그늘이 진 습한 곳에 군락을 이루며 자생한다. 키는 70~120cm이고, 잎은 지름이 35~40cm이며 손바닥 모양으로 7~9개가 원형을 이루며 끝이 깊게 2갈래로 갈라지고 꽃이 피기 전에 윗부분에 달려 있다. 이른 봄에 올라오는 잎은 우산대 모양으로 가는 털이 잎에 많이 나 있다. 꽃은 흰색으로 지름이 0.8~1cm로 가운데 꽃줄기 길이는 길고 밖으로 나가면서 작아지며 달린다. 작은 꽃들이 뭉쳐 피는 품종이고 암술은 다른 품종들과는 달리 ∞ 모양을 하고 있다. 종자는 9~10월경에 결실되며 갈색의 갓털이 붙어 있고, 결실이 완료되는 시점을 놓치게 되면 금방 바람에 날아가버린다.

관리 및 번식법

토양 비옥도가 좋은 화분이나 화단에 심어야 하고, 화분에 심을 경우는 물 빠짐을 좋게 하며, 2~3일에 한 번 물을 준다. 10월경에 종자를 받아 냉장 보관하였다가 이듬해 봄에 화분이나 화단에 뿌리고, 가을이나 봄에 포기나누기를 한다. 종자 발아율은 낮은 편이어서 대량으로 번식시키려면 많은 종자를 뿌려야 한다.

● 우산나물_ 잎

● 우산나물_ 종자 결실

296 원추리

Hemerocallis fulva (L.) L.

- ▶ 이 명 : 넘나물, 들원추리, 큰겹원추리, 겹첩넘나물, 홑왕원추리
- ▶ 과 명 : 백합과
- ▶ 개화기 : 6~8월

생육 특성

원추리는 우리나라 각처의 산지 계곡이나 산기슭에서 자라는 여러해살이풀이다. 생육환경은 습도가 높은 곳의 토양 비옥도가 높은 곳에서 자란다. 키는 50~100cm이고, 잎의 길이는 60~80cm, 폭은 1.2~2.5cm로 밑에서 2줄로 마주나고 끝이 둥글게 뒤로 젖혀지며 흰빛이 도는 녹색이다. 꽃은 황색으로 원줄기 끝에서 짧은 가지가 갈라지고 6~8개의 꽃이 뭉쳐 달리며 아침에 피었다가 저녁에 시들며 계속 다른 꽃이 달린다. 열매는 9~10월경에 타원형으로 달리고 종자는 광택이 나며 검은색이다. 관상용으로 쓰이며 어린잎은 식용, 뿌리는 약용으로 이용한다.

관리 및 번식법

꽃이 필 때 줄기에 하얗게 벌레들이 붙어 있는데 이는 원추리 자체에서 발생하는 것으로, 다른 식물에게 해를 입히지는 않아도 보기에 좋지 않기 때문에 화단에 심는 것이 좋다. 아파트와 같은 실내에는 키우지 않는 것이 좋다. 10월에 얻은 종자를 바로 뿌리거나 종이에 싸서 냉장보관 후 이른 봄에 뿌린다. 가을이나 이른 봄에 뿌리를 캐내 포기나누기를 한다.

● 원추리_ 새순 올라오는 모습

● 원추리_ 종자 결실

297 윤판나물

Disporum uniflorum Baker

- ▶ 이 명 : 대애기나리, 큰가지애기나리, 금윤판나물
- ▶ 과 명 : 백합과
- ▶ 개화기 : 4~6월

생육 특성

윤판나물은 우리나라 중부 이남지방에 자생하는 여러해살이풀이다. 생육환경은 반그늘이 있는 토양이 비옥한 곳에서 서식한다. 키는 30~60cm이고, 잎의 길이는 5~15cm, 폭은 1.5~4cm로 긴 타원형이고 끝이 뾰족하며 어긋난다. 꽃은 황색으로 길이는 약 2cm 정도로 가지 끝에 1~3개가 통 모양으로 아래를 향해 달린다. 열매는 검은색으로, 길이가 약 1cm 정도 되며 7~8월경에 둥글게 달린다.

관리 및 번식법

물 빠짐이 좋은 토양에 심고, 화분에 심으면 해마다 꽃이 작아지기 때문에 2~3년에 한 번은 화분에서 꺼내어 일반 토양에 심는다. 물은 2~3일에 한 번씩 준다. 9월경 종자를 받아 이듬해 봄에 화분에 뿌리거나 뿌리에 새싹이 있는 것을 확인하고 가을에 포기를 나눈다.

● 윤판나물_ 새순 올라오는 모습

● 윤판나물_ 꽃이 피기 전

298 으름덩굴

Akebia quinata (Houtt.) Decne.

- ▶ 이 명 : 으름, 목통
- ▶ 과 명 : 으름덩굴과
- ▶ 개화기 : 4~5월

생육 특성

으름덩굴은 우리나라 전역의 산에 자라는 여러해살이 낙엽활엽 덩굴식물이다. 생육환경은 반그늘 혹은 음지의 비옥한 토양에서 자란다. 키는 약 1.5~5m 정도까지 자라며 돌이나 옆에 있는 식물을 감고 올라간다. 잎은 타원형이고 길이는 3~6cm로 양면에 털이 없으며 가장자리가 밋밋하다. 꽃은 낙하산 모양이며 자갈색으로 잎겨드랑이에서 나오는데, 암꽃은 크고 적게 달리고 수꽃이 작고 많이 달리며 꽃잎은 없다. 열매는 10월에 자갈색으로 익으며, 가운데가 갈라지고 종자는 분산된다. 어린잎은 차로 마시는 용도로 많이 이용하며, 열매는 일명 '조선 바나나'라 하여 여름에 흰 과육이 많이 있는 것을 따서 판매한다. 하지만 씨가 많기 때문에 식용할 때 불편한데, 이것을 해결하는 것이 급선무로 생각된다.

관리 및 번식법

화분이나 화단에 심어 교육용으로 활용하면 좋다. 양쪽으로 철사를 두고 덩굴이 뻗어나가는 것을 관찰하고 여름에 열리는 열매를 교육용으로 활용한다. 유기질 함량이 높은 퇴비를 넣고 여름에는 1~2일에 한 번 물을 주고 가을에는 3~4일 간격으로 물을 준다. 10월경 익은 종자를 종이에 싸서 냉장보관하여 이듬해 봄 화분에 뿌리거나, 가을에 올해 새로 나온 새순을 삽목한다.

● 으름덩굴_ 수꽃

● 으름덩굴_ 열매

299 으아리

Clematis terniflora var. *mandshurica* (Rupr.) Ohwi

- ▶ 과 명 : 미나리아재비과
- ▶ 개화기 : 6~8월

생육 특성

으아리는 우리나라 각처의 산과 들에서 자라는 낙엽 덩굴식물이다. 생육환경은 양지나 반그늘의 토양 비옥도가 높은 곳에서 자란다. 키는 2~4m이고, 잎은 마주나고 잎자루는 구부러져 덩굴손과 같으며, 양면에 털이 없고 끝은 밋밋하다. 꽃은 흰색으로 길이 1.2~2cm 정도로 원줄기 끝과 잎겨드랑이에서 핀다. 열매는 9월경에 익는다. 관상용으로 쓰이며 어린잎은 식용, 뿌리는 약용으로 이용된다.

관리 및 번식법

덩굴성이기 때문에 감고 올라갈 수 있는 것을 화단 주변에 만들어주어야 한다. 실내에서 키울 때는 철사를 이용해 돔 형태로 만들고 위로 올라가게 하면 된다. 물은 2~3일 간격으로 준다. 가을에 올해 나온 가지를 삽목하거나 9월에 받은 종자를 바로 화분이나 화단에 뿌린다.

● 으아리_ 새순 올라오는 모습

● 으아리_ 종자 결실

300 은난초

Cephalanthera erecta (Thunb.) Blume

- ▶ 이 명 : 은란
- ▶ 과 명 : 난초과
- ▶ 개화기 : 5월

생육 특성

은난초는 전국의 산과 들에 분포하는 여러해살이풀이다. 생육 환경은 물 빠짐이 좋은 반그늘 혹은 양지에서 자란다. 키는 40~60cm이고, 잎의 길이는 3~8.5cm, 폭은 1~2.5cm로 긴 타원형이고 끝이 뾰족하며 줄기를 감싸며 어긋난다. 꽃은 흰색으로 원줄기 끝에 3~10개가 이삭과 같이 달린다. 열매는 7~8월경에 길이가 약 2cm 정도로 달리고 안에는 작은 종자들이 많이 들어 있다.

관리 및 번식법

부엽질이 많은 흙을 선택하여 물 빠짐을 좋게 한 후 화분에 심는다. 물은 3~4일 간격으로 준다. 종자로 발아시켜 번식하는 것은 힘들며 가을에 포기나누기를 한다. 파종상에 이끼나 수태를 올리고 그 위에 붓이나 작은 막대기를 이용하여 완전히 익은 종자를 흩어 뿌린다. 이끼나 수태에 잘 스며들 수 있게 입자가 고운 스프레이를 이용하여 충분히 수분을 주고 위에 신문이나 비닐을 덮어 습도를 유지시킨다. 7~10일 정도가 지나면 신문이나 비닐을 제거한다.

● 은난초_ 꽃봉오리

● 은난초_ 시들어가는 모습

301 은방울꽃

Convallaria keiskei Miq.

- ▶ 이 명 : 비비추, 초롱꽃, 영란
- ▶ 과 명 : 백합과
- ▶ 개화기 : 4~5월

생육 특성

은방울꽃은 전국 각처의 산에 분포하는 여러해살이풀이다. 생육환경은 토양이 비옥하고 물 빠짐이 좋은 반그늘에서 자란다. 키는 20~30cm이고, 잎의 길이는 12~18cm, 폭은 3~7cm로 3월경에 막에 둘러싸인 첫 잎이 지상부로 올라오고 가장자리는 밋밋하며 표면은 짙은 녹색이고 뒷면은 연한 흰빛이 도는 긴 타원형 또는 난상 타원형이다. 꽃은 흰색으로 길이는 0.6~0.8cm로 종이나 항아리 모양이며, 끝이 6개로 갈라져서 뒤로 젖혀진다. 두 잎 사이에서 꽃대가 출현하여 아래에서 위쪽으로 올라가며 개화하는 특성을 가지고 있다. 향은 바람이 불어오는 곳이면 은은한 사과 혹은 레몬향이 강하게 전해온다. 붉은색 열매가 9월경 지름 약 0.6cm 정도로 둥글게 달린다.

관리 및 번식법

물 빠짐이 좋은 곳에 심고, 화분에 심어 관리할 때는 봄에는 햇빛이 많이 들어오는 곳에 두고 여름에는 그늘이 많이 지는 곳에 둔다. 또한 심을 때는 많은 개체를 심지 말고 조금만 심어 관리한다. 8~9월경에 익는 종자를 바로 화분에 뿌리거나 가을이나 봄에 포기나누기를 한다.

● 은방울꽃_ 꽃 내부의 모습

● 은방울꽃_ 종자

302 이삭귀개

Utricularia racemosa Wall.

- ▶ **이 명** : 이삭귀개, 수원땅귀이개, 수원땅귀개
- ▶ **과 명** : 통발과
- ▶ **개화기** : 8~9월

생육 특성

이삭귀개는 우리나라 각처의 습한 곳에서 자라는 여러해살이 식충식물이다. 생육환경은 습기가 많고 물이 얕게 고인 곳에서 자란다. 키는 10~30cm이고, 잎의 길이는 0.2~0.3cm로 녹색이고 지하에 있는 뿌리 부분에 붙어 있다. 꽃은 자주색이며 줄기를 따라 4~10개가 드문드문 달린다. 열매는 10~11월경에 달리고 지름이 0.2~0.3cm로 둥글다.

관리 및 번식법

물 빠짐이 좋지 않은 습지에 심는다. 10월에 받은 종자를 저장 후 이듬해 봄 화단에 뿌리거나 새싹이 올라올 때 뿌리 부분을 여러 개로 나누어 심는다. 자생지에서의 종자 발아율은 매우 높은 것으로 확인했다. 처음 종자 발아 되어 올라오는 순은 아주 작은 잎들이 모여 하나의 군락을 이루고 있는 것을 볼 수 있다. 이는 자연에서의 종자 발아율이 높음을 알 수 있는 부분이다. 따라서 이 품종에 대해서는 인위적인 종자 발아 실험도 이루어져야 할 것으로 생각된다.

● 이삭귀개_ 꽃봉오리

● 이삭귀개_ 종자 결실

303 **이삭여뀌**

Persicaria filiformis (Thunb.) Nakai ex Mori

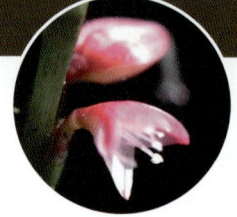

▶ **과　명** : 마디풀과
▶ **개화기** : 7~8월

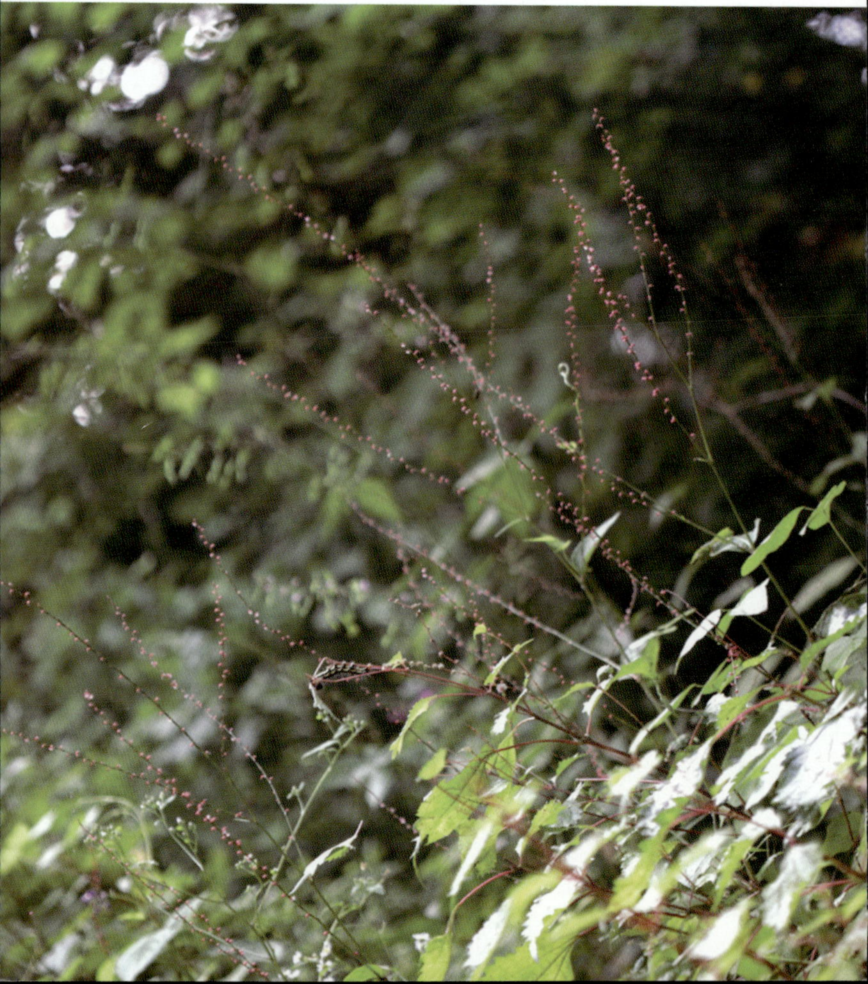

생육 특성

이삭여뀌는 우리나라 각처의 산지에서 자라는 여러해살이풀이다. 생육환경은 반그늘의 습기가 많은 풀숲에서 자란다. 키는 50~80cm이고, 잎은 난형이며 길이는 7~15cm, 폭은 4~9cm로서 끝이 뾰족하고 밑부분이 좁으며 잎자루는 길이가 0.5~3cm로 짧다. 가장자리는 밋밋하며 양면에 털이 있고 표면에는 검은색 반점이 있다. 꽃은 붉은색이며 길이 20~40cm로 원줄기 끝과 윗부분에서 나오며 드문드문 달린다. 열매는 9~10월경에 달리고 길이는 0.2cm이며 암갈색이다.

관리 및 번식법

반그늘이고 바람이 잘 통하는 화단에 심는다. 10월에 받은 종자를 저장 후 이듬해 봄 화단에 뿌리거나 새싹이 올라올 때 뿌리 부분을 여러 개로 나누어 심는다.

● 이삭여뀌_ 잎

● 이삭여뀌_ 꽃봉오리

304 이질풀

Geranium thunbergii Siebold & Zucc.

- ▶ 이 명 : 개발초, 거십초, 민들이질풀, 분홍이질풀, 붉은이질풀, 쥐손이풀
- ▶ 과 명 : 쥐손이풀과
- ▶ 개화기 : 8~9월

생육 특성

이질풀은 우리나라 각처의 산과 들에서 자라는 여러해살이풀이다. 생육환경은 반그늘 또는 양지에서 자란다. 키는 약 50cm 정도이고, 잎은 양면에 검은색 무늬가 있고 폭은 3~7cm로 표면에 이중으로 된 털이 있으며 뒷면에는 비스듬히 구부러진 털이 있다. 잎은 마주나고 손바닥을 편 모양을 하고 있으며 잎자루가 있고 3~5개로 갈라진다. 꽃은 연한 홍색, 홍자색 또는 흰색으로 피며 지름은 1~1.5cm로 꽃줄기에서 2개의 작은 꽃줄기가 갈라져 각 한 개씩 꽃이 달린다. 열매는 10월경에 달리며 길이가 1.5~2cm로 검은색의 씨방이 5개로 갈라져서 위로 말리며 각각의 씨방에 종자가 한 개씩 들어 있다. 전초는 약용으로 쓰인다.

관리 및 번식법

화분에 심어 관리하면 좋다. 지름 약 20~30cm 되는 화분에 5~6개를 넣으면 여름철에는 잎이 꽉 찬 느낌이 들 만큼 자라고 꽃도 많이 핀다. 밖에서 키울 때는 어느 곳이든 좋지만 주변에 나는 다른 풀들을 제거해줘야 한다. 물은 실내일 경우 2~3일 간격으로 주고, 실외는 3~4일 간격으로 준다. 이른 봄에 포기나누기를 하고, 10월경 받은 종자는 바로 화분이나 화단에 뿌리거나 이듬해 봄에 뿌린다. 종자 발아율은 매우 높다.

● 이질풀_잎

● 이질풀_꽃봉오리

● 이질풀_ 종자 결실

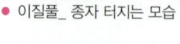
● 이질풀_ 종자 터지는 모습

● 이질풀_ 꽃(흰색)

● 이질풀_ 꽃(키메라 현상)

305 익모초

Leonurus japonicus Houtt.

- ▶ **이 명** : 임모초, 개방아
- ▶ **과 명** : 꿀풀과
- ▶ **개화기** : 7~8월

생육 특성

익모초는 전국의 산과 들에 분포하는 두해살이풀이다. 생육환경은 햇볕이 잘 들어오는 곳이나 풀숲에서 자란다. 키는 70~100cm 정도이고, 잎은 마주나고 잎자루가 길며 뿌리에서 생겨난 잎은 끝에 둔한 톱니가 있고 꽃이 필 때 없어진다. 꽃은 홍자색으로 윗부분의 잎자루에 여러 개 층으로 달린다. 열매는 9~10월경에 달리며 넓은 난형으로 편평하다. 전초는 약용으로 쓰인다.

관리 및 번식법

특정 지역에 관계없이 어느 곳에서나 잘 자란다. 작은 꽃들이 줄기와 잎 사이에서 나오며 모양이 어린아이가 서 있는 모습과 유사하게 생겼다. 이렇게 작은 꽃들이 모여 있는 모습은 어린이 교육용으로 적합하므로 화단에 심을 경우 앞부분에 심는 것이 좋다. 10월에 종자를 받아 바로 화분에 뿌린다. 종자를 받을 때는 줄기 아래 부분을 잘라 쏟아지지 않게 하고, 신문지나 종이를 아래에 깔고 줄기를 흔들어 종자를 받은 후 선별한다. 이 과정이 끝나면 종자를 파종상에 뿌린다. 종자 발아율은 매우 높은 편이다.

● 익모초_잎

● 익모초_종자 결실

306 인동덩굴

Lonicera japonica Thunb.

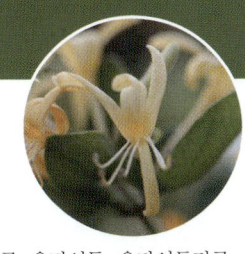

▶ 이 명 : 인동, 금은화, 능박나무, 털인동덩굴, 우단인동, 우단인동덩굴, 섬인동

▶ 과 명 : 인동과

▶ 개화기 : 6~7월

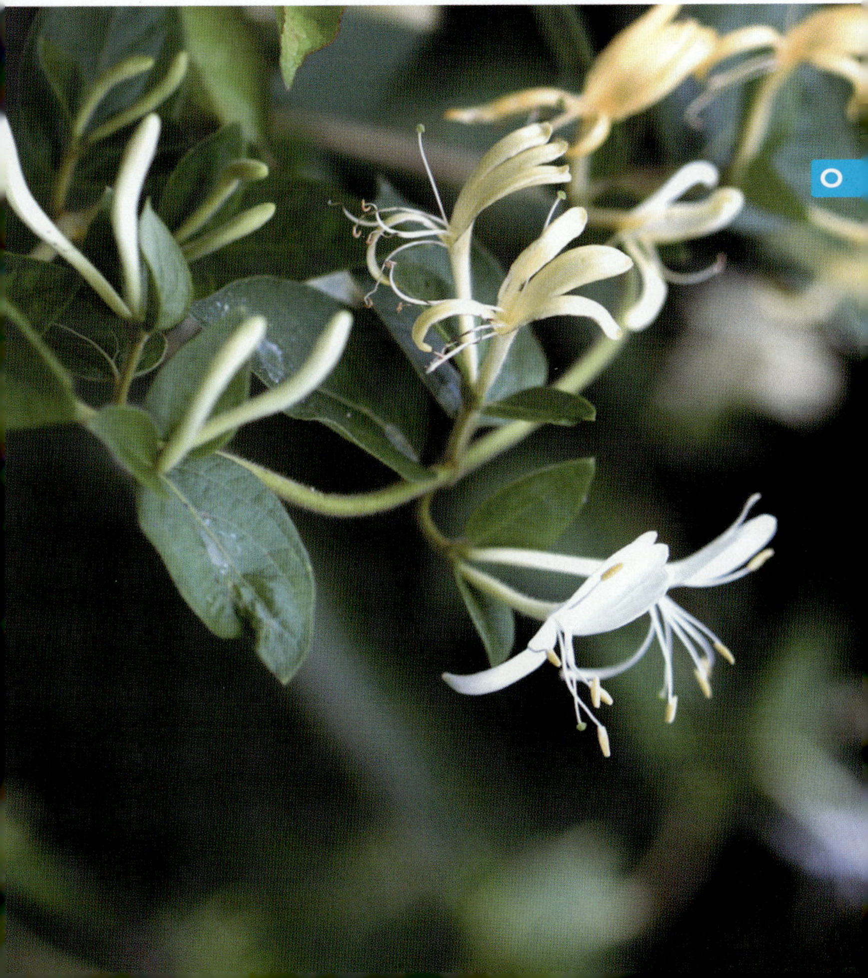

ㅇ

생육 특성

인동덩굴은 우리나라 전역의 산에 자라는 반상록활엽 덩굴성 관목이다. 생육환경은 반그늘의 물 빠짐이 좋고 토양 비옥도가 높은 곳에서 자란다. 키는 2~4m가량까지 자라고, 잎은 타원형이며 길이는 3~8cm, 폭이 1~3cm이다. 잎에는 톱니가 없고 처음에는 잔털이 있지만 전개되면서 털이 없어지거나 뒷면 일부에 남아 있으며 잎자루는 길이 0.5cm로 털이 있다. 꽃은 흰색에서 시들면서 황색으로 변하고 1~2개씩 잎자루에 달린다. 열매는 9~10월에 검은색으로 익으며 지름이 약 0.8cm 정도로 둥글다. 관상용으로 쓰이며 꽃과 잎은 식용 또는 약용으로 이용한다.

관리 및 번식법

향이 은은하게 나기 때문에 집 안에서 키워도 좋다. 돌담이나 나무 등 어떤 것도 타고 올라가기 때문에 주변에 감고 올라갈 수 있는 것을 만들어 줘야 한다. 꽃은 차로 마시면 은은한 향이 전체에 퍼지고 맛도 좋다. 봄이나 가을에 가지를 화분에 삽목한다. 봄에는 약간 딱딱한 부분이 포함되지만 가을에는 연한 부분을 골라서 쓴다.

● 인동덩굴_ 새순 나오는 모습

● 인동덩굴_ 잎

● 인동덩굴_ 꽃(노란색)

● 인동덩굴_ 꽃(흰색)

● 인동덩굴_ 시드는 모습

● 인동덩굴_ 종자 결실

307 일월비비추

Hosta capitata (Koidz.) Nakai

- ▶ **이 명** : 방울비비추, 산지보, 비녀비비추
- ▶ **과 명** : 백합과
- ▶ **개화기** : 6~7월

생육 특성

일월비비추는 우리나라 각처의 산에 자라는 여러해살이풀이다. 생육환경은 토양에 부엽질이 풍부하여 비옥도가 높은 곳의 반그늘에서 자란다. 키는 50~60cm이고, 잎의 길이는 10~16cm, 폭은 5~8cm 정도로 넓은 난형이다. 끝부분은 물결과 같은 형태를 하고 있으며, 잎자루는 길고 밑부분에 자주색 점이 있다. 꽃은 길이가 4.5~5cm로 자주색이며, 잎 중앙에서 꽃자루가 자라 끝에 꽃이 옆을 향해 빽빽하게 달리고, 작은 꽃자루의 길이는 0.4~0.6cm이다. 열매는 9~10월경에 달리고 털이 없으며 길이가 2.5~2.7cm이다. 종자는 편평하고 긴 타원형으로 검은색 날개가 있으며 길이는 0.9cm 정도이다. 관상용으로 쓰이며, 어린잎은 식용으로 쓰인다.

관리 및 번식법

대기오염이 많지 않은 화단에 심는다. 반그늘을 만들어주면 잎은 항상 푸른 상태를 유지하지만 강한 빛을 받는 곳에서는 끝이 탄다. 물은 봄에는 2~3일, 여름에는 1~2일 간격으로 준다. 이른 봄이나 가을에 포기나누기를 하고, 10월경 받은 종자는 모래나 손으로 약하게 비벼 검은 막을 제거하고 바로 화분이나 화단에 뿌리거나 이듬해 봄에 뿌린다. 종자 발아에서 꽃이 피는 기간은 약 3~4년 정도 소요된다.

● 일월비비추_ 잎 올라오는 모습

● 일월비비추_ 종자 결실

308 자주괴불주머니

Corydalis incisa (Thunb.) Pers.

- ▶ 이 명 : 자주현호색, 자지괴불주머니, 자주뿔꽃
- ▶ 과 명 : 양귀비과
- ▶ 개화기 : 5월

생육 특성

자주괴불주머니는 우리나라 남부지방에 주로 자라는 두해살이풀이다. 생육환경은 습기가 많은 양지나 반그늘에서 자란다. 키는 20~50cm이고, 잎의 길이는 3~8cm로 삼각상 원형이고 3개씩 2회 갈라지며 가장자리에는 톱니가 있고 어긋난다. 꽃은 홍자색으로 길이는 4~12cm이고 원줄기 끝에 부채 모양으로 뭉쳐서 달린다. 열매는 6~7월경에 길이 1.5cm, 폭 0.3~0.5cm의 긴 타원형 모양으로 달리고, 종자는 검고 광택이 난다.

관리 및 번식법

화단에 심으며 잎이 많기 때문에 물은 매일 줘야 한다. 이른 봄 일찍 개화하는 염주괴불주머니와 산괴불주머니와 함께 심어 관리하면 각 식물의 특성을 파악할 수 있어 좋다. 6~7월에 익은 종자를 바로 뿌리거나 보관하였다가 이듬해 봄에 뿌린다. 모본이 있던 곳을 이른 봄 호미나 작은 농기구를 이용하여 흙을 부드럽게 해주면 종자 발아율이 높아진다.

● 자주괴불주머니_ 잎

● 자주괴불주머니_ 꽃봉오리

309 자주꽃방망이

Campanula glomerata var. *dahurica* Fisch. ex KerGawl.

- ▶ 이 명 : 자주꽃방맹이, 꽃방맹이, 자지꽃방맹이, 꽃방망이
- ▶ 과 명 : 초롱꽃과
- ▶ 개화기 : 7~8월

생육 특성

자주꽃방망이는 제주도와 남해안을 제외한 전국에 분포하나 주로 지리산과 중북부 지방의 표고 500m 이상 되는 지역에서 자라는 여러해살이풀이다. 생육환경은 낙엽이 많이 떨어진 곳의 풀숲 반그늘에서 자란다. 키는 40~100cm 정도로 전체에 털이 많으며, 잎의 길이는 5~10cm, 폭은 1~3cm로서 끝이 뾰족해지고, 뾰족하고 긴 잎자루를 가지고 있다. 꽃은 자주색으로 원줄기 끝에 10개 정도가 머리 모양으로 모여 위를 향해 달리지만 윗부분의 잎자루에도 달린다. 열매는 9~10월에 성숙하고 작은 종자가 많이 들어 있다. 관상용으로 쓰이며 어린순은 식용으로 쓰인다.

관리 및 번식법

서늘하고 공기가 잘 통하는 화단을 선정하여 심는다. 빛이 많이 들어오지 않고 물 빠짐이 좋은 경사지면 더 좋다. 이른 봄 새순이 나올 때 포기나누기를 하거나 10월에 받은 종자를 종이에 싸서 냉장보관 후 이른 봄 화분에 뿌린다.

● 자주꽃방망이_ 꽃봉오리

● 자주꽃방망이_ 꽃 확대한 모습

310 자주꿩의다리

Thalictrum uchiyamai Nakai

- ▶ **이 명** : 자주가락풀
- ▶ **과 명** : 미나리아재비과
- ▶ **개화기** : 6~7월

생육 특성

자주꿩의다리는 우리나라 각처의 산지에서 나는 여러해살이풀이다. 생육환경은 물기가 많은 돌 틈이나 반그늘의 유기질 함량이 많은 곳에서 자란다. 키는 약 50cm이고, 잎은 심장상 난형이며 원형인 것도 있다. 뒷면은 회청색이고, 가장자리에는 톱니가 있고 3갈래로 갈라진다. 꽃은 흰빛이 도는 자주색이고 수술대는 끝이 방망이 같고 자주색이며 꽃밥은 긴 타원형으로 자주색이다. 열매는 편평하며 달걀을 거꾸로 세운 모양으로 8~9월경에 달린다. 관상용으로 이용하고 어린순은 식용한다.

관리 및 번식법

반그늘이나 그늘 지역에서 자라기 때문에 화분과 화단에 재배가 가능하다. 주변 습도가 높은 곳에 심으면 생육이 더 좋으며 꽃 색의 탈색이 빨리 진행되지 않아 오랫동안 감상할 수 있다. 햇볕이 강한 곳에 두면 탈색이 빨리 진행되고 생육이 좋지 않다. 물은 2~3일 간격으로 주며 한 번에 많이 주지 말고 여러 번 나누어 준다. 8~9월경에 완전히 익은 종자를 받아 바로 뿌리거나 냉장보관 후 이듬해 봄에 뿌린다. 종자 발아율은 높은 편이지만 상온에서 관리하면 발아율이 매우 낮게 나온다. 원인은 여러 가지가 있겠지만 종자의 수분이 빠져나가 발아율이 낮아지는 것으로 생각된다. 가을이나 이른 봄에 새순이 올라오면 바로 뿌리를 분리하여 심어도 좋다.

• 자주꿩의다리_ 잎

• 자주꿩의다리_ 종자 결실

311 자주쓴풀

Swertia pseudochinensis H. Hara

▶ 이 명 : 털쓴풀
▶ 과 명 : 용담과
▶ 개화기 : 9~10월

생육 특성

자주쓴풀은 우리나라 각처의 산과 들에서 자라는 두해살이풀이다. 생육환경은 양지 혹은 반그늘의 풀숲에서 자란다. 키는 15~30cm이고, 잎의 길이는 2~4cm, 폭은 0.3~0.8cm로 마주나며 양끝이 뾰족하다. 꽃은 자주색으로 꽃잎은 길이가 1~1.5cm로 짙은 색의 맥이 있고 밑부분은 가는 털들이 많이 나 있다. 원줄기 윗부분에 꽃이 달리며 전체가 원추형으로, 위에서부터 핀다. 열매는 11월경에 달리고 뾰족하며 종자는 둥글다.

관리 및 번식법

직접 빛을 받지 않는 반그늘이 진 화단에 심는다. 작은 꽃들이 뭉쳐 피는 품종이어서 화단의 앞부분에 심어 관리한다. 이때 같은 시기에 피는 쓴풀과 개쓴풀을 함께 심으면 좋다. 11월에 받은 종자를 보관 후 이듬해 봄 화단에 뿌린다. 가을이나 이른 봄 모본이 있던 곳을 호미나 작은 농기구를 이용하여 흙을 부드럽게 하면 종자 발아율이 높아진다.

● 자주쓴풀_ 새순 올라오는 모습

● 자주쓴풀_ 종자 결실

312 | 잔대

Adenophora triphylla var. *japonica* (Regel) H. Hara

▶ 과 명 : 초롱꽃과
▶ 개화기 : 7~9월

생육 특성

잔대는 우리나라 각처의 산에서 자라는 여러해살이풀이다. 생육환경은 물 빠짐이 좋은 반그늘 혹은 양지에서 자란다. 키는 50~100cm이고, 잎은 난형으로 양끝에는 날카로운 톱니가 있다. 꽃은 보라색으로 길이는 1.5~2cm이고, 종 모양으로 생겼으며 줄기 끝에 달린다. 열매는 10월경에 달리고 갈색으로 된 씨방에는 먼지와 같이 작은 종자들이 많이 들어 있다.

관리 및 번식법

약용식물로 재배를 많이 하고 있다. 물 빠짐이 좋고 토양 유기질 함량이 높은 곳에 심는다. 물은 2~3일 간격으로 준다. 10월경에 받은 종자를 바로 화분에 뿌리거나 종자를 종이에 싸서 냉장보관 후 이듬해 봄에 뿌릴 때는 물에 2~3일 담갔다가 뿌린다. 종자 발아율은 매우 저조하다.

● 잔대_ 잎

● 잔대_ 종자 결실

313 잠자리난초

Habenaria linearifolia Maxim. f. *linearifolia*

- ▶ 이 명 : 해오라비아재비, 큰잠자리난초, 해오래비난초, 십자란
- ▶ 과 명 : 난초과
- ▶ 개화기 : 6~8월

생육 특성

잠자리난초는 전국 각처에 분포하는 여러해살이풀이다. 생육환경은 햇살이 좋고 물살이 빠르지 않은 습지와 고산 혹은 낮은 산의 습지에서 자란다. 키는 40~70cm이고, 잎은 어긋나고 길이가 10~20cm, 폭은 0.3~0.6cm이며, 1~2개의 큰 선상엽은 끝이 뾰족하다. 뿌리는 구근으로 되어 있다. 꽃은 흰색이고 지름은 1~1.5cm이며, 줄기 윗부분에 10~15개 정도의 꽃이 무리 지어 핀다. 입술 모양 꽃부리는 길이가 1.5cm, 폭 2cm 정도로서 중앙에서 3개로 갈라지고 아래로는 길게 꼬리와 같은 것이 붙어 있다. 열매는 10월경에 검은색으로 달리고 안에는 먼지와 같은 미세한 종자들이 수없이 들어 있다. 관상용으로 쓰인다.

관리 및 번식법

화분에 재배할 때는 물 빠짐이 좋게 돌을 먼저 넣고 위에 심고, 실외에 심을 때는 약한 습지에 두어 구근이 상하지 않게 심는 것이 좋다. 10월경에 달리는 종자를 종이에 싸서 보관 후 이듬해 봄에 이끼를 깔고 위에 먼지 날리듯 뿌리고 물을 줘서 가라앉힌 후 신문지나 비닐로 10~15일 정도 덮어준다. 종자 발아율이 높지 않기 때문에 몇 개체를 얻는 데 만족해야 한다.

● 잠자리난초_ 잎과 줄기

● 잠자리난초_ 종자 결실

314 장구채

Silene firma Siebold & Zucc.

▶ **과　명** : 석죽과
▶ **개화기** : 6~8월

생육 특성

장구채는 우리나라 각처의 산과 들에서 자라는 두해살이풀이다. 생육환경은 양지 혹은 반그늘의 풀숲에서 자란다. 키는 30~80cm 정도이고, 잎은 넓은 송곳 모양으로 양끝이 좁으며 마주나고, 길이는 3~10cm, 폭이 1~3cm로서 가장자리에 털이 있다. 꽃은 흰색이고 곧게 서며 잎자루와 원줄기 끝에 먼저 피고 아래로 내려오며 잎자루 사이에서 층층으로 달린다. 작은 꽃자루는 가늘고 길며 길이가 1~3cm로 털이 없다. 열매는 9~10월경에 달리고 자갈색 종자가 많이 들어 있다. 관상용으로 쓰이며, 잎과 줄기는 약용으로 쓰인다.

관리 및 번식법

생육이 왕성해 습기가 많거나 물 빠짐이 좋지 않은 곳을 제외한 어느 곳에 심어도 잘 자란다. 8월에 받은 종자는 바로 화분이나 화단에 뿌리고 9~10월에 받은 종자는 보관 후 이듬해 봄에 뿌린다. 발아율은 매우 높은 편이고 씨방에 종자도 많이 들어 있어 2년생이기는 해도 해마다 같은 장소에서 볼 수 있다.

● 장구채_ 잎

● 장구채_ 종자 결실

315 장대나물

Arabis glabra Bernh

- ▶ 이 명 : 장대, 깃대나물
- ▶ 과 명 : 십자화과
- ▶ 개화기 : 4~6월

생육 특성

장대나물은 우리나라 각처의 산과 들에서 자라는 두해살이풀이다. 생육환경은 물 빠짐이 좋은 양지에서 자란다. 키는 약 70cm 정도이고, 잎은 밑부분은 뿌리에서 생긴 잎과 더불어 털이 있으나 윗부분의 잎은 털이 없고 줄기에서 난 잎은 긴 타원형이다. 꽃은 흰색으로 십자화 모양이며 원줄기 끝에서 달린다. 열매는 8~9월경에 길이가 4~6cm로 달리고 종자는 길이가 약 0.3cm이다.

관리 및 번식법

양지의 화단에 심으면 좋다. 물은 2~3일 간격으로 준다. 9월에 받은 종자를 바로 뿌리거나 보관 후 이듬해 봄에 뿌린다. 줄기가 없어진 가을이나 이른 봄 호미나 작은 농기구를 이용하여 모본이 있던 곳의 흙을 부드럽게 하면 종자 발아율이 높아진다.

• 장대나물_ 잎

• 장대나물_ 종자 결실

316 절국대

Siphonostegia chinensis Benth.

- ▶ 이 명 : 절굿때, 절굿대
- ▶ 과 명 : 현삼과
- ▶ 개화기 : 7~8월

생육 특성

절국대는 우리나라 각처의 산에서 자라는 반기생 한해살이풀이다. 생육환경은 양지 혹은 반그늘의 풀숲에서 자란다. 키는 30~60cm 정도이고, 잎은 줄기 중하부에서는 마주나지만 윗부분에서는 어긋나며 잎자루는 짧다. 꽃은 노란색으로 잎자루에 한 개씩 옆을 향해 달리고 꽃받침통의 길이는 1.2~1.5cm, 지름은 0.2~0.4cm로 통형이다. 열매는 8~9월경에 달리고 길이가 1.5~2cm, 폭은 0.3~0.4cm로 털이 없고 꽃받침에 싸여 있으며 뾰족하다. 종자는 달걀과 같은 모양으로 길이가 0.5cm 정도로 작다. 관상용으로 쓰이며 전초는 약용으로 이용된다.

관리 및 번식법

빛이 많이 들어오는 화단의 경사지에 심는다. 꽃 형태가 새의 부리 같이 생겨 어린이들이 좋아할 만한 품종이다. 따라서 학교와 같은 교육기관에서 화단에 심을 때는 앞쪽에 심어 관리한다. 가을에 종자를 받아 보관한 후 이듬해 봄 화단에 뿌린다. 발아율은 높지 않아 종자를 많이 뿌려야 한다. 모본이 있던 곳을 이른 봄 호미나 작은 농기구를 이용하여 흙을 부드럽게 하면 종자 발아율이 높아진다.

● 절국대_ 꽃봉오리

● 절국대_ 종자 결실

317 | 점현호색

Corydalis maculata B. U. Oh & Y. S. Kim

▶ 과 명 : 양귀비과
▶ 개화기 : 4~5월

생육 특성

점현호색은 강원도와 경기도 일대에서 자라는 여러해살이풀이다. 생육환경은 반그늘 혹은 양지의 물 빠짐이 좋고 토양 비옥도가 높은 곳에서 자란다. 키는 8~25cm이고, 잎 길이는 3~13cm, 폭은 3~16cm이며 표면은 녹색이고 크고 뚜렷한 흰색 반점이 전체에 퍼져 있다. 꽃은 진한 청색이고 길이는 2.4~3cm이며 원줄기 끝에 3~18개가 뭉쳐서 달린다. 열매는 6~7월경에 길이가 0.9~2.8cm, 폭이 약 0.5cm로 달리고 종자는 둥글고 광택이 난다.

관리 및 번식법

양지쪽에 물 빠짐이 좋은 곳을 선정하여 화분이나 화단에 심으면 좋다. 물은 2~3일 간격으로 준다. 7월에 받은 종자를 종이에 싸서 냉장보관 후 가을에 뿌리거나 이듬해 봄 화단에 뿌린다. 가을에는 뿌리를 캐서 새로 생긴 작은 뿌리를 나누어 심는다.

● 점현호색_잎

● 점현호색_꽃봉오리

318 정영엉겅퀴

Cirsium chanroenicum (L.) Nakai

▶ 과 명 : 국화과
▶ 개화기 : 7~8월

생육 특성

정영엉겅퀴는 지리산과 중북부 이북 지방에서 자라는 여러해살이풀이다. 생육환경은 뿌리가 뻗을 수 있게 물 빠짐이 좋은 곳이어야 하고 반그늘에서 자란다. 키는 50~90cm 정도이고, 잎은 뿌리에서 나온 것은 꽃이 필 때 없어지고 중앙부의 잎은 난형이며 길이가 11~16cm로 털이 있고 끝이 뾰족하고 톱니가 있다. 꽃은 백황색으로 줄기 위에 3~4개가 모여 달리거나 이삭과 같은 모양으로 배열되고 지름이 2.5~3cm로 꽃줄기가 짧다. 총포는 거미줄 같은 털이 있으며 길이가 1.8cm, 폭이 1.5~2cm인 종과 같은 형태이다. 열매는 편평한 긴 타원형으로 10~11월에 달리고 길이는 0.4cm로 자주색 줄이 있으며, 갓털은 갈색으로 길이가 1.4cm이다. 관상용으로 이용되며 어린순은 식용으로 쓰인다.

관리 및 번식법

화단의 반그늘이고 서늘한 곳에 심는다. 옆에 다른 식물이 있으면 더욱 좋다. 흰색으로 피는 종이기 때문에 직접적으로 빛을 받지 않는 것이 좋다. 물은 2~3일 간격으로 준다. 포기나누기보다는 11월에 받은 종자를 종이에 싸서 냉장보관 후 2월경 화분에 뿌리고 뿌리가 많이 내리면 화단에 옮겨심기한다.

● 정영엉겅퀴_ 잎

● 정영엉겅퀴_ 종자 결실

319 제비꽃

Viola mandshurica W. Becker

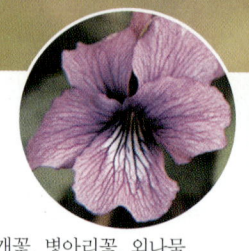

- **이 명** : 오랑캐꽃, 장수꽃, 씨름꽃, 민오랑캐꽃, 병아리꽃, 외나물, 옥녀제비꽃, 앉은뱅이꽃, 가락지꽃, 참제비꽃, 참털제비꽃, 큰제비꽃
- **과 명** : 제비꽃과
- **개화기** : 4~5월

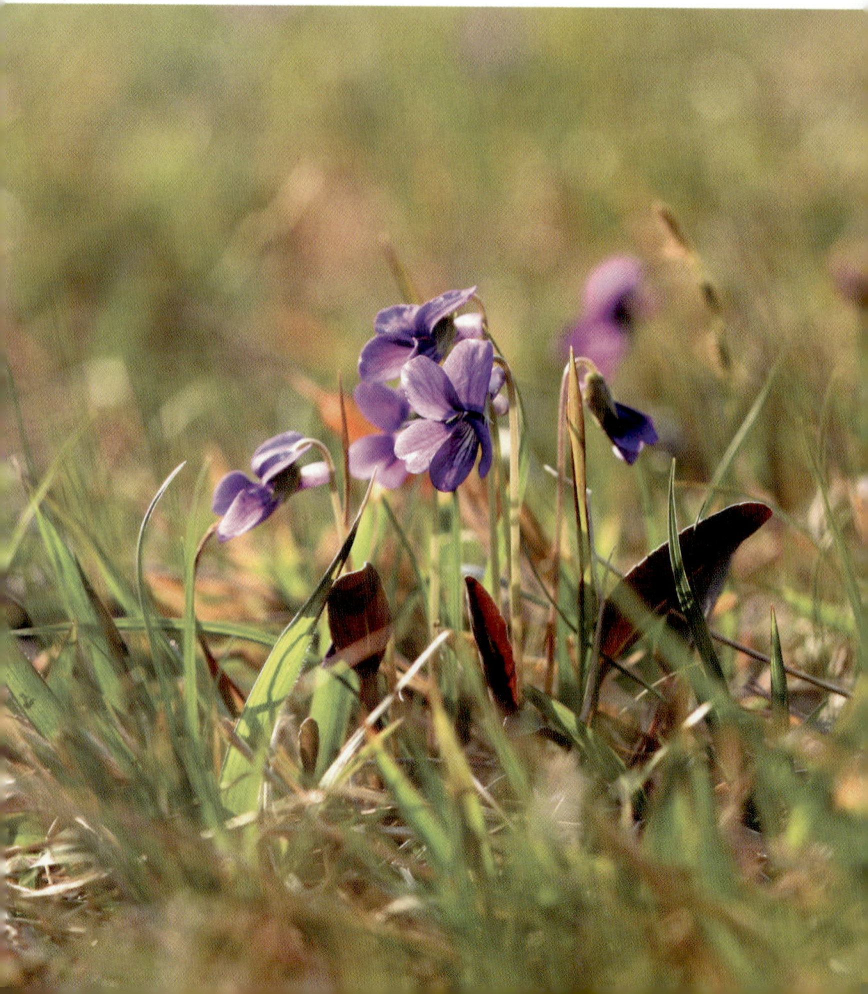

생육 특성

제비꽃은 우리나라 전역의 산과 들에 자라는 여러해살이풀이다. 생육환경은 양지 혹은 반그늘의 물 빠짐이 좋은 곳에 자란다. 키는 10~15cm이고, 잎의 길이는 3~8cm, 폭은 1~2.5cm로 가장자리에 얕고 둔한 톱니가 있으며 뿌리에서 긴 잎자루가 있는 잎이 모여난다. 꽃은 보라색 또는 짙은 자색으로 잎 사이에서 긴 꽃줄기가 나오며 그 끝에 한 송이의 꽃이 달려 한쪽을 향해 핀다. 열매는 6~7월경에 타원형으로 달린다.

관리 및 번식법

화단이나 화분에 심는다. 물 빠짐이 좋은 곳이면 어디서나 잘 자란다. 물은 2~3일 간격으로 준다. 7월에 종자를 받아 보관 후 9월에 뿌리거나 이른 봄 새순이 올라올 때 포기나누기를 한다. 종자 발아율은 매우 높다.

● 제비꽃_ 종자 결실

320 제비동자꽃

Lychnis wilfordii (Regel) Maxim.

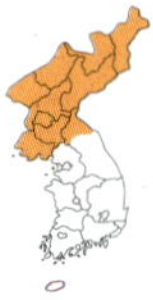

- ▶ 이 명 : 북동자꽃
- ▶ 과 명 : 석죽과
- ▶ 개화기 : 7~8월

생육 특성

제비동자꽃은 강원도 대관령 이북 지방에서 자라는 여러해살이풀이다. 생육환경은 고산지역의 공중 습도가 높은 반그늘에서 자란다. 키는 50~80cm이고, 잎의 길이는 3~7cm, 폭은 1~2cm로 잎자루가 없이 끝이 뾰족하다. 꽃은 홍색으로 원줄기 끝에 우산 모양으로 2개로 갈라진다. 꽃 모양은 다른 동자꽃과는 달리 앞부분이 길게 나오고 끝이 갈라져 있으며 뭉쳐서 피기 때문에 구분이 쉬운 종류이다. 열매는 타원형이며 끝이 5개로 갈라지고 9~10월에 익는 종자는 짙은 회색이며 돌기가 있다. 관상용으로 쓰인다.

관리 및 번식법

반그늘의 서늘한 곳에서 자라기 때문에 위에 나무가 있는 화단을 택하고 토양은 비옥도가 높아야 한다. 다른 동자꽃과는 달리 작기 때문에 물은 2~3일 간격으로 준다. 늦가을이나 이른 봄 새싹이 올라오면 포기를 나누거나, 10월경에 익은 종자를 따서 바로 화분에 뿌려서 이듬해 봄에 심으면 그해에 꽃을 볼 수 있다.

● 제비동자꽃_ 잎

● 제비동자꽃_ 종자 결실

321 조개나물

Ajuga multiflora Bunge

▶ **과 명** : 꿀풀과
▶ **개화기** : 5~6월

생육 특성

조개나물은 경기 이남에서 자라는 여러해살이풀이다. 생육환경은 양지쪽에 토양이 비교적 메마른 곳, 즉 산소 주변이나 잔디가 많은 곳에서 자란다. 키는 30~40cm이고, 잎의 길이는 1.5~3cm, 폭은 0.7~2cm로 타원형 또는 난형이며 마주나고 가장자리에 톱니가 있다. 꽃은 자색으로 잎겨드랑이에서 뭉쳐 위로 올라가며 달리고, 통형이며 끝은 입술 모양을 하고 있다. 꽃잎 뒤쪽에는 작은 털이 나 있다. 열매는 7~8월경에 납작하고 둥근 모양으로 달린다.

관리 및 번식법

화분이나 화단에 심는다. 이른 봄에 2~3일 간격으로 물을 주고, 화분에 심으면 봄에는 햇볕이 많이 들어오는 곳에 두어야 한다. 7~8월에 익은 종자를 바로 뿌리거나 이듬해 봄에 뿌리나누기를 한다. 줄기가 마른 가을이나 이른 봄에 호미나 작은 농기구를 이용하여 모본이 있던 곳의 흙을 부드럽게 하면 종자 발아율이 높아진다.

● 조개나물_ 새순 올라오는 모습

● 조개나물_ 자라는 모습

322 조밥나물

Hieracium umbellatum L.

- ▶ 이 명 : 조팝나물, 버들나물
- ▶ 과 명 : 국화과
- ▶ 개화기 : 7~10월

생육 특성

조밥나물은 우리나라 각처의 산과 들에서 자라는 여러해살이풀이다. 생육환경은 반그늘 혹은 양지에서 자란다. 키는 30~100cm이고, 잎의 길이는 4~12cm, 폭은 0.5~1.2cm로 피침형이고 약간 두껍고 거칠며 가장자리에 뾰족한 톱니가 있다. 꽃은 황색이며 길이가 1~1.8cm이고 가지 끝에 펼쳐지듯 달리고 꽃줄기는 길이 0.2~0.5cm로서 짧은 털이 있다. 열매는 10~11월경에 달리고 검은색이며 길이가 약 0.3cm 정도이고 0.7cm 정도의 갈색 갓털이 있다.

관리 및 번식법

어느 곳에서나 잘 자라며, 토양 유기질 함량이 많은 화단에 심는다. 물은 여름에는 1~2일, 다른 계절에는 2~3일 간격으로 준다. 11월에 받은 종자를 보관 후 이듬해 2월 중순경 화분에 뿌리고 뿌리가 많이 나면 화단에 옮겨심기 한다. 이른 봄 새싹이 올라오면 포기나누기를 한다.

● 조밥나물_ 새순 올라오는 모습

● 조밥나물_ 종자 결실

323 조팝나무

Spiraea prunifolia f. *simpliciflora* Nakai

- ▶ 이 명 : 홀조팝나무
- ▶ 과 명 : 장미과
- ▶ 개화기 : 4~5월

생육 특성

조팝나무는 우리나라 전역의 산과 들에서 자라는 낙엽활엽관목이다. 생육환경은 반그늘 혹은 양지바른 곳의 어떤 토양에서도 잘 자라는 식물이다. 키는 1~2m이며, 잎은 타원형으로 마주나고, 길이는 2~3.5cm로 가장자리에 잔 톱니가 있다. 꽃은 흰색으로 길이가 약 1.5cm 정도로 전년도에 생겼던 짧은 가지에서 4~6개의 작은 꽃들이 뭉쳐서 핀다. 전년도 가지에서 생긴 윗부분의 측지는 모두 꽃이 핀다. 열매는 5~9월경에 익으며 길이 0.3~0.4cm 정도이다. 이른 봄 고속도로나 국도 주변에 흰 구름처럼 핀 꽃이 있다면 분명 조팝나무이다. 도로변에 많이 심는 이유 중 하나는 오염에도 강하고 꽃이 진 후 잎이 나와 상대편 차선의 빛을 차단하는 효과도 볼 수 있어, 일석이조의 효과를 누릴 수 있기 때문이다.

관리 및 번식법

햇볕이 잘 들고 물 빠짐이 좋은 화분이나 화단에 심는다. 익은 종자를 바로 화분에 뿌리거나 여름에 받은 종자는 종이에 싸서 냉장보관 후 가을에 뿌린다. 줄기는 그해에 난 가지를 잘라 가을과 이른 봄에 삽목한다.

● 조팝나무_ 잎이 전개된 모습

324 족도리풀

Asarum sieboldii Miq.

- ▶ 이 명 : 세신
- ▶ 과 명 : 쥐방울덩굴과
- ▶ 개화기 : 5~6월

생육 특성

우리나라 각처의 산지에서 자라는 여러해살이풀이다. 생육환경은 반그늘 또는 양지의 토양이 비옥한 곳에서 자란다. 키는 15~20cm이고, 잎은 폭이 5~10cm이고 줄기 끝에서 2장이 나며 표면은 녹색이다. 뒷면은 잔털이 많으며 줄기는 자줏빛을 띤다. 꽃은 자줏빛으로 끝이 3갈래로 갈라지고 항아리 모양을 하며 잎 사이에서 올라오기 때문에 잎을 보고 쌓여 있는 낙엽을 들어내면 속에 꽃이 숨어 있다. 열매는 8~9월경에 두툼하고 둥글게 달린다. 유사종으로는 뿔족도리와 개족도리가 있다.

관리 및 번식법

화분이나 화단에 심는다. 토양이 비옥한 반그늘에 심고 물은 2~3일 간격으로 준다. 꽃은 대부분 지상으로 올라와 피지만 이 품종은 부엽질이 많은 곳의 낙엽 아래에서 꽃이 피므로 다른 품종들과는 다르다. 이렇게 꽃이 핀다는 것을 알릴 수 있는 교육기관에서 심는 것을 권한다. 늦가을이나 이른 봄에 포기나누기를 하거나 9월경 받은 종자를 바로 뿌린다. 종자를 받는 것이 어렵기 때문에 종자 번식보다는 안전한 포기나누기를 권한다.

● 족도리풀_ 잎이 자라는 모습

● 족도리풀_ 변이체

325 졸방제비꽃

Viola acuminata Ledeb.

- ▶ 이 명 : 졸방나물
- ▶ 과 명 : 제비꽃과
- ▶ 개화기 : 5~6월

생육 특성 졸방제비꽃은 우리나라 각처의 산과 들에서 자라는 여러해살이풀이다. 생육환경은 양지 혹은 반그늘에서 자란다. 키는 20~40cm이고, 잎의 길이는 2.5~4cm, 폭은 0.3~0.5cm로 어긋나고, 줄기 윗부분의 잎은 폭이 길이보다 짧고 끝이 뾰족해지며 가장자리에 둔한 톱니가 있다. 턱잎은 긴 타원형으로 빗살 모양의 톱니가 있다. 꽃은 흰색 또는 연한 자줏빛으로 원줄기 윗부분의 잎자루에서 옆을 향해 달리고, 길이 5~10cm의 꽃줄기가 나온다. 열매는 7~8월경에 달리고 타원형이며 길이는 0.8~1cm이다.

관리 및 번식법 제비꽃은 양지를 좋아하므로 양지쪽에 심지만 이 품종은 반그늘에도 심는다. 하지만 다른 종류의 제비꽃들과 비교하기 위해서는 혼식하는 것도 좋다. 가을에 포기나누기를 하거나 7월경에 받은 종자를 보관 후 8월 말경에 뿌린다. 이른 봄에 종자를 뿌리면 종자 발아에서 성묘가 되기까지 기간이 짧아 9월 이후에 뿌린다.

● 졸방제비꽃_ 새순 올라오는 모습

● 졸방제비꽃_ 종자 결실

326 좀가지풀

Lysimachia japonica Thunb.

- ▶ **이 명** : 돌좁쌀풀, 금좁쌀풀, 좀가지꽃
- ▶ **과 명** : 앵초과
- ▶ **개화기** : 5~6월

생육 특성

좀가지풀은 제주도, 지리산, 경기도 강화도의 산지에서 나는 여러해살이풀이다. 생육환경은 겨울 온도가 따뜻한 남부와 토양의 물 빠짐이 좋고 부엽질이 풍부한 곳에서 자란다. 키는 7~20cm이고, 잎의 길이는 0.6~2.3cm, 폭 0.5~1.5cm 정도로 넓은 난형이고 짧은 털이 있고 어긋난다. 줄기는 비스듬히 서지만 나중에는 옆으로 길게 뻗는다. 꽃은 잎자루에서 한 송이씩 황색으로 달린다. 열매는 8~9월경에 맺으며 둥글게 달리고 윗부분에 긴 털이 있으며 종자는 검은색이다.

관리 및 번식법

낮게 포복하면서 자라는 품종이어서 지피식물로 이용하는 것이 바람직하다. 다른 식물들이 있는 제일 앞부분에 심으면 좋다. 물은 2~3일 간격으로 준다. 포기나누기를 하거나 9월에 받은 종자를 바로 뿌리거나 상온이나 냉장고에 보관 후 이른 봄에 뿌린다. 종자 발아율은 높다.

● 좀가지풀_지상부

327 좀딱취

Ainsliaea apiculata Sch. Bip.

▶ 이 명 : 좀땅취, 털괴발딱취, 털괴발딱지
▶ 과 명 : 국화과
▶ 개화기 : 8~10월

생육 특성

좀딱취는 우리나라 남부 해안과 섬의 건조한 숲에 나는 상록성 여러해살이풀이다. 생육환경은 반그늘이 진 곳의 척박한 땅이나 약간 부엽층이 있고 물 빠짐이 좋은 토양에서 자란다. 키는 8~30cm이고, 잎은 길이와 폭이 각각 1~3cm로 심장형이고 5개로 얕게 갈라지며 양면에 긴 털이 있고 원줄기 밑에 빽빽이 있다. 줄기는 가지가 갈라지고 털이 다소 많이 있으며 뿌리는 옆으로 자라고 마디가 있다. 꽃은 원줄기와 가지 끝에 줄기를 중심으로 아래에서 피면서 위로 올라가며 흰색으로 달린다. 꽃줄기에는 포가 달리는데 포 조각은 5줄로 배열되며, 작은 꽃은 흔히 닫힌 꽃으로 된다. 열매는 9~11월에 갈색의 관모가 약 0.7cm로 붙어 있으며 짧은 털이 있고 편평하다. 이 품종은 다른 꽃들과는 달리 닫힌 꽃, 즉 폐쇄화가 많은 것이 특징이다. 많은 개체들이 꽃은 피지 않고 닫힌 꽃이 되며 이 닫힌 꽃은 바로 종자가 된다. 왜 이런 현상이 일어나는지는 아직 정확히 규명되어 있지 않다. 자생지에서의 이런 꽃 닫힘 현상은 약 70~80% 정도 된다.

관리 및 번식법

내륙에서 관리하기는 힘든 품종이고 해안가 근처에서는 키우기가 가능한 품종이다. 꽃 피는 개체가 작기 때문에 여러 군데 어린 묘를 심고 피는 품종을 감상해야 한다. 반그늘이 지고 모래가 많은 땅에 심는다. 화분 관리는 어렵다. 11월경에 받은 종자를 바로 뿌리거나 종이에 싸서 보관 후 이듬해 봄에 뿌린다. 종자에 붙은 갓털은 뿌리기 전에 제거하면 발아율이 높다.

● 좀딱취_ 암꽃

● 좀딱취_ 수꽃

● 좀딱취_ 꽃 피기 전

● 좀딱취_ 폐쇄화

● 좀딱취_ 종자 결실

● 좀딱취_ 종자 결실(폐쇄화)

328 **좁쌀풀**

Lysimachia vulgaris var. *davurica* (Ledeb.) R. Kunth

▶ **이　명** : 가는좁쌀풀, 큰좁쌀풀, 노란꽃꼬리풀
▶ **과　명** : 앵초과
▶ **개화기** : 6~8월

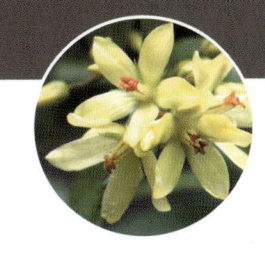

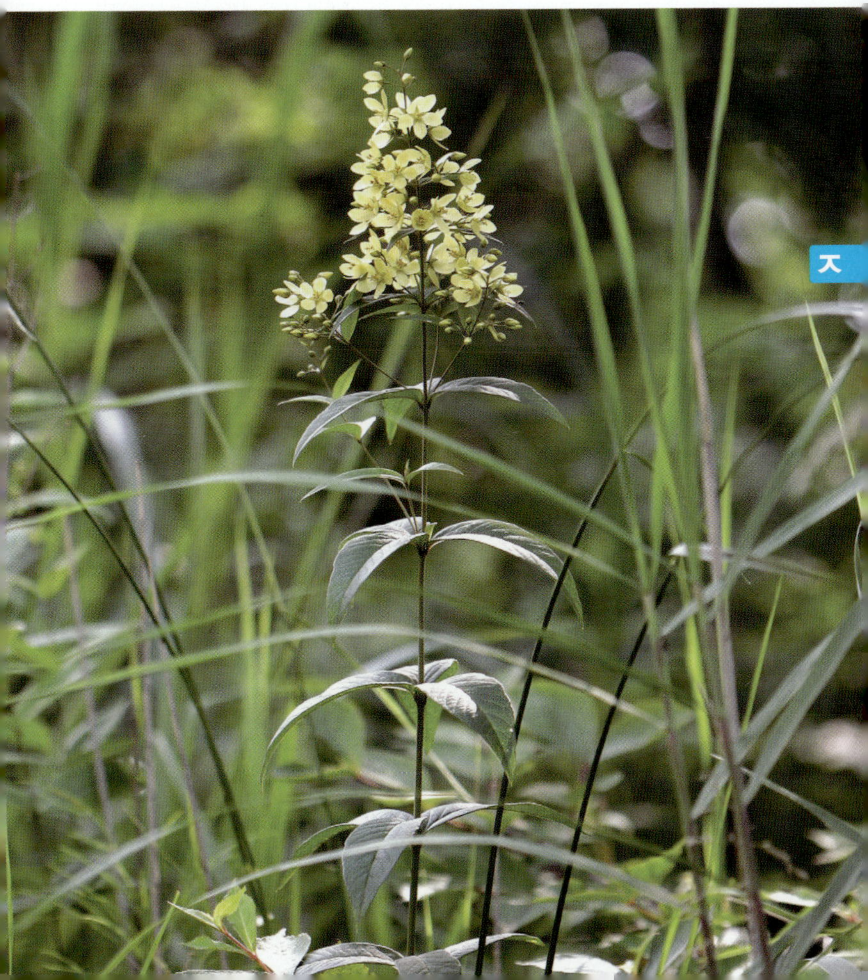

ㅈ

생육 특성

좁쌀풀은 우리나라 각처의 산지에서 자라는 숙근성 여러해살이풀이다. 생육환경은 양지 혹은 반그늘인 풀숲의 가장자리에서 자란다. 키는 40~80cm이고, 잎은 좁은 난형으로 길이는 4~12cm, 폭은 1~4cm로 마주나고 양 끝이 좁고 가장자리가 밋밋하다. 꽃은 황색이고 지름이 1.2~1.5cm로 원줄기 끝에서 발달하며, 아래에서 위쪽으로 올라가며 많은 꽃이 달린다. 작은 꽃줄기의 길이는 0.7~1.2cm이다. 열매는 9~10월경에 달리고 지름은 약 0.4cm로 둥글다. 관상용으로 쓰이며 어린순은 식용으로 이용한다.

관리 및 번식법

잎이 많이 달리고 키가 크기 때문에 물은 2~3일 간격으로 주고 토양은 유기질 함량이 많은 곳을 선택한다. 10월에 종자를 받아 바로 화분이나 화단에 뿌리거나 보관 후 이듬해 봄에 뿌린다. 포기나누기는 가을과 봄에 한다. 종자 발아율이 높기 때문에 포기나누기보다는 종자로 번식시키는 것이 좋다.

● 좁쌀풀_ 종자 결실

329 주름잎

Mazus pumilus (Burm. f.) Steenis

- ▶ 이 명 : 담배풀, 담배깡랭이, 고초풀, 선담배풀, 주름잎풀
- ▶ 과 명 : 현삼과
- ▶ 개화기 : 5~8월

생육 특성

주름잎은 우리나라 전역의 들에 자라는 한해살이풀이다. 생육환경은 양지바른 곳 어디에서나 잘 자란다. 키는 5~20cm이고, 잎의 길이는 2~6cm, 폭은 0.8~1.5cm로 끝이 둥글며 둔한 톱니가 있고 긴 타원상 주걱형이며 마주난다. 잎에 주름살이 지기 때문에 '주름잎'이란 이름이 생겼다. 꽃은 연한 자주색이고 가장자리는 흰색으로 길이는 약 1cm이고 줄기 끝에 입술 모양의 꽃이 몇 개씩 뭉쳐 달린다. 열매는 둥글고 지름은 0.3~0.4cm 정도이다.

관리 및 번식법

음지만 아니면 어느 곳에서나 잘 자라고 물은 3~4일 간격으로 준다. 이 품종은 가을까지 계속 꽃을 피우므로 사람들이 많이 다니는 곳에 심어놓으면 좋다. 한해살이풀이기 때문에 가을에 종자를 받아 이른 봄에 뿌린다. 모본이 있던 장소는 줄기가 마른 가을이나 이른 봄에 호미나 작은 농기구를 이용하여 흙을 부드럽게 해주면 종자 발아율이 높아진다.

● 주름잎_ 꽃봉오리

● 주름잎_ 종자 결실

330 줄딸기

Rubus oldhamii Miq.

- ▶ **이 명** : 덩굴딸기, 곰의딸, 동굴딸기, 덤불딸기, 애기오엽딸기
- ▶ **과 명** : 장미과
- ▶ **개화기** : 5월

생육 특성

줄딸기는 우리나라 각처의 낮은 산지에서 자라는 낙엽활엽수이다. 생육환경은 양지바른 곳이면 어디에서나 자란다. 키는 옆으로 비스듬히 자라면서 약 2m 정도까지도 자란다. 잎은 뾰족하고 표면에는 잔털이 있으며, 뒷면에는 맥 위에 잔털이 있고, 가장자리에는 거치가 있다. 꽃은 연한 홍색이나 때로는 흰색인 것도 나타나며, 5월에 올해 나온 새 가지 끝에 한 개씩 달린다. 꽃줄기는 길이 3~4cm로서 가시가 있다. 열매는 7~8월경 붉은색으로 익는다.

관리 및 번식법

울타리용으로 적합하며, 물은 3~4일 간격으로 준다. 줄기에 가시가 많아 어린아이들이나 사람들의 통행이 많은 곳에는 심지 않는 것이 좋다. 새로 나온 가지를 이용하여 가을에 삽목을 하거나 봄에 뿌리나누기를 한다. 삽목은 이른 봄이나 가을에 하며 삽목상을 이용한다.

● 줄딸기_잎

● 줄딸기_꽃봉오리

● 줄딸기_ 개화 직전

● 줄딸기_ 시드는 모습

● 줄딸기_ 종자 결실

● 줄딸기_ 열매

331 중의무릇

Gagea lutea (L.) Ker Gawl.

- ▶ 이 명 : 중무릇, 조선중무릇, 참중의무릇, 반도중무릇, 애기물구지
- ▶ 과 명 : 백합과
- ▶ 개화기 : 4~5월

생육 특성

중의무릇은 중부지역에 자생하는 여러해살이풀이다. 생육환경은 부엽질이 많은 반그늘에서 서식한다. 키는 15~20cm이며, 잎 길이는 15~30cm, 폭은 0.5~0.9cm로 구근이 위치한 기부에서 안쪽으로 말리는 듯하며 육질이 있는 잎이 한 개 올라온다. 꽃은 황색으로 길이는 1.2cm 정도이고 어두워지면 꽃을 오므리고 빛이 많은 한낮에는 꽃을 피운다. 6개의 꽃잎을 가지며 꽃잎 뒷면에는 녹색이 돈다. 윗부분에 잎이 2장 붙어 있는데 이는 꽃봉오리를 보호하기 위해 둘러싸고 있는 잎의 일종이다. 열매는 6~7월경에 길이 0.7cm로 둥글게 달린다.

관리 및 번식법

화분이나 화단에 심는다. 키가 작고 잎이 가는 식물이어서 물은 2~3일 간격으로 주면 되고, 재배할 때는 토양을 비옥하게 하며 물이 잘 빠지는 곳을 선정해야 한다. 6~7월에 결실되는 종자를 가을에 화분에 뿌리거나, 가을이나 이른 봄에 알뿌리를 나누어서 번식시킨다.

● 중의무릇_ 꽃봉오리

● 중의무릇_ 개화 직전

332 쥐방울덩굴

Aristolochia contorta Bunge

- ▶ 이   명 : 쥐방울, 마도령, 까치오줌요강, 방울풀
- ▶ 과   명 : 쥐방울덩굴과
- ▶ 개화기 : 7~8월

생육 특성

쥐방울덩굴은 우리나라 각처의 산과 들의 숲 가장자리에서 나는 덩굴성 여러해살이풀이다. 생육환경은 반그늘 혹은 양지의 물 빠짐이 좋은 곳에서 자란다. 키는 약 1.5m 정도이고, 잎의 길이는 4~10cm, 폭은 3.5~8cm로 흰빛이 도는 녹색이며 심장형으로 어긋난다. 꽃은 녹자색으로 통 같으며 잎겨드랑이에서 꽃자루가 한 개씩 나오고 둥글게 커지며 안쪽에 긴 털이 있고 윗부분이 좁아졌다가 나팔처럼 벌어지며 한쪽이 길게 뾰족해진다. 열매는 10월경에 길이가 3~5cm 정도인 구형으로 달리고 안에는 많은 종자가 들어 있다. 열매는 약용으로 쓰인다.

관리 및 번식법

화분이나 화단에 심는다. 물 빠짐이 좋은 곳의 경사지에 심으면 좋다. 덩굴성이며 가을에 큰 꽃이 오랫동안 달리므로 관상용으로 좋은 품종이다. 물은 2~3일 간격으로 준다. 10월에 얻은 종자를 바로 뿌리는 것이 가장 좋고, 가을이나 이른 봄에 뿌리를 캐내어 포기나누기를 한다.

● 쥐방울덩굴_ 잎

● 쥐방울덩굴_ 종자 결실

333 | 쥐오줌풀

Valeriana fauriei Briq.

- ▶ 이 명 : 길초, 긴잎쥐오줌, 줄댕가리, 은댕가리, 바구니나물
- ▶ 과 명 : 마타리과
- ▶ 개화기 : 5~7월

생육 특성

쥐오줌풀은 전국의 각처에 분포하는 숙근성 여러해살이풀이다. 생육환경은 척박한 토양에서도 잘 자라지만 비교적 토양 비옥도가 높은 곳과 반그늘 혹은 양지에서 잘 자란다. 키는 40~80cm이고, 잎은 지상부로 올라오고 난 후에는 뿌리잎이 자라지만 개화 때에는 뿌리잎이 없어지고 줄기잎이 자란다. 줄기잎은 5~7개로 갈라지고 거치가 있다. 꽃은 연한 붉은색으로 원줄기 끝과 옆 가지에서 둥근 형태로 달린다. 열매는 8월경에 길이 0.4cm 정도로 꽃잎이 붙은 자리에 짧은 갓털을 가지고 달리며 가을의 약한 바람에도 쉽게 떨어져나간다.

관리 및 번식법

양지쪽의 토양 비옥도가 좋은 화단에 심는다. 봄에 개화하는 품종 가운데 비교적 키가 큰 편에 속하므로 화단 가운데에 심는 것이 좋다. 물은 2~3일 간격으로 준다. 늦가을에 뿌리나누기를 하거나 가을에 받을 종자를 바로 화단에 뿌리거나 저장 후 이듬해 2~3월에 뿌린다. 최근 약용식물로 대량 재배하는 농가가 생겨나면서 대량 번식에 대한 내용이 더욱 중요시되고 있다. 종자 발아율이 높다.

● 쥐오줌풀_ 잎

● 쥐오줌풀_ 꽃봉오리

● 쥐오줌풀_ 종자 결실

● 쥐오줌풀_ 꽃(흰색)

334 지리터리풀

Filipendula formosa Nakai

- ▶ **이 명** : 지리산터리풀
- ▶ **과 명** : 장미과
- ▶ **개화기** : 7~8월

생육 특성

지리터리풀은 지리산 일대와 중북부 이북 지방의 길가나 풀숲에 자라는 여러해살이풀이다. 생육환경은 습기가 많은 풀숲과 반그늘에서 자란다. 키는 약 1m 정도이고, 잎의 길이는 약 7cm, 폭은 약 10cm로 넓고 끝에는 0.1cm 이하의 작은 톱니가 나 있다. 꽃은 짙은 자홍색으로 작은 꽃들이 뭉쳐 빽빽하게 줄기의 아래에서부터 위로 올라가며 핀다. 열매는 9~10월경에 달린다. 유사종으로는 순백색으로 꽃이 피는 백색 지리터리풀(*Filipendula formosa* Nakai for. *albiflora* Y. Lee, for. nov.)이 있다. 관상용으로 쓰이며 어린순은 식용으로 사용한다.

관리 및 번식법

습기가 많은 화단에 심는다. 햇볕을 직접적으로 받으면 밑에 있는 잎이 상하기 때문에 반그늘에 심는다. 화분에 심어도 좋은 품종으로 잎이 커다랗기 때문에 물은 1~2일 간격으로 준다. 이른 봄 포기나누기를 하고, 10월에 받은 종자는 바로 화분이나 화단에 뿌려야 한다.

● 지리터리풀_ 잎

● 지리터리풀_ 꽃봉오리

● 지리터리풀_ 종자 결실 전

● 지리터리풀_ 종자 결실

● 지리터리풀(흰색)_ 꽃

● 지리터리풀(흰색)_ 꽃대

335 지치

Lithospermum erythrorhizon Siebold & Zucc.

▶ **이 명** : 자초, 지초, 지추
▶ **과 명** : 지치과
▶ **개화기** : 5~6월

생육 특성

지치는 우리나라 각처의 산과 들의 풀밭에서 나는 여러해살이풀이다. 생육환경은 토양의 부엽질이 많고 물 빠짐이 좋으며 빛이 잘 들어오는 곳이나 나무 아래의 반그늘에서 잘 자란다. 키는 30~70cm이고, 잎은 양끝이 뾰족하고 밑부분이 좁아지며 마주난다. 원줄기는 가지가 갈라지고 털이 많다. 꽃은 줄기 정상에서 꽃받침과 꽃잎이 각 5개로 갈라지고 흰색으로 달린다. 열매는 8~9월경에 달리고 광택이 난다.

관리 및 번식법

농가에서 약초로 재배되고 있는 품종이다. 물 빠짐을 좋게 하기 위해 자갈이나 바위가 많은 토양을 선택하고 뿌리가 직근성이기 때문에 토양을 깊이 갈고 퇴비를 많이 넣어야 한다. 9월경에 달리는 종자를 물에 넣어 냉장고에 3~4일 정도 두었다가 모래와 섞은 후 손으로 약하게 비벼 뿌린다.

● 지치_ 새순 올라오는 모습

● 지치_ 종자 결실

336 지칭개

Hemistepa lyrata Bunge

- ▶ 이 명 : 지칭개나물
- ▶ 과 명 : 국화과
- ▶ 개화기 : 5~9월

생육 특성

지칭개는 중부지방 이남의 산과 들에 자라는 두해살이풀이다. 생육환경은 건조하고 마른 양지 혹은 반그늘에서 자란다. 키는 60~80cm이고, 잎의 길이는 7~21cm로 뒷면에 흰색 털이 빽빽하고 뾰족하다. 꽃은 홍자색으로 통꽃이며 줄기나 가지 끝에 한 개씩 위를 향해 달리고 꽃이 필 때는 곧게 선다. 열매는 긴 타원형으로, 8~10월경에 암갈색으로 달린다.

관리 및 번식법

어느 곳에서나 잘 자란다. 봄에 엉겅퀴처럼 올라오는 품종으로 키가 크고 줄기에 진딧물이 많이 뭉쳐 있다. 이것은 줄기에 당분이 많기 때문이며, 이처럼 진딧물이 많이 붙어 있는 꽃에는 자연 당 성분이 많이 있다는 것을 어린이들에게 알려준다면 좋은 교육이 될 것이다. 번식은 10월에 받은 종자를 화단이나 화분에 바로 뿌리거나 종자를 종이에 싸서 냉장보관 후 이듬해 봄에 뿌린다. 모본이 있던 장소는 줄기가 마른 가을이나 이른 봄에 호미나 작은 농기구를 이용하여 흙을 부드럽게 해주면 종자 발아율이 높아진다.

● 지칭개_ 줄기

● 지칭개_ 종자 결실

337 진노랑상사화

Lycoris chinensis var. *sinuolata* K. H. Tae & S. C. Ko

- ▶ 이 명 : 개상사화
- ▶ 과 명 : 수선화과
- ▶ 개화기 : 8월

생육 특성

진노랑상사화는 전라북도 고창과 부안, 백양산, 충청남도 가야산에서 나는 여러해살이풀이다. 생육환경은 부엽질이 풍부한 곳의 경사지에 햇볕이 잘 들어오거나 반 그늘진 곳에서 자란다. 키는 40~70cm이고, 잎은 2월부터 5월까지 4~8장 정도가 녹색으로 나오며 약한 광택이 난다. 비늘줄기는 달걀 모양으로 깊이 약 10cm의 땅속에 묻혀 있으며 목이 길고 줄기는 녹색으로 곧게 올라간다. 꽃은 6장의 찢어진 조각으로 진한 노란색으로 줄기 끝에 4~7송이 달리고, 수술과 암술은 모두 노란색으로 잎이 쓰러지고 난 7월 말이나 8월 초에 꽃줄기가 나온다. 열매는 9~10월경에 검은색으로 달린다. 우리나라 멸종위기식물로 분류되어 있다.

관리 및 번식법

물 빠짐이 좋은 곳이면 반그늘 혹은 양지 어느 곳에 심어도 좋다. 화단을 꾸밀 때는 10개 이상의 집단을 형성해서 심는 것도 좋다. 화분에 심을 경우 물 빠짐을 좋게 하고 반 그늘진 곳에 두고 감상한다. 종자가 결실되지 않고 알뿌리로만 번지기 때문에 알뿌리를 거꾸로 세우고 정확히 가운데를 8조각 정도 내어 모래에 심으면 된다. 알뿌리를 삽목하고 나면 바람이 잘 통하는 곳에 두고 상토가 마르지 않게 하는 것이 중요하다. 1~2개월이 지나면 알뿌리에서 작은 구근이 생기기 시작하며, 뿌리가 완전히 내리면 화분이나 화단에 옮겨 심어도 좋다. 꽃이 피는 여름만 피하면 된다. 봄이나 가을에는 옆에서 나온 알뿌리를 분리하여 심어도 된다.

● 진노랑상사화_ 꽃대 올라오는 모습

● 진노랑상사화_ 종자 결실

338 진달래

Rhododendron mucronulatum Turcz.

- ▶ 이 명 : 진달내, 진달래나무, 참꽃나무, 왕진달래
- ▶ 과 명 : 진달래과
- ▶ 개화기 : 4~5월

생육 특성

진달래는 전국에 넓게 분포하는 낙엽활엽관목이다. 생육환경은 토양 조건에 관계없이 반그늘과 양지에서 잘 자란다. 키는 1.5~3m이고, 잎의 길이는 4~7cm, 폭은 1.5~2.5cm이고 표면은 옥색이며 비늘과 같은 것이 있다. 뒷면은 엷은 녹색으로 긴 타원형이고 뾰족하며 톱니가 없다. 꽃은 자홍색 혹은 연한 홍색으로 가지 끝에 한 송이 혹은 몇 송이가 먼저 피고 나중에 잎이 나온다. 꽃은 암술이 수술보다 길어 밖으로 돌출되어 있고, 꽃잎은 5갈래로 갈라지고 지름은 3~4.5cm이며 가는 섬모가 있다. 열매는 10월경에 타원형으로 달린다. 진달래와 철쭉은 거의 동시에 개화하는데, 가장 큰 특징은 진달래는 꽃이 먼저 피고 잎이 나오지만 철쭉은 잎이 나오고 난 후 꽃이 피는 것이다. 또한 잎에서도 큰 차이를 보이는데 진달래의 경우는 잎에 끈적거림이 많지 않은 반면 철쭉의 경우는 잎에 끈적거림이 많다. 또 철쭉 잎은 독성이 있어 동물들이 잘 먹지 않는다.

관리 및 번식법

조경용으로 많이 이용되고 있으며 물은 2~3일 간격으로 준다. 이른 봄 돋아난 새순을 가을에 삽목하고 9~10월경에 익은 종자로도 번식시킨다. 하지만 종자가 워낙 미세하고 발아력도 많이 떨어지기 때문에 종자 번식은 잘 하지 않는다.

● 진달래_ 꽃봉오리

339 진득찰

Sigesbeckia glabrescens Makino

- ▶ 이 명 : 민진득찰, 진둥찰, 찐득찰, 희첨
- ▶ 과 명 : 국화과
- ▶ 개화기 : 8~9월

생육 특성

진득찰은 우리나라 각처의 들과 길가에서 자라는 한해살이풀이다. 생육환경은 양지나 혹은 반그늘에서 자란다. 키는 40~100cm이고, 잎의 길이는 5~13cm, 폭은 3.5~11cm로 가장자리에 불규칙한 톱니가 있고 난상 삼각형이며 마주난다. 꽃은 노란색이며 길이가 1~3cm로 짧은 털이 있고 가지 끝과 원줄기 끝에 달린다. 열매는 다른 물체에 잘 붙으며 10월경에 달린다. 열매는 약용으로 쓰인다.

관리 및 번식법

어느 곳에서나 잘 자란다. 끈적거리는 것이 많아 사람이 지날 때 달라붙기 때문에 화단의 뒤쪽에 심어 관리하는 것이 좋다. 10월에 얻은 종자를 보관 후 이른 봄에 뿌린다. 모본이 있던 장소는 줄기가 마른 가을이나 이른 봄에 호미나 작은 농기구를 이용하여 흙을 부드럽게 하면 종자 발아율이 높아진다.

● 진득찰_ 잎

● 진득찰_ 종자 결실

340 질경이

Plantago asiatica L.

- ▶ 이 명 : 길장구, 빼부장, 배합조개, 빠부쟁이, 배부장이, 빠뿌쟁이, 톱니질경이, 길경
- ▶ 과 명 : 질경이과
- ▶ 개화기 : 6~8월

생육 특성

질경이는 우리나라 각처의 들과 산, 길가에 나는 여러해살이풀이다. 생육환경은 양지 혹은 반그늘 어디에서나 잘 자란다. 키는 10~50cm이고, 잎의 길이는 4~15cm, 폭은 3~8cm로 뿌리에서 퍼지며 대부분의 잎이 길이가 비슷하고 밑부분이 넓어지는 타원형이다. 꽃은 흰색이고 잎 사이에서 나와서 작은 꽃들이 줄기 아랫부분부터 위쪽으로 올라가며 핀다. 열매는 10월경에 달리고 씨방 안에는 6~8개의 검은색 종자가 들어 있다. 어린잎은 식용, 열매는 약용으로 쓰인다.

관리 및 번식법

화분이나 화단 어느 곳에 심어도 좋다. 가을까지 잎이 남아 있기 때문에 물은 2~3일 간격으로 준다. 10월에 얻은 종자를 바로 뿌리거나 종이에 싸서 냉장보관 후 이른 봄에 뿌린다. 가을이나 이른 봄에 뿌리를 캐어내 포기나누기를 한다. 종자 발아율은 매우 높은 편이고 한 포기에서 많은 종자를 얻을 수 있다. 대량생산할 때는 포기나누기보다는 종자 발아를 시켜 번식시키는 것이 좋다.

● 질경이_잎

● 질경이_종자 결실

341 짚신나물

Agrimonia pilosa Ledeb.

- ▶ **이 명** : 등골짚신나물, 큰골짚신나물, 집신나물, 북짚신나물, 산집신나물
- ▶ **과 명** : 장미과
- ▶ **개화기** : 6~8월

생육 특성

짚신나물은 우리나라 각처의 산과 들에 자라는 여러해살이풀이다. 생육환경은 토양의 비옥도에 관계없이 양지 혹은 반그늘에서 자란다. 키는 30~100cm 정도이고, 잎은 긴 타원형이며 길이는 3~6cm, 폭은 1.5~3.5cm로 어긋나고 양면에 털이 있다. 꽃은 노란색으로 원줄기 끝과 가지 끝에 달리며 길이가 10~20cm이다. 열매는 8~9월경에 달리고 윗부분에 갈고리와 같은 가시들이 많이 나 있다. 어린잎은 식용, 전초는 약용으로 쓰인다.

관리 및 번식법

화단이면 어느 곳에 심어도 잘 자란다. 물은 잎이 많은 시기인 봄에만 2~3일 간격으로 주고 나머지 기간에는 4~5일 간격으로 준다. 9월에 받은 종자를 바로 화분이나 화단에 뿌리거나 이듬해 봄에 뿌린다. 포기나누기는 이른 봄 새순이 올라올 때 한다.

• 짚신나물_잎

• 짚신나물_종자 결실

342 찔레꽃

Rosa multiflora Thunb. var. *multiflora*

- ▶ 이 명: 찔레나무, 가시나무, 설널네나무, 새버나무, 질누나무, 질꾸나무, 들장미
- ▶ 과 명: 장미과
- ▶ 개화기: 5~6월

생육 특성

찔레꽃은 전국의 산과 들의 기슭과 계곡에서 흔히 볼 수 있는 낙엽활엽관목이다. 생육환경은 양지 혹은 반그늘의 어느 곳에서나 잘 자란다. 키는 약 2m 정도이고, 잎의 길이는 2~3cm, 폭은 1~2cm로 표면은 녹색이다. 뒷면에는 잔털이 있으며 가장자리에 잔 톱니가 있고 5~9개의 작은 잎은 서로 어긋난다. 꽃은 흰색 또는 연홍색으로 지름이 약 2cm로 새 가지 끝에 달리며 향이 강하게 난다. 열매는 9~10월경에 붉은색으로 익고 지름은 약 0.8cm로 둥글게 달린다.

관리 및 번식법

어느 곳에서나 잘 자란다. 줄기가 길게 올라가며 뻗어 시원한 감이 있기는 하지만 줄기에 가시가 많고 억세서 사람이 자주 다니는 곳은 피하여 심는다. 번식시키려면 가을에 땅속에 있는 뿌리줄기를 캐서 쪼갠 후 심으면 된다. 이른 봄에 포기나누기를 할 때는 뿌리줄기에서 나오는 새순을 보고 나누면 된다.

● 찔레꽃_ 줄기

● 찔레꽃_ 종자

343 참골무꽃

Scutellaria strigillosa Hemsl.

- ▶ **이 명** : 큰골무꽃, 민골무꽃, 흰참골무꽃
- ▶ **과 명** : 꿀풀과
- ▶ **개화기** : 6~8월

생육 특성

참골무꽃은 우리나라 해안의 바닷가 모래땅에서 나는 여러해살이풀이다. 생육환경은 햇볕이 잘 드는 곳의 모래땅이나 해안가 근처의 척박한 곳에서 자란다. 키는 10~40cm이고, 잎 길이는 1.5~3.5cm, 폭은 1~1.5cm로 긴 타원형이며 마주나고 양면에 털이 있으며 가장자리에는 둔한 톱니가 있다. 줄기는 많은 가지가 갈라지고 네모지며 곧게 서고 뿌리는 옆으로 뻗는다. 꽃은 줄기 끝부분 잎겨드랑이에 한 개씩 자주색으로 위를 향해 달리고 꽃받침은 길이가 0.3cm고 꽃부리는 밑부분에서 길이 약 2cm로 거의 직각으로 서고 수술은 4개다. 열매는 8~9월경에 길이 약 0.2cm로 반원형으로 달린다.

관리 및 번식법

해안가에서 자라는 품종인데도 내륙지방에서도 잘 자라므로 내륙에서 자라는 여러 종류의 골무꽃류와 비교할 수 있어 좋다. 화단에 심어 관리할 때는 물 빠짐이 좋고 햇볕이 많이 들어오는 곳에 심는다. 또한 토양 조건은 유기질 함량이 적은 것을 택한다. 초기에 잎이 많이 나올 때는 2~3일 간격으로 물을 주고 꽃이 피고 나면 3~4일 간격으로 주면 된다. 10월경에 받은 종자를 바로 뿌리거나 수분이 증발되지 않게 종이나 솜에 싸서 냉장고에 보관한 후 이듬해 봄에 뿌린다. 종자 발아율은 높은 편이다. 주의할 내용은 종자를 받을 때 종피가 벌어지면 바로 받아야 한다는 점이다. 다른 종자들과 달리 종피가 익음과 동시에 종자가 떨어져나가기 때문이다.

● 참골무꽃_ 잎

● 참골무꽃_ 꽃봉오리

344 참꽃마리

Trigonotis radicans var. *sericea* (Maxim.) H. Hara

- ▶ 이 명 : 뿌리꽃마리, 좀꽃마리, 조선꽃마리, 털꽃마리, 왕꽃마리, 참꽃말이
- ▶ 과 명 : 지치과
- ▶ 개화기 : 5~7월

생육 특성

참꽃마리는 우리나라 각처의 산과 들의 습한 곳에서 나는 여러해살이풀이다. 생육환경은 반그늘 혹은 양지에서 자란다. 키는 10~15cm이고, 잎의 길이는 1.5~4cm이며 끝은 뾰족하고 난형으로 어긋난다. 꽃은 연한 남색으로 피고 지름이 0.7~1cm이며 꽃이 필 때는 비스듬히 섰다가 다소 밑으로 처진다. 열매는 9월경에 달린다.

관리 및 번식법

화단이나 화분에 심으면 좋다. 작고 앙증맞은 꽃이 피고 지고를 반복하기 때문에 꽃이 피는 시기는 상당히 긴 편이다. 9월에 받은 종자를 화단이나 화분에 바로 뿌리거나 가을이나 이른 봄에 포기나누기를 한다.

● 참꽃마리_ 잎(앞면)　　● 참꽃마리_ 잎(뒷면)

345 참나리

Lilium lancifolium Thunb.

- ▶ 이 명 : 백합, 나리, 알나리
- ▶ 과 명 : 백합과
- ▶ 개화기 : 7~8월

생육 특성

참나리는 우리나라 전역에서 자라는 여러해살이풀이다. 생육환경은 토양 산도가 중성에 가까운 약 pH6.8 정도의 양지바른 곳에서 자란다. 키는 1~2m이고, 잎은 뾰족하고 길이는 5~18cm, 폭은 0.5~1.5cm로 줄기에서 잎이 나오는 곳에 짙은 갈색의 주아(珠芽)가 달린다. 꽃은 짙은 황적색이고 길이가 7~10cm로 가지 끝과 원줄기 끝에 4~20개가 밑을 향해 달린다. 꽃잎에는 흑자색 반점이 많으며 뒤로 말린다. 열매는 9~10월에 달리고 편평하다. 관상용으로 쓰이며 비늘줄기는 식용 및 약용으로 이용한다.

관리 및 번식법

모래가 많으며 토양이 비옥한 화단에 심는다. 물은 2~3일 간격으로 주며 경사지와 같은 곳에 심는다. 이유는 물이 고이지 않아 알뿌리가 부패하지 않기 때문이다. 번식은 줄기와 잎 사이에 달려 있는 검은색 주아를 이용하거나 알뿌리의 인편을 이용한다. 종자는 10월경에 받아 냉장고에 저장하여 이른 봄 화단에 뿌리거나 가을에 뿌린다.

● 참나리_ 주아 달린 모습

● 참나리_ 종자 결실

346 참나물

Pimpinella brachycarpa (Kom.) Nakai

- ▶ 이 명 : 산노루참나물, 겹참나물
- ▶ 과 명 : 산형과
- ▶ 개화기 : 6~8월

생육 특성

참나물은 우리나라 각처의 산지 나무 아래서 나는 여러해살이 풀이다. 생육환경은 습기가 많고 반그늘이 지며 부엽질이 풍부한 곳의 나무 밑에서 자란다. 키는 50~80cm이고, 잎은 뿌리에서 나온 것은 길고 줄기에서 나온 것은 줄기를 따라 위로 올라가면서 짧아지며 잎은 3장씩 달린다. 줄기는 밑으로부터 잔가지를 이루어 뭉쳐 있으며 전체에 털이 없다. 꽃은 원줄기 끝에서 다시 부채꼴 모양으로 퍼지며 작은 꽃가지는 10개 정도가 달리고 이곳에 각 약 13송이가 흰색으로 달리며 꽃받침은 뚜렷하고 꽃잎과 수술은 각 5개이다. 열매는 9~10월경에 편평한 타원형으로 달린다.

참살이(Well-being)가 일반화되면서 식당에 가면 '참나물'이라고 산나물이 많이 나오는데, 이것은 일본에서 육종되어 들어온 '삼엽채'이고, 자생 참나물의 경우 한여름 고온기에는 잎이 타는 엽소현상이 생겨 재배하기 까다롭고 봄철을 제외한 계절에는 나물로 판매하기 어렵다.

관리 및 번식법

재배하여 상품화시키기 위해서는 고도가 높은 곳에 차광막을 설치하고 재배한다. 유기질 함량이 높은 퇴비를 넣고 바람이 잘 통하게 해야 한다. 화단에 키울 때는 중간 정도에 놓는다. 화분에 재배하는 것은 적합하지 않다. 10월경에 받은 종자는 바로 뿌리거나 종이에 싸서 냉장고에 보관 후 이듬해 봄에 일찍 뿌린다.

● 참나물_ 잎

● 참나물_ 종자 결실

347 참당귀

Angelica gigas Nakai

- ▶ 이 명 : 조선당귀
- ▶ 과 명 : 산형과
- ▶ 개화기 : 8~9월

생육 특성

참당귀는 우리나라 남부, 중부, 북부의 산 계곡, 습기가 있는 토양에서 자생하며 약용식물로 재배되고 있는 여러해살이풀이다. 생육환경은 반그늘 혹은 양지에서 자란다. 키는 1~2m 정도이고, 잎은 뿌리에서 올라온 것과 아래에 있는 잎으로 나뉘고 잎자루가 길다. 꽃은 자주색으로 가지와 줄기 끝에서 발달하여 작은 가지가 15~20개로 갈라지고 끝에 20~40개의 꽃이 뭉쳐서 달린다. 열매는 10월경에 달리고 타원형이다. 어린잎은 식용, 뿌리는 약용으로 이용한다.

관리 및 번식법

약용으로 사용하기 때문에 대량으로 재배가 가능하다. 토양에 거름기가 없으면 줄기가 작아지기 때문에 유기질이 많은 퇴비를 사용한다. 물은 2~3일 간격으로 준다. 봄에 뿌리나누기를 하거나 10월에 받은 종자를 바로 화분이나 화단에 뿌리거나 이듬해 2월경에 뿌린다.

● 참당귀_ 잎   ● 참당귀_ 꽃봉오리

348 참바위취

Saxifraga oblongifolia Nakai

- ▶ 이 명 : 바위귀, 바위취
- ▶ 과 명 : 범의귀과
- ▶ 개화기 : 7~8월

생육 특성

참바위취는 우리나라 각처의 깊은 산에서 자라는 여러해살이풀이다. 생육환경은 습기가 많은 곳의 바위틈이나 계곡에서 자란다. 키는 약 30cm 정도이고, 잎의 길이는 3~15cm, 폭은 2~9cm로 타원형이며 끝에는 거친 톱니가 있다. 꽃은 흰색으로 길이가 25cm 정도이고, 줄기 끝에서 여러 개의 작은 꽃들이 뭉쳐서 핀다. 열매는 9~10월경에 달린다. 어린순은 식용한다.

관리 및 번식법

화단의 그늘이 많고 서늘한 곳에 심는다. 집 안에서 키울 때는 돌에 흙을 조금 올려놓고 심어도 좋다. 공중 습도가 높아야 하기 때문에 분무기로 하루 2~3차례 물을 뿌려주고 2~3일 간격으로 물을 준다. 새순이 올라오는 이른 봄에 포기나누기를 하고 종자는 받아 바로 화분이나 화단에 뿌린다.

● 참바위취_ 잎

● 참바위취_ 종자 결실

349 참배암차즈기

Salvia chanryonica Nakai

- ▶ **이 명** : 토단삼
- ▶ **과 명** : 꿀풀과
- ▶ **개화기** : 8월

생육 특성

참배암차즈기는 점봉산, 설악산, 태백산, 가야산, 지리산 일대에서 자라는 여러해살이풀로 우리나라 특산식물이다. 생육환경은 물 빠짐이 좋은 양지 혹은 반그늘에서 자란다. 키는 50~70cm이고, 잎몸은 타원형이며, 끝에 짧고 뾰족한 둥근 톱니가 있다. 뿌리에서 나온 잎은 잎자루가 17~19cm로 길다. 꽃은 노란색으로 길이는 약 3cm 정도 되고 줄기의 각 마디에서 4~6개씩 이삭과 같은 모양으로 달린다. 열매는 9~10월경에 달리고 종자는 편평하고 넓다. 관상용으로 쓰이며 어린순은 식용한다.

관리 및 번식법

재배하기 까다롭다. 서늘하고 빛이 많이 들어오며, 뿌리가 발달하는 식물이어서 물 빠짐이 좋은 곳에 심는다. 10월에 받은 종자는 종이에 싸서 냉장 보관 후 이듬해 봄 화분에 뿌린다. 종자 발아율이 그다지 높지 않으므로 이른 봄이나 가을에 포기나누기를 하여 조금씩 개체를 늘려나가는 것이 좋다.

• 참배암차즈기_ 잎

• 참배암차즈기_ 줄기

350 참조팝나무

Spiraea fritschiana C.K.Schneid.

- ▶ 이   명 : 좀조팝나무, 바위좀조팝나무, 고려조팝나무, 물조팝나무, 왕조팝나무, 애기바위조팝나무
- ▶ 과   명 : 장미과
- ▶ 개화기 : 5~6월

생육 특성

참조팝나무는 우리나라 중부 이북의 산 중턱 이상이나 산골짜기에서 나는 낙엽활엽관목이다. 생육환경은 반그늘 혹은 양지의 토양 비옥도가 높은 곳에서 자란다. 키는 약 1.5m이고, 잎의 길이는 3~5cm 정도로 표면은 녹색이고 뒷면은 회녹색이며 긴 타원형으로 어긋난다. 꽃은 흰색이고 중앙부는 연한 붉은색으로 새 가지 끝에 달린다. 열매는 9월경에 달린다.

관리 및 번식법

정원수로 적합하다. 서늘하고 바람이 잘 통하는 곳에 두고 물은 2~3일 간격으로 준다. 9월에 종자를 받아 비닐이나 종이에 싸서 냉장보관하거나 땅속에 묻고 이듬해 봄에 뿌린다. 줄기는 이른 봄에 새 가지를 이용하여 삽목한다.

● 참조팝나무_ 잎

● 참조팝나무_ 종자 결실

351 참좁쌀풀

Lysimachia coreana Nakai

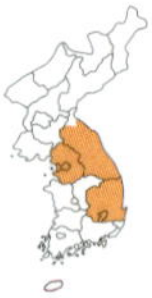

- ▶ 이 명 : 참좁쌀까치수염, 고려까치수염, 참까치수염, 고려꽃꼬리풀, 조선까치수염
- ▶ 과 명 : 앵초과
- ▶ 개화기 : 6~7월

생육 특성

참좁쌀풀은 경상북도, 강원도, 경기도와 지리산 일대의 산에서 자라는 여러해살이풀이다. 생육환경은 습기가 많은 반그늘의 토양 비옥도가 높은 곳에서 자란다. 키는 50~100cm이고, 잎의 길이는 2.5~9cm, 폭은 1.2~4cm로 타원형이며 표면과 뒷면의 끝에 잔털이 나 있다. 꽃은 황색으로 지름이 1.5~2cm로 윗부분의 잎겨드랑이에서 나온다. 가운데는 붉은색이 선명한 무늬가 들어가 있다. 열매는 9~10월경에 달리고 둥글며 지름은 0.4cm 정도이다. 관상용으로 쓰인다.

관리 및 번식법

잎이 많이 달리고 키가 크기 때문에 물은 2~3일 간격으로 주며 토양은 유기질 함량이 많은 화단을 선택한다. 10월에 종자를 받아 바로 화단에 뿌리거나 보관 후 이듬해 봄에 뿌린다. 포기나누기는 가을과 봄에 한다. 종자 발아율이 높기 때문에 포기나누기보다는 종자로 번식시키는 것이 좋다.

● 참좁쌀풀_ 꽃봉오리

352 참취

Aster scaber Thunb.

- ▶ 이 명 : 나물취, 암취, 취, 한라참취, 작은참취
- ▶ 과 명 : 국화과
- ▶ 개화기 : 8~10월

생육 특성

참취는 우리나라 각처의 산에서 자라는 여러해살이풀이다. 생육환경은 반그늘이고 습기가 많은 토양이 비옥한 곳에서 자란다. 키는 약 1~1.5m이고, 잎은 잎자루가 길고 심장형이며 길이는 9~24cm, 폭은 6~18cm로 거칠고 양면에 털이 있다. 뿌리에서 나온 잎은 꽃이 필 때쯤 없어진다. 꽃은 흰색이고 지름은 1.8~2.4cm로 가지 끝과 원줄기 끝에 거의 편평하게 펼쳐진 듯 달리며 꽃줄기의 길이는 0.9~3cm이다. 열매는 11월경에 달리고 종자 끝에 달린 갓털은 검은색을 띤 흰색으로 길이는 약 0.4cm 정도이다.

관리 및 번식법

반드시 반그늘에 토양 유기물 함량이 높은 화단에 심어야 한다. 빛을 많이 받는 곳의 잎은 질기기 때문에 나물로 먹을 수 없을 뿐 아니라 잎 끝이 타기 때문에 생육에도 좋지 않은 영향을 끼친다. 물은 2~3일 간격으로 준다. 이른 봄에 포기나누기를 하거나 11월에 받은 종자를 바로 화분에 뿌려 싹을 키운 후 봄에 화단으로 옮겨심기하거나 냉장보관 후 이듬해 봄에 뿌린다.

● 참취_ 잎

● 참취_ 종자 결실

353 창포

Acorus calamus L.

- ▶ **이 명**: 장포, 향포, 왕창포
- ▶ **과 명**: 천남성과
- ▶ **개화기**: 6~7월

생육 특성

창포는 우리나라 호수나 연못가의 습지에서 나는 여러해살이풀이다. 생육환경은 빛이 잘 들어오는 곳의 물웅덩이나 물이 잘 빠지지 않는 습지에서 잘 자란다. 키는 약 70cm 정도이고, 잎은 뿌리 끝에서 촘촘히 나오고 길이는 약 70cm, 폭은 1~2cm이며 가운데 뚜렷한 선이 있다. 꽃은 원기둥 모양으로 잎 사이에서 비스듬히 옆으로 올라오며 흰색이다. 열매는 7~8월경에 달리고 긴 타원형이며 붉은색이다.

관리 및 번식법

주변 웅덩이나 물이 잘 빠지지 않는 화분에 심는다. 향이 많이 나기 때문에 집 안에서 키워도 좋은 식물이다. 8월경에 종자를 받아 물에 3일 정도 불린 후 뿌린다. 종자가 딱딱하기 때문에 모래와 같은 곳에 문질러 뿌리는 것도 좋다. 이른 봄이나 가을에는 뿌리를 캐어서 뿌리나누기를 해도 좋다.

● 창포_잎

● 창포_꽃

354 처녀치마

Heloniopsis koreana Fuse & al.

- ▶ 이 명 : 차맛자락풀, 치마풀
- ▶ 과 명 : 백합과
- ▶ 개화기 : 4~5월

생육 특성

처녀치마는 전국 산지에서 자라는 숙근성 여러해살이풀이다. 생육환경은 습지와 물기가 많은 곳에서 서식한다. 키는 10~30cm이고, 잎의 길이는 6~20cm이고 둥근 방석처럼 넓게 퍼지고 윤기가 많이 나며 끝이 뾰족하나. 꽃은 적자색으로 줄기 끝에서 3~10개 정도가 뭉쳐 달린다. 꽃잎 밖으로는 수술대보다 긴 암술대가 나와 있다. 꽃이 필 때는 꽃대가 작지만 꽃이 질 때쯤에는 길이가 원래보다 1.5~2배 정도 자라 있다. 열매는 8~9월경에 길이가 약 0.5cm로 배 모양으로 달린다. 땅이 해동됨과 동시에 잎이 지상부로 올라오는데, 이 시기는 초식동물들에게 먹을거리가 없는 시기여서 먹이로 주 표적이 된다. 그래서 자생지에 가면 잎이 많이 훼손된 것을 자주 볼 수 있다. 근래 들어 많이 보이는 품종 중 '숙은처녀치마(2006년에 등재된 품종임)'의 경우는 바위틈에서도 자란다.

관리 및 번식법

물기가 많은 화단을 선정해서 심고, 공중 습도를 높게 유지하는 것이 중요하다. 잎이 펼쳐진 모습 때문에 붙은 이름이므로 잎이 잘 보이도록 하여 관리한다. 가을이나 겨울에 포기나누기를 하거나 종자를 얻은 후 바로 화분에 뿌리는 것이 가장 좋으며 남은 종자는 냉장보관 후 이듬해 봄에 일찍 뿌린다. 종자 발아율은 낮으므로 잎을 이용한 삽목을 하는 것이 좋다. 엽삽을 하면 약 2~3달이 지난 후 잎줄기를 따라 올라가면서 새로운 개체가 달린다. 이것을 분리하여 심으면 4~5년이 지난 후 개화한다.

● 처녀치마_ 새순 올라오는 모습

● 처녀치마_ 꽃대 올라오는 모습

● 처녀치마_ 꽃봉오리

● 처녀치마_ 종자 결실

● 숙은처녀치마_ 꽃

● 숙은처녀치마_ 종자 결실 과정

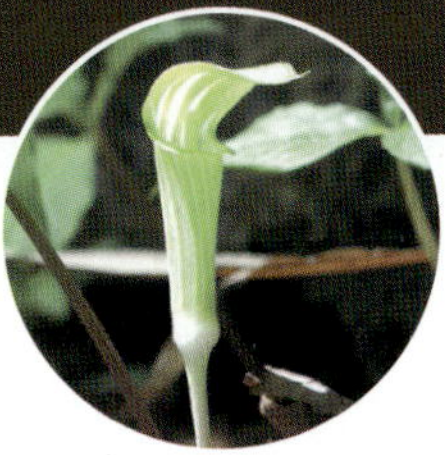

355 천남성

Arisaema amurense f. *serratum* (Nakai) Kitag.

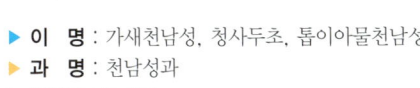

- **이 명** : 가새천남성, 청사두초, 톱이아물천남성
- **과 명** : 천남성과
- **개화기** : 5~7월

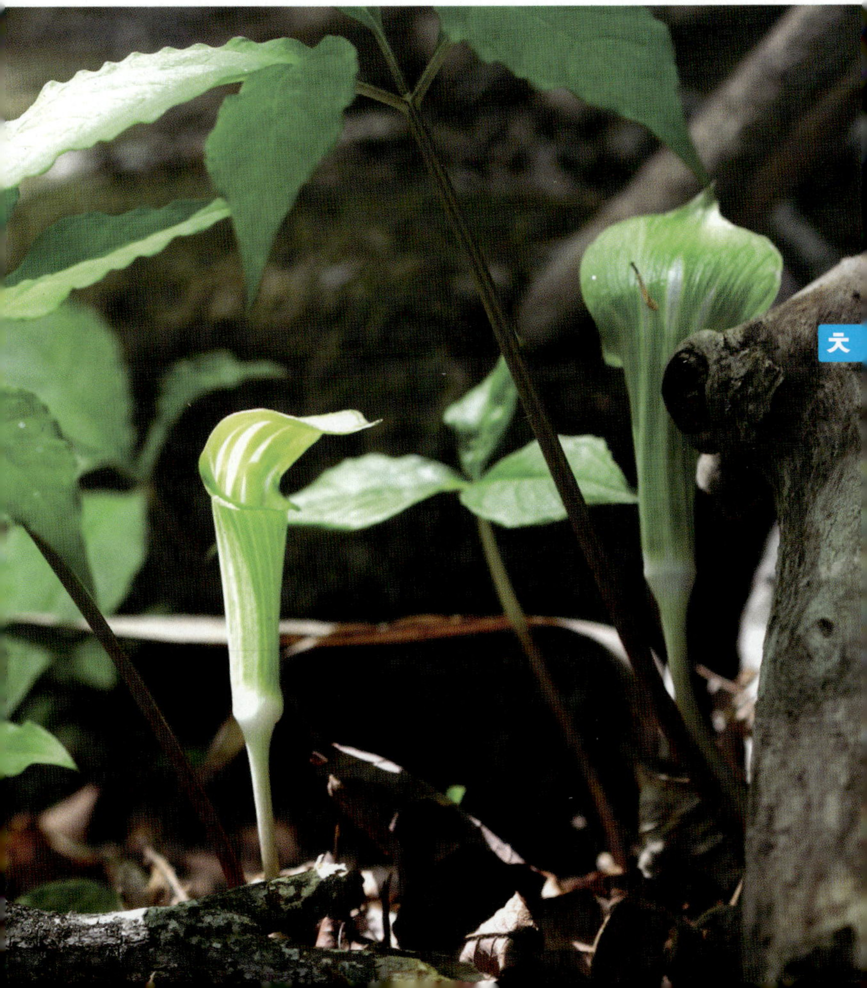

생육 특성

천남성은 우리나라 각처 숲의 나무 밑이나 습기가 많은 곳에서 자라는 여러해살이풀이다. 생육환경은 토양이 비옥하고 물 빠짐이 좋은 곳에서 자란다. 키는 20~50cm이고, 잎의 길이는 10~20cm이고 5~10갈래로 갈라지며 긴 타원형이고, 작은 잎은 양끝이 뾰족하고 톱니가 있다. 꽃은 녹색 바탕에 흰 선이 있고 깔대기 모양으로 가운데 곤봉과 같은 것이 달려 있으며 꽃잎 끝은 활처럼 말린다. 열매는 10~11월에 붉은색으로 포도송이처럼 달린다.

관리 및 번식법

물기가 많은 곳을 좋아하지만 너무 물기가 많으면 알뿌리가 썩는 현상이 발생하기 때문에 물 빠짐이 좋은 화단을 선택해야 한다. 가을에 종자를 따서 이듬해 봄 화단에 뿌리거나 알뿌리 옆에 해마다 조그마하게 달리는 작은 알뿌리를 분리하여 번식시켜도 된다.

● 천남성_ 잎

● 천남성_ 열매

356 천마

Gastrodia elata Blume

- ▶ 이 명 : 수자해좃
- ▶ 과 명 : 난초과
- ▶ 개화기 : 6~7월

생육 특성

천마는 우리나라 각처의 깊은 산에서 자라는 여러해살이풀이다. 생육환경은 습기가 많은 돌 틈과 음지 혹은 반그늘에 참나무류가 쓰러져 썩은 곳에서 자란다. 키는 60~90cm이고, 잎은 없으며, 생선 비늘과 같은 모양을 한 것이 짧게 있고, 황갈색의 줄기가 올라간다. 뿌리는 길이가 10~18cm, 지름 3.5cm로 긴 타원형으로 가로로 뻗는다. 꽃은 황갈색이며 길이는 10~30cm로 줄기에 붙어 층층이 많은 꽃이 달린다. 열매는 9~10월경에 달리고, 종자는 먼지처럼 작은 것이 검은 씨방 안에 많이 들어 있다. 땅속 덩이줄기는 약용으로 쓰인다.

관리 및 번식법

일부 지역에서 약용 및 식용으로 재배되고 있다. 땅을 깊게 파고 안에 참나무를 넣어 덮으면 된다. 물은 3~4일 간격으로 준다. 10월에 받은 종자는 이끼에 물을 많이 주어 수분이 많은 상태에서 뿌리거나 이듬해 봄에 동일한 방법으로 하면 된다.

● 천마_ 꽃봉오리

● 천마_ 종자 결실

357 청미래덩굴

Smilax china L.

- ▶ **이 명** : 망개나무, 멍감나무, 멍감, 좀청미래, 매발톱가시, 섬명감나무, 종가시나무, 좀명감나무, 청열매덤불, 팔청미래
- ▶ **과 명** : 백합과
- ▶ **개화기** : 5월

생육 특성   청미래덩굴은 중부 이남의 산야 표고 1,600m 이하의 양지에서 자생하는 낙엽활엽 덩굴성 관목이다. 생육환경은 반그늘 혹은 양지바른 곳에 서식한다. 키는 2~3m이고, 잎 길이는 3~12cm, 폭은 2~10cm이고 광채가 있으며 질기고 잎자루는 길이가 0.7~2cm이고 턱잎은 덩굴손이 된다. 꽃은 황록색으로 잎겨드랑이에 달리고 꽃줄기 길이는 1.5~3cm, 작은 줄기는 길이가 1cm 정도 된다. 열매는 9~10월경에 붉게 익으며 둥글고 지름 1cm 정도로 명감 혹은 망개라고도 부른다.

관리 및 번식법   토양 조건에 관계없이 어디서나 잘 자란다. 9~10월경 열리는 종자를 화분이나 화단에 뿌린다. 또는 봄에 삽목 혹은 뿌리 나누기로 번식시킨다. 종자 번식보다는 삽목이나 뿌리나누기를 하는 것이 좋다.

● 청미래덩굴_ 잎 전개되는 모습

● 청미래덩굴_ 줄기

● 청미래덩굴_ 암꽃

● 청미래덩굴_ 수꽃

● 청미래덩굴_ 열매

● 청미래덩굴_ 덩굴 고사한 모습

358 초롱꽃

Campanula punctata Lam.

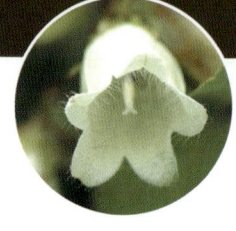

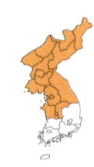

▶ **과 명** : 초롱꽃과

▶ **개화기** : 6~8월

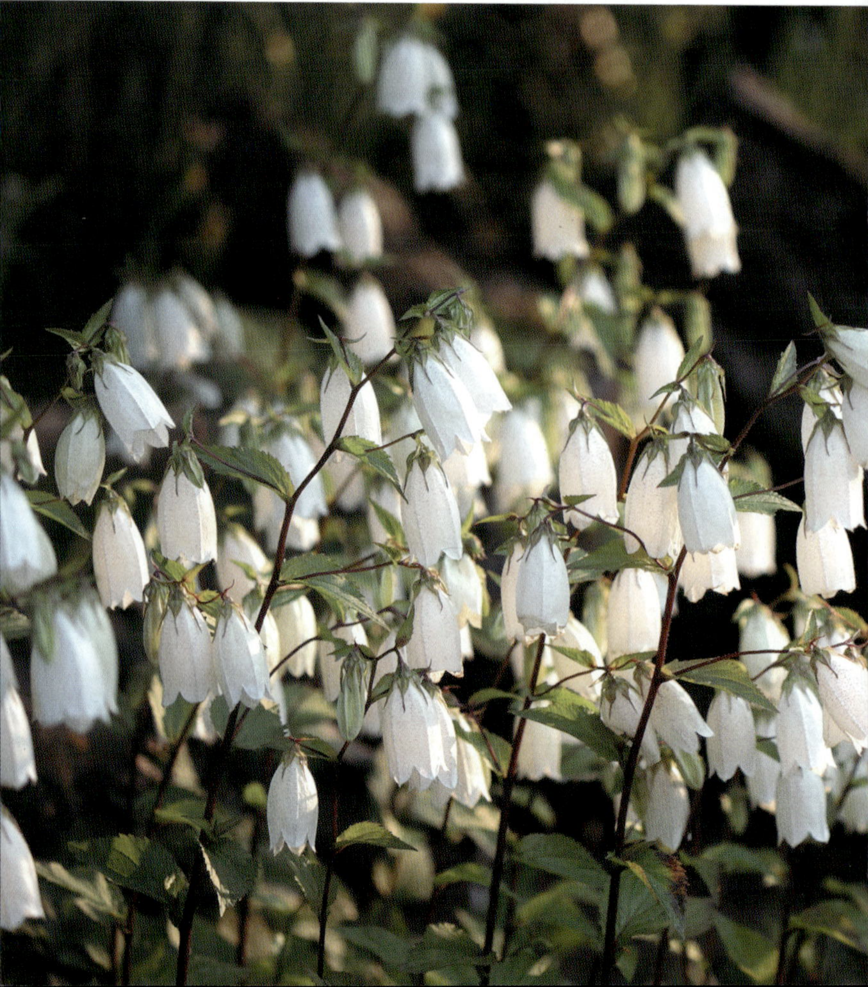

생육 특성

초롱꽃은 남부와 중북부지역의 산에 자생하는 여러해살이풀이다. 생육환경은 양지 혹은 반그늘의 토양이 비옥한 곳에서 자란다. 키는 40~100cm이고, 잎의 길이는 5~8cm, 폭은 1.5~4cm로 끝에 불규칙하고 둔한 거치가 있으며, 뿌리에서 나온 잎은 잎자루가 길고, 줄기에서 생긴 잎은 잎자루가 없으며 삼각형이다. 꽃은 흰색 또는 연한 홍자색 바탕에 짙은 반점이 찍혀 있고, 길이는 4~8cm이며, 꽃통은 3.5cm로 긴 꽃줄기 끝에 종 모양 꽃이 달려 아래로 향한다. 열매는 8~9월경에 달리고 작은 종자가 많이 들어 있다. 관상용으로 쓰이며 어린순은 식용으로 쓰인다.

관리 및 번식법

화분이나 화단에 심어도 좋고 생육이 잘 되기 때문에 조경용으로도 많이 이용된다. 잎이 많이 있는 봄에는 2~3일 간격으로 물을 주고 나머지 기간에는 3~4일 간격으로 준다. 가을에 포기나누기를 하고 9월에 받은 종자는 물뿌리개를 이용하여 바로 화분이나 화단에 뿌린다.

● 초롱꽃_잎

359 초종용

Orobanche coerulescens Stephan

- ▶ 이 명 : 열당, 갯더부살이, 사철더부살이, 쑥더부살이,
  사철쑥더부살이, 개더부사리
- ▶ 과 명 : 열당과
- ▶ 개화기 : 5~6월

생육 특성

초종용은 우리나라 각처의 해변가 모래땅에서 자라는 기생식물로 여러해살이풀이다. 생육환경은 사철쑥이나 다른 국화과 식물이 있는 곳에서 자란다. 키는 10~30cm이고, 잎은 흰색으로 비늘 모양처럼 생겼으며 길이는 1~1.5cm로 긴 털이 드문드문 있고 어긋난다. 꽃은 연한 자주색이고 길이가 3~10cm이며 원줄기 끝에 빽빽하게 달린다. 열매는 7~8월경에 길이 약 1cm의 좁은 타원형으로 달리고 다 익으면 2쪽으로 갈라지며 안에는 많은 검은색 종자가 들어 있다.

관리 및 번식법

재배하기 힘들다. 8월에 받은 종자를 쑥 종류가 있는 화단에 바로 뿌리거나 종자를 종이에 싸서 냉장보관 후 이듬해 봄에 뿌린다.

● 초종용_ 꽃봉오리

● 초종용_ 고사한 모습

360 촛대승마

Cimicifuga simplex (DC.) Turcz.

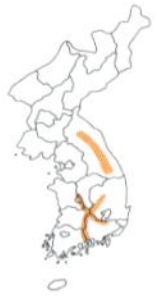

▶ 이 명 : 나물승마, 대스암, 대승마, 산촛대승마, 섬승마, 섬촛대승마, 초때승마, 초대승마
▶ 과 명 : 미나리아재비과
▶ 개화기 : 6~8월

생육 특성

촛대승마는 우리나라 각처의 깊은 산 숲 속에서 나는 여러해살이풀이다. 생육환경은 주변 습도가 높고 반그늘이며 토양은 부엽질이 풍부하여 물 빠짐이 좋은 곳에서 자란다. 키는 약 1m 정도이고, 잎의 길이는 약 3~8cm, 폭은 1.5~5cm로 달걀 모양이며 3갈래로 갈라진다. 표면에는 털이 없으나 뒷면에는 맥 위에 털이 드물게 나 있고 어긋난다. 줄기는 뿌리에서 올라와 전체적으로 흰색 털이 있다. 꽃은 흰색으로 원줄기 끝에서 길이 20~30cm 정도로 달리며 꽃받침은 잎이 5개이고 타원형이며 암술은 3~6개로 회색 털과 가는 털이 있다. 열매는 긴 타원형으로 길이는 약 1cm로 8~9월경에 달린다. 관상용으로 쓰이며 뿌리는 약용으로 사용한다.

관리 및 번식법

화단에 적합하다. 습기가 많은 곳의 경사지나 평지의 반그늘이 진 곳에 심는다. 부엽이 많은 토양을 층층이 깔아주고 심어야 한다. 자생지 환경을 보면 땅을 누르면 푹신하게 들어갈 정도로 부엽질이 풍부하기 때문이다. 물은 1~2일 간격으로 준다. 9월에 익은 종자를 받아 냉장고에 약 1주일 정도 보관 후 뿌린다. 종자가 크지만 올라오는 싹이 여리기 때문에 종자 크기만큼의 상토를 덮어주거나 더 얇게 덮어줘야 한다. 실제 이 품종의 종자를 발아시켜본 결과 약하게 흙을 덮은 곳은 모두 잘 올라온 반면 두텁게 한 곳은 모두 올라오지 않았다. 뿌리 번식은 이른 봄 새순이 올라오면 한다.

● 촛대승마_ 새순 올라오는 모습

● 촛대승마_ 꽃이 피어나는 모습

361 **층꽃나무**

Caryopteris incana (Thunb.) Miq.

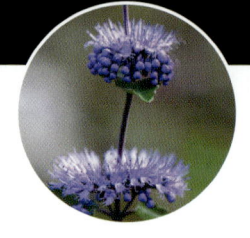

- 이 명 : 층꽃풀, 난향초
- 과 명 : 마편초과
- 개화기 : 7~9월

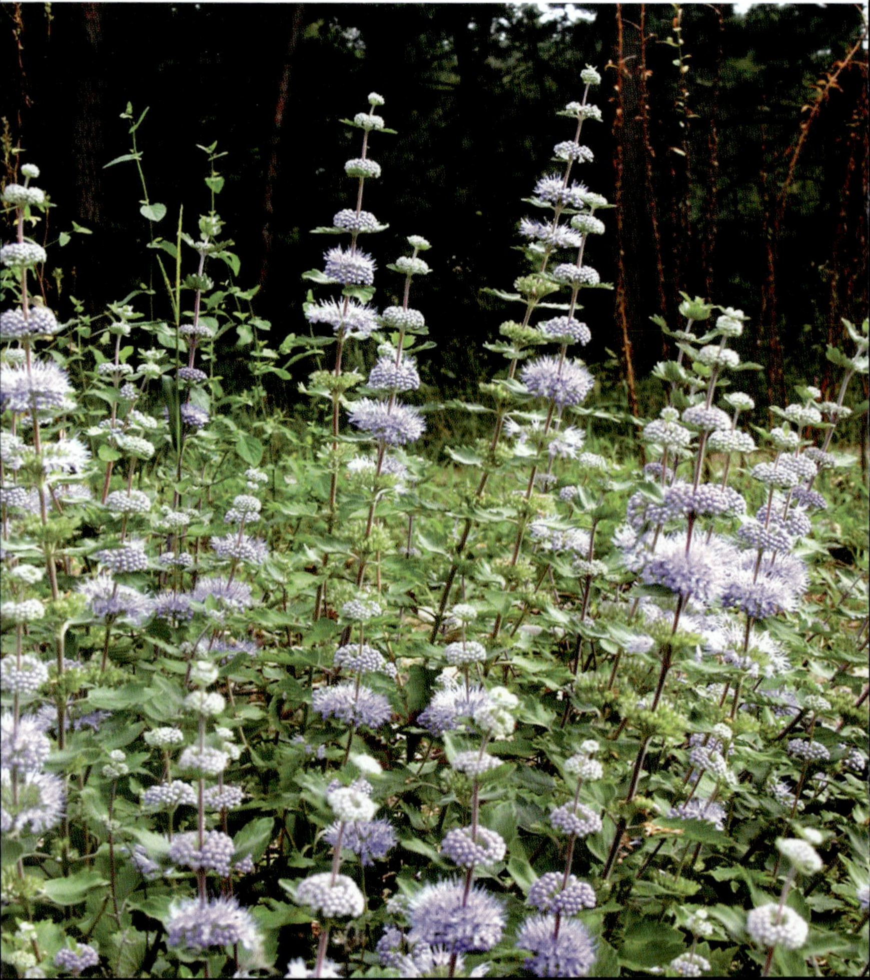

생육 특성

층꽃나무는 경상도, 전라도 및 제주도를 제외한 남해안 및 남부 도서지방에서 자라는 낙엽활엽관목이다. 생육환경은 반그늘 혹은 양지의 물 빠짐이 좋은 돌 틈이나 경사지에서 자란다. 키는 30~60cm이고, 잎의 길이는 2.5~8cm, 폭은 1.5~3cm로 표면은 짙은 녹색에 털이 있다. 뒷면은 회백색으로 촘촘히 털이 있으며 가장자리에 5~10개씩의 톱니가 있는 타원형이다. 꽃은 벽자색이며 길이는 0.5~0.6cm로 겉에 털이 있고 잎겨드랑이에 돌아가며 계단형으로 핀다. 열매는 10~11월경에 달리고 갈색으로 변하며 안에는 검게 익은 종자가 들어 있다.

관리 및 번식법

돌 틈이나 물 빠짐이 좋은 화단에 심는다. 실내에서 키워도 좋은 식물이다. 잎이 매우 부드럽고 꽃피는 기간이 길기 때문에 관상용으로도 좋다. 물은 2~3일 간격으로 준다. 11월에 받은 종자는 종이에 싸서 냉장보관 후 이듬해 봄 화단에 뿌리고, 포기나누기는 가을이나 이른 봄에 한다. 뿌리 발육이 왕성하므로 발아 후 옮겨심기를 해야 한다.

• 층꽃나무_ 잎

• 층꽃나무_ 종자 결실

362 | 층층잔대

Adenophora verticillata Fisch.

▶ **과 명** : 초롱꽃과
▶ **개화기** : 7~9월

생육 특성

층층잔대는 우리나라 각처의 산지에서 자라는 여러해살이풀이다. 생육환경은 물 빠짐이 좋은 반그늘 혹은 양지에서 자란다. 키는 약 1m이고, 잎은 줄기를 따라 돌며 올라가며 끝에는 거친 톱니가 있고 긴 타원형이다. 꽃은 연보라색이며 가지를 중심으로 층층이 돌면서 종 모양으로 핀다. 열매는 10~11월경에 달리고 안에는 작은 종자들이 많이 들어 있다.

관리 및 번식법

빛을 바로 받지 않는 토양이 비옥한 화단에 심는다. 물은 2~3일 간격으로 준다. 11월에 받은 종자는 종이에 싸서 냉장보관 후 이듬해 봄 물에 2~3일 담갔다가 화단에 뿌린다.

● 층층잔대_ 잎과 줄기

● 층층잔대_ 꽃봉오리

363 칠보치마

Metanarthecium luteoviride Maxim.

▶ 과 명 : 백합과
▶ 개화기 : 5~7월

> 생육 특성

칠보치마는 경기도 칠보산과 경남 일원의 산지와 지리산 남부에서 자라는 여러해살이풀이다. 생육환경은 습기가 많은 곳의 바위나 계곡 근처의 빛이 잘 들고 토양에 부엽질이 풍부한 곳에서 자란다. 키는 20~40cm이고, 잎의 길이는 8~20cm, 폭은 1~4cm로 황록색이며 뿌리에서 10개 정도가 나와 사방으로 퍼진다. 꽃은 줄기를 중심으로 여러 개의 꽃이 아래에서 위로 올라가며 황백색으로 달린다. 열매는 8~9월경에 난형으로 달리고 종자의 길이는 약 0.1cm이다. 확인해 본 결과 경북의 높은 산 바위틈에서도 자라고 있어, 앞으로 이 품종에 대한 생태 연구가 더 되어야 할 것으로 보인다.

> 관리 및 번식법

바위틈에서 자라는 품종이어서 바위가 있는 주변이나 바위틈에 심는다. 습도가 높아야 하기 때문에 개울이나 계곡 근처가 좋다. 이른 봄이나 가을에 포기나누기를 하거나 9월경에 달리는 종자를 바로 뿌려 번식시킨다. '처녀치마'의 경우에는 잎으로도 번식이 가능하기 때문에 칠보치마도 이 부분에 대한 연구가 되어야 할 것 같다.

● 칠보치마_ 새순 올라오는 모습

● 칠보치마_ 종자 결실

364 칡

Pueraria lobata (Willd.) Ohwi

- ▶ 이 명 : 츩, 칙, 칙덩불
- ▶ 과 명 : 콩과
- ▶ 개화기 : 8월

생육 특성

칡은 우리나라 전역의 표고가 낮은 산과 들에서 자라는 덩굴성 식물이다. 생육환경은 토양비옥도가 좋은 반그늘 혹은 양지에서 줄기를 뻗어내며 자란다. 길이는 약 10m 정도까지 자라고, 잎은 어긋나고 끝은 빗밋하며, 잎자루는 길이가 10~20cm이고 표면은 녹색, 뒷면은 흰색을 띤다. 줄기는 흑갈색으로 나무와 다른 것들을 감고 올라간다. 뿌리는 길이가 2~3m, 지름은 20~30cm 정도의 큰 것도 있고 섬유질이 많아 회색빛을 띠며 녹말과 같은 것을 저장한다. 꽃은 홍자색이고 길이는 1.8~2.5cm로 10~25cm의 짧은 꽃자루에 많이 달린다. 열매는 9~10월경에 달리고 종자는 갈색이며 작다. 어린순은 식용, 뿌리와 꽃은 약용으로 사용한다.

관리 및 번식법

양지만 아니면 어디서나 잘 자란다. 한번 심은 곳은 제거하기 힘들 정도로 생존율이 좋은 품종이므로 한정된 공간에서 키우는 것이 바람직하다. 또한 이 품종은 다른 식물들의 생육을 방해하므로 신중히 심어야 한다. 이른 봄에 줄기를 떼어내 심거나 10월에 받은 종자를 바로 화분이나 화단에 뿌리거나 이른 봄에 뿌린다.

● 칡_ 잎과 줄기

365 콩제비꽃

Viola verecunda A. Gray

- ▶ 이 명 : 콩오랑캐, 조개나물, 조갑지나물, 좀턱제비꽃
- ▶ 과 명 : 제비꽃과
- ▶ 개화기 : 4~5월

생육 특성

콩제비꽃은 우리나라 전역의 산과 들의 습기가 있는 곳에 자라는 여러해살이풀이다. 생육환경은 양지 혹은 반그늘의 습기가 많은 곳에 자란다. 키는 5~20cm이고, 잎의 길이는 1.5~2.5cm, 폭은 2~3.5cm로 가장자리에 둔한 톱니가 있으며 잎자루가 잎보다 2~4배 정도 길다. 꽃은 흰색이며 원줄기 윗부분의 잎겨드랑이에서 나오는 긴 꽃줄기에 1개씩 달린다. 열매는 8~9월경에 긴 난형으로 달린다.

관리 및 번식법

화단이나 화분에 심는다. 물 빠짐이 좋은 곳이면 어디서나 잘 자란다. 물은 2~3일 간격으로 준다. 9월에 종자를 받아 바로 뿌리거나 이른 봄 새순이 올라올 때 포기나누기를 한다.

● 콩제비꽃_ 새순 올라오는 모습

● 콩제비꽃_ 잎

366 큰개불알풀

Veronica persica Poir.

- ▶ 이 명 : 큰지금, 큰개불알꽃
- ▶ 과 명 : 현삼과
- ▶ 개화기 : 5~6월

생육 특성

큰개불알풀은 중부 이남의 산과 들에서 흔히 자라는 두해살이 풀이다. 생육환경은 양지바른 곳이면 어디서나 잘 자란다. 키는 10~20cm가량이고, 잎은 마주나며 삼각형이고 잎몸에는 털이 있고 가장자리에는 4~7개의 굵은 톱니가 있다. 꽃은 하늘색으로 길이는 2~4cm이고 가운데 짙은 줄이 있으며 잎겨드랑이에 한 송이씩 붙는다. 열매는 8~9월에 달리는데 모양이 개의 불알과 같다고 하여 이와 같은 이름이 붙여졌다. 종자는 타원형으로 잔주름이 많으며 아주 작다.

관리 및 번식법

어느 곳에서나 잘 자란다. 두해살이풀이기 때문에 가을에 종자를 뿌린다. 모본이 있던 장소는 줄기가 마른 가을이나 이른 봄에 호미나 작은 농기구를 이용하여 흙을 부드럽게 하면 종자 발아율이 높아진다.

● 큰개불알풀_ 꽃봉오리

● 큰개불알풀_ 종자 결실

367 큰괭이밥

Oxalis obtriangulata Maxim.

▶ **과 명** : 괭이밥과
▶ **개화기** : 4~5월

생육 특성

큰괭이밥은 우리나라 각처의 깊은 산속에서 자라는 여러해살이 풀이다. 생육환경은 반그늘 혹은 양지에서 잘 자라며, 키는 10~15cm가량 된다. 잎은 하트 모양으로 줄기에서 3개가 올라오는 것이 보통이다. 꽃은 흰색이며 꽃잎 가운데 붉은색 줄이 여러 개 있으며, 옆에서 잎이 올라온다. 이는 괭이밥류에서 찾아보기 힘든 모습으로, 대부분의 괭이밥류는 잎이 먼저 올라오고 다음으로 꽃이 피지만 큰괭이밥의 경우는 꽃이 먼저 피고 시들 무렵 잎이 올라온다. 열매는 7~8월경에 맺으며 길이가 약 2cm 정도 되고 난형으로 달린다.

관리 및 번식법

배수가 잘 되는 양지의 화단이나 화분에 심으며, 여름에는 잎이 많으므로 하루에 1회 물을 주고, 가을과 겨울에는 내년을 위해 5~7일에 한 번 정도 물을 주어야 한다. 7~8월경에 익은 종자를 종이에 싸서 냉장보관한 후 9월 중순경에 화분이나 화단에 뿌리거나, 가을에 포기나누기를 해 화분에 옮겨심기한다.

● 큰괭이밥_ 잎

● 큰괭이밥_ 종자 결실

368 큰구슬붕이

Gentiana zollingeri Faw.

- ▶ 이 명 : 큰구실붕이, 큰구실봉이
- ▶ 과 명 : 용담과
- ▶ 개화기 : 5~6월

생육 특성

큰구슬붕이는 우리나라 각처의 산과 들에서 나는 두해살이풀이다. 생육환경은 물 빠짐이 좋은 양지에서 자란다. 키는 5~10cm이고, 잎의 길이는 0.5~1.2cm, 폭은 0.3~1cm로 가장자리가 두껍고 흰색이며 잔 돌기가 있다. 뒷면은 적자색이 나고 난형으로 어긋난다. 꽃은 자줏빛이 돌고 길이는 1.8~2.5cm로 원줄기 또는 가지 끝에 몇 개씩 모여 달린다. 열매는 8~9월경에 달리고 많은 종자가 들어 있다.

관리 및 번식법

옮겨심기가 거의 불가능한 식물이기 때문에 집에서는 잘 기르기 힘들다. 9월경에 익은 종자를 받아 뿌려야 다음 해에 꽃을 피운다. 모본이 있던 장소는 줄기가 마른 가을이나 이른 봄에 호미나 작은 농기구를 이용하여 흙을 부드럽게 하면 종자 발아율이 높아진다.

● 큰구슬붕이_ 새순 올라오는 모습

● 큰구슬붕이_ 종자 결실

369 큰꽃으아리

Clematis patens C. Morren & Decne.

- ▶ **이 명** : 개비머리, 어사리
- ▶ **과 명** : 미나리아재비과
- ▶ **개화기** : 5~6월

생육 특성

큰꽃으아리는 우리나라 각처의 해발이 낮은 곳에서 자라는 낙엽성 활엽 만경목이다. 생육환경은 반그늘의 토양이 거름지고 습기가 많지 않은 곳에서 자란다. 키는 1~3m이고, 잎의 가장자리는 밋밋하고 표면에 털이 없으며 길이는 4~10cm 정도이다. 꽃은 흰색으로 지름은 10~15cm이고 가지 끝에 1개씩 달리며 꽃잎 끝은 뾰족하다. 암술과 수술은 여러 개인데 수술대는 편평하고 암술대는 끝부근에 가는 털이 2개 있다. 열매는 9~10월에 성숙되고 암술대가 그대로 달려 있다.

관리 및 번식법

화분이나 화단에 심는다. 덩굴성으로 뻗어가기 때문에 옆에 다른 식물이나 철사 같은 것을 두어야 하고, 잎이 많기 때문에 물은 1~2일 간격으로 준다. 10월경 익은 종자를 따서 바로 화분에 뿌리거나 저장 후 이른 봄에 뿌린다. 또한 그해 나온 새순을 가을에 삽목한다.

● 큰꽃으아리_ 꽃봉오리

● 큰꽃으아리_ 개화 직전

370 큰뱀무

Geum aleppicum Jacq.

- ▶ 이 명 : 큰배암무
- ▶ 과 명 : 장미과
- ▶ 개화기 : 6~7월

생육 특성

큰뱀무는 전국 각지의 산야에서 자라는 여러해살이풀이다. 생육환경은 햇볕이 잘 들고 부엽질이 풍부한 곳에서 자란다. 잎은 뿌리에서 생긴 것은 밀집해서 나고 작은 잎은 3~5쌍이며 끝은 뾰족하고 고르지 못한 톱니와 결각이 있다. 윗부분의 작은 잎은 난형 또는 원형이며 뾰족하거나 둥글고 밑에 모양이 좁아지며 길이 5~10cm, 폭 3~10cm로 불규칙한 톱니가 있다. 줄기는 곧게 서며 전체에 옆으로 벌어진 털이 있다. 꽃은 줄기나 가지 끝에서 펼쳐지듯 피며 3~10개의 노랑색 꽃이 핀다. 열매는 8월경에 타원형으로 달리며 황갈색 털이 빽빽하고 꼭대기에 갈고리 모양의 암술대가 달려 있다. 관상용으로 쓰이며 뿌리를 포함한 전초는 약용, 어린순은 식용으로 이용된다.

관리 및 번식법

실내에서 화분으로 키우기 좋은 식물이다. 화분 아래 돌을 넣어 물 빠짐이 좋게 하여 심은 후 햇볕이 잘 드는 곳에 두면 된다. 또한 실외에 재배할 때는 물 빠짐이 좋은 곳에 집단적으로 심는 것이 좋다. 물은 2~3일 간격으로 준다. 10월경에 달리는 종자를 종이에 싸서 냉장보관 후 이듬해 봄에 뿌리며 종자 발아율은 매우 높다.

● 큰뱀무_ 줄기

● 큰뱀무_ 꽃(뒷모습)

371 큰앵초

Primula jesoana Miq.

▶ **과　명**: 앵초과
▶ **개화기**: 5~6월

생육 특성

큰앵초는 전국의 깊은 산에서 자라는 여러해살이풀이다. 생육 환경은 습기가 많은 곳의 반그늘에 서식한다. 키는 약 30~50cm이고, 잎의 길이는 4~18cm, 폭은 6~18cm로 짧은 털이 있다. 잎자루 길이는 약 30cm로 잎밑이 강낭콩 모양의 심장형이고 가장자리는 얕게 7~9개로 갈라지며 톱니가 있다. 꽃은 홍자색으로 지름은 1.5~2.5cm로 각 층에 5~6개의 꽃이 달린다. 작은 꽃줄기는 길이가 1~2cm이며 윗부분에 짧은 털이 있다. 열매는 8월경에 맺는데 여러 개의 씨방으로 형성된 곳에 많은 종자가 들어 있으며, 길이는 0.7~1.2cm이고 긴 타원형으로 달린다. 앵초의 잎은 잔털이 많으며 원추형으로 생긴 반면 큰앵초는 단풍잎처럼 갈라지는 것이 특징이다.

관리 및 번식법

화단에 심고 공중습도를 높게 해줘야 한다. 따라서 꽃이 필 때나 잎이 무성할 때는 공중에 분무기로 물을 뿌려주고 토양에도 물을 1~2일에 한 번은 줘야 한다. 7~8월에 익은 종자를 바로 화단에 뿌리거나 종자를 종이에 싸서 냉장보관 후 다음 해에 뿌린다. 뿌리는 가을에 나누어야 이른 봄에 좋은 꽃을 볼 수 있다.

● 큰앵초_ 꽃(뒷모습)

● 큰앵초_ 시든 모습

372 큰제비고깔

Delphinium maackianum Regel

- ▶ 이 명 : 산제비고깔
- ▶ 과 명 : 미나리아재비과
- ▶ 개화기 : 7~9월

생육 특성

큰제비고깔은 경기도 이북에서 자라는 여러해살이풀이다. 생육 환경은 반그늘 혹은 양지의 토양 비옥도가 높고 물 빠짐이 좋은 곳에 자란다. 키는 약 1m 정도 되고, 잎은 단풍잎처럼 3~7개로 갈라지며 가장자리에 불규칙한 톱니가 있다. 꽃은 짙은 자주색이고 원줄기 끝에서 여러 개가 아래에서부터 위로 올라오며 달린다. 열매는 10~11월경에 달리고 길이는 약 1.5cm로 긴 타원형이다.

관리 및 번식법

서늘한 반그늘에 심는다. 키가 크기 때문에 바람이 많이 부는 곳은 피해야 한다. 물은 2~3일 간격으로 준다. 11월에 받은 종자를 종이에 싸서 냉장보관 후 이듬해 봄에 뿌리고, 새순이 올라온 이른 봄에 포기나누기를 한다.

● 큰제비고깔_ 잎

● 큰제비고깔_ 종자 결실

373 타래난초

Spiranthes sinensis (Pers.) Ames

- ▶ 이 명 : 타래란
- ▶ 과 명 : 난초과
- ▶ 개화기 : 6~8월

생육 특성 타래난초는 전국 각처의 산과 들에서 자라는 여러해살이풀이다. 생육환경은 물 빠짐이 좋은 토양의 양지에서 자란다. 키는 20~40cm이고, 잎의 길이는 5~20cm, 폭은 0.3~1cm로 뾰족하다. 꽃은 분홍색이며 나사 모양으로 꼬인 채 줄기에 작은 꽃이 옆을 바라보며 달린다. 열매는 8~9월에 달리고 타원형이며 잔털이 있고 길이는 0.5~0.7cm이다. 관상용으로 이용하며 뿌리를 포함한 전초는 약용으로 사용한다.

관리 및 번식법 모래나 황토가 있는 양지바른 곳에서 자란다. 화분에 키워도 좋다. 토양의 산도에 민감하기 때문에 중성(pH7.0)에 가깝게 만들어준다. 9월에 받은 종자는 바로 화분이나 화단에 뿌리거나 종이에 싸서 냉장보관 후 이른 봄에 뿌린다. 이른 봄 새싹이 올라올 때 옆에 생긴 작은 알뿌리를 분리한다.

● 타래난초_ 새순 올라오는 모습

● 타래난초_ 종자 결실

374 | 택사

Alisma canaliculatum A. Br. & Bouche

▶ **이 명** : 쇠대나물, 물택사, 쇠태나물
▶ **과 명** : 택사과
▶ **개화기** : 7월

생육 특성

택사는 제주도 및 중부와 북부지역에 자생하는 습생 여러해살이풀이다. 생육환경은 볕이 잘 드는 습지에서 자란다. 키는 40~130cm 정도이고, 잎은 뿌리에서 올라오며 양끝이 좁고 밑부분이 좁아지며 가장자리가 밋밋하고 길이는 10~30cm, 폭은 1~4cm이며 털이 없다. 뿌리는 수염뿌리가 많이 붙어 있다. 꽃줄기는 잎 중앙에서 나오며 길이가 40~130cm로서 많은 꽃이 돌아가며 달리고 흰색이다. 꽃에는 작은 꽃줄기가 있으며 꽃잎과 꽃받침은 각각 3개, 수술은 6개이다. 열매는 9월경에 납작하게 달린다. 관상용으로 쓰이며 덩이줄기는 약용, 어린순은 식용으로 이용된다.

관리 및 번식법

실내에서 키울 때는 수반에 물을 많이 담아 햇볕이 잘 드는 곳에서 키운다. 실외에서 키울 때는 물웅덩이에 심는다. 9월에 결실되는 종자를 냉장보관 후 이듬해 봄에 뿌린다.

● 택사_잎

● 택사_꽃

375 터리풀

Filipendula glaberrima Nakai

- ▶ 이 명 : 민터리풀
- ▶ 과 명 : 장미과
- ▶ 개화기 : 7~8월

생육 특성

터리풀은 우리나라 각처의 산지에서 나는 여러해살이풀이다. 생육환경은 주변 습도가 높고 부엽질이 풍부한 반그늘에서 자란다. 키는 약 1m이고, 잎은 뿌리에서 생긴 것은 길이는 약 16cm, 폭은 약 25cm로 단풍잎처럼 5개로 갈라지고 끝은 뾰족하고 줄기에서 생긴 잎은 큰 타원형으로 어긋난다. 뿌리는 나무처럼 딱딱하고 짧은 뿌리는 사방으로 퍼진다. 꽃은 흰색으로 원줄기나 가지 끝에 달리고, 꽃잎은 길이가 약 0.3cm로 둥글게 달리며 수술은 꽃잎보다 길다. 열매는 9~10월경에 달리는데 여러 개의 방에 작은 종자들이 많이 들어 있다. 관상용으로 이용한다.

관리 및 번식법

화분이나 화단에 심으면 좋다. 화분에 심을 때는 퇴비를 많이 넣고 뿌리를 깊게 넣은 후 햇볕이 잘 들어오는 곳에 두며 화단에 심을 때는 반그늘의 습기가 약간 있는 곳에 심는다. 자생지 조건을 보면 물 빠짐이 좋은 곳보다는 습도가 높고 습기가 많은 곳에서 자라기 때문이다. 10월경에 받은 종자를 바로 뿌린다. 저장 후 뿌렸더니 발아율이 떨어지고 발아하는 데 상당한 시간이 소요되었기 때문이다. 종자 발아율은 높은 편이 아니지만 한 개체에서 얻을 수 있는 종자 양이 많기 때문에 조금만 받아도 된다. 뿌리 번식은 이른 봄 새순이 올라올 때 포기를 나누어 심는다.

● 터리풀_ 잎

376 | 털머위

Farfugium japonicum (L.) Kitam

▶ 이 명 : 갯머위, 말곰취, 넓은잎말곰취
▶ 과 명 : 국화과
▶ 개화기 : 9~10월

생육 특성

털머위는 우리나라 남부와 제주도 울릉도 해안에서 나는 상록여러해살이풀이다. 생육환경은 양지 혹은 반그늘의 따뜻하고 물 빠짐이 좋은 곳에 자란다. 키는 30~50cm이고, 잎의 길이는 4~15cm, 폭은 6~30cm로 두껍고 광택이 많이 난다. 꽃은 노란색으로 길이가 30~75cm로 포가 있으며 가지 끝에 지름 4~6cm 정도 되는 것이 한 개씩 달려서 전체적으로 큰 무리를 이룬다. 열매는 흑갈색으로 11~12월경에 달리며 길이는 0.8~1.1cm로 갓털이 있다.

관리 및 번식법

화분이나 화단에 심는다. 잎이 상록성이기 때문에 조경용으로 많이 이용되고 있으며 중부 이북에서는 잘 자라지 않는다. 12월에 얻은 종자를 바로 화단이나 화분에 뿌리거나 종이에 싸서 냉장보관 후 이듬해 봄에 뿌린다. 이른 봄 새순이 올라올 때 포기나누기를 한다.

● 털머위_ 잎

● 털머위_ 종자 결실

377 털중나리

Lilium amabile Palib.

- ▶ 이 명 : 털종나리
- ▶ 과 명 : 백합과
- ▶ 개화기 : 6~8월

생육 특성

털중나리는 제주도와 울릉도를 포함하여 높이가 1,000m 이하인 산의 전역에서 자라는 여러해살이풀이다. 생육 특성은 양지 혹은 반그늘의 모래 성분이 많은 곳에서 자란다. 키는 50~80cm이고, 잎은 녹색이며 길이는 3~7cm, 폭은 0.3~0.8cm로 뾰족하고 양면에 잔털이 있다. 꽃은 황적색으로 안쪽에는 자주색 반점이 있고 길이가 4~7cm, 폭은 1~1.5cm이다. 꽃이 필 때는 꽃잎이 뒤로 말리며 원줄기 끝과 가지 끝에 한 개씩 달려 1~5개가 밑을 향해 핀다. 열매는 9~10월에 익으며 넓은 타원형이고, 종자는 편평하다. 관상용으로 쓰이며 어린싹은 식용으로 이용한다.

관리 및 번식법

모래가 많은 화단에 심는다. 물은 2~3일 간격으로 주고 여름에는 가급적 물을 많이 주지 않는 것이 좋다. 9~10월경에 달리는 종자를 바로 뿌리거나 냉장고에 저장 후 봄 화단에 뿌린다. 인편을 이용한 번식은 늦가을이나 이른 봄 싹이 올라오기 전에 인편을 분리하여 한다.

• 털중나리_ 잎

• 털중나리_ 꽃잎이 뒤쪽으로 말리는 모습

378 토현삼

Scrophularia koraiensis Nakai

▶ 과　명 : 현삼과
▶ 개화기 : 7월

생육 특성

토현삼은 우리나라 각처의 산지에서 자라는 여러해살이풀이다. 생육환경은 반그늘이며 물 빠짐이 좋은 곳에서 자란다. 키는 약 1.5m까지 자라고, 잎의 길이는 10~15cm, 폭은 4~7cm로 끝에 작고 뾰족한 톱니가 있으며 마주난다. 꽃은 흑자색으로 제일 꼭대기에서 줄기가 여러 갈래로 갈라져 달리고, 위에서 먼저 꽃이 피고 아래로 내려오면서 개화한다. 열매는 8~9월경에 달리는데 씨방에는 작은 종자가 많이 들어 있다. 뿌리는 약용으로 쓰인다.

관리 및 번식법

약용으로 재배되고 있다. 유기질 함량을 높게 한 후 화단에 심는다. 물은 2~3일 간격으로 준다. 9월에 얻은 종자를 바로 화분이나 화단에 뿌리거나 이듬해 봄에 새싹이 올라올 때 포기나누기를 한다.

● 토현삼_종자 결실

379 톱풀

Achillea alpina L.

- ▶ 이 명 : 가새풀, 배암세, 배암채
- ▶ 과 명 : 국화과
- ▶ 개화기 : 7~9월

`생육 특성` 톱풀은 우리나라 각처의 산과 들에서 흔히 자라는 여러해살이풀이다. 생육환경은 반그늘 혹은 양지에서 자란다. 키는 50~100cm이고, 잎의 길이는 6~10cm, 폭은 0.7~1.5cm로 어긋나고 뾰족하다. 꽃은 흰색이고 지름이 0.7~0.9cm로 가지 끝과 원줄기 끝이 편평한 듯 가운데가 높고 끝으로 갈수록 짧아지게 달린다. 열매는 10~11월경에 달리고 길이는 0.3cm, 폭은 0.1cm로 양끝이 납작하고 털이 없다. 어린순은 식용으로 쓰인다.

`관리 및 번식법` 외국의 허브식물인 '야로우(Yarrow)'라는 품종과 같은 모양이다. 화단이 반그늘이면 어디서나 잘 자란다. 잎은 마치 당근 잎처럼 갈라져 올라오며 잎이 많은 봄에는 1~2일 간격으로 물을 준다. 이른 봄에 포기나누기를 하거나 11월에 받은 종자를 종이에 싸서 냉장보관 후 이듬해 봄 화단에 뿌린다.

● 톱풀_ 잎

● 톱풀_ 종자 결실

380 통발

Utricularia vulgaris var. *japonica* (Makino) Tamura

▶ **과 명** : 통발과
▶ **개화기** : 8~10월

생육 특성

통발은 우리나라 각처의 연못이나 논에 나는 여러해살이 식충식물이다. 생육환경은 고인 물이 많이 깊지 않은 곳의 햇볕을 많이 받는 곳에서 자란다. 키는 10~30cm이고, 잎은 길이가 3~6cm이고 어긋나고, 깃털 모양으로 실같이 갈라지며 포충낭이 있어 작은 벌레를 잡는다. 겨울에는 줄기 끝에 잎이 뭉쳐 있고 둥글게 겨울을 날 수 있는 눈을 만들어 물속으로 가라앉는다. 꽃은 길이 10~30cm의 꽃줄기가 물 밖으로 나와 4~7개의 밝은 노랑색 꽃이 달리고 작은 꽃줄기는 꽃이 진 다음 구부러지며 길이는 1.5~2.5cm이다. 과실은 성숙하지 않는다. 다른 종의 식충식물과는 달리 이 품종은 물속에 뿌리줄기를 따라가며 길게 뻗으면서 둥근 포충낭이 많이 달린다. 외국에 비해 우리나라에 자생하는 식충식물들은 수가 매우 적다. 이 품종 또한 지상에서 움직이는 벌레를 잡는 것이 아닌 수면이나 수중에서 살아가는 작은 곤충들을 잡는다. 이와 유사한 것으로 귀이개, 자주귀이개, 이삭귀개 등이 있다.

관리 및 번식법

웅덩이나 습지에서 키운다. 햇볕을 잘 받는 곳에 심고, 항아리와 같은 깊은 곳에 심어도 좋다. 그러나 작은 항아리에 심으면 여름철 고온에 물 온도가 높아져 고사할 수 있으므로 주의가 필요하다. 옆으로 뻗어가는 줄기를 분리하여 번식시킨다.

● 통발_ 꽃대 누운 모습

● 통발_ 포충낭

381 투구꽃

Aconitum jaluense Kom.

- ▶ 이 명 : 선투구꽃, 개싹눈바꽃, 진돌쩌귀, 싹눈바꽃, 세잎돌쩌귀, 그늘돌쩌귀
- ▶ 과 명 : 미나리아재비과
- ▶ 개화기 : 8~9월

생육 특성

투구꽃은 우리나라 각처의 산에서 자라는 여러해살이풀이다. 생육환경은 반그늘 혹은 양지의 물 빠짐이 좋은 곳에서 자란다. 키는 약 1m 정도이고, 잎은 잎자루 끝에서 손바닥을 편 모양으로 3~5갈래로 깊이 갈라지며 어긋난다. 꽃은 자주색 혹은 흰색으로 모양은 고깔이나 투구와 같으며 줄기에 여러 개의 꽃이 어긋나고 아래에서 위로 올라가며 핀다. 열매는 10~11월에 맺고 타원형이며 뾰족한 암술대가 남아 있다. 유독성 식물이며 뿌리는 약용한다. 꽃 모양이 마치 전사들이 머리에 쓰는 투구를 닮아서 "투구꽃"이란 이름이 지어졌고, 뿌리는 "초오(草烏)", 즉 까마귀처럼 검다고 하는 데서 유래하였다.

관리 및 번식법

뿌리가 많이 발달하기 때문에 물 빠짐이 좋고 토양이 비옥한 화단에 심는다. 물은 2~3일 간격으로 준다. 10월경 종자를 받아 바로 화분이나 화단에 뿌리거나 일반적인 방법으로 보관하여 이듬해 봄에 뿌린다.

● 투구꽃_잎

● 투구꽃_꽃(흰색)

382 | 파리풀

Phryma leptostachya var. *asiatica* H. Hara

- ▶ **이 명** : 꼬리창풀
- ▶ **과 명** : 파리풀과
- ▶ **개화기** : 7~9월

생육 특성 파리풀은 우리나라 각처의 산과 들에서 나는 여러해살이풀이다. 생육환경은 반그늘 혹은 양지의 토양이 비옥한 곳에서 자란다. 키는 약 70cm이고, 잎의 길이는 7~9cm, 폭은 4~7cm로 양면, 특히 맥 위에 털이 많고 가장자리에 톱니가 있으며 넓은 난형이고 마주난다. 꽃은 연한 자주색이고 길이가 0.5~0.6cm로 밑에서부터 위를 향해 달리지만 점차 옆을 향한다. 뒤쪽에 있는 3개의 갈라지는 잎 모양은 가시처럼 되어 다른 물체에 잘 붙고 까락의 길이는 약 0.15cm 정도이다. 열매는 10월경에 달린다. 뿌리를 찧어 종이에 스며들게 한 후 놔두면 파리를 잡을 수 있으므로 파리풀이라 한다. 전초는 약용으로 이용한다.

관리 및 번식법 물 빠짐이 좋고 거름기가 많은 화분이나 화단에 심는다. 교육용으로 적합하다. 10월에 얻은 종자를 보관 후 이듬해 봄에 뿌리거나 가을이나 이른 봄에 포기나누기를 한다.

● 파리풀_ 잎　　　　　　　　　　● 파리풀_ 종자 결실

383 패랭이꽃

Dianthus chinensis L.

- ▶ **이 명** : 패랭이, 꽃패랭이꽃, 석죽
- ▶ **과 명** : 석죽과
- ▶ **개화기** : 6~8월

생육 특성

패랭이꽃은 전국 각처에 자생하는 숙근성 여러해살이풀이다. 생육환경은 반그늘이나 양지쪽에서 서식하며, 많은 군락을 이루지는 않고 조금씩 간격을 두고 자란다. 키는 약 30cm이고, 잎의 길이는 3~4cm, 폭은 0.7~1cm이며, 끝이 뾰족하며 마주난다. 꽃은 진분홍색으로 길이는 약 2cm 정도이며 줄기 끝에 2~3송이가 달린다. 꽃잎은 5장으로 끝이 약하게 갈라지며 안쪽에는 붉은색 선이 선명하고 전체적으로 둥글게 보인다. 열매는 9월에 검게 익으며 원통형이다.

관리 및 번식법

어느 곳에서나 토양에 관계없이 자라지만 잎이 작고 세력이 왕성하지 못하기 때문에 잡초를 제거하는 것이 우선되어야 한다. 물은 3~4일 간격으로 준다. 봄에 새싹이 올라온 것을 여름에 삽목하거나 가을에 포기나누기를 하며, 9월경에 익은 종자를 바로 화분에 뿌리거나 이른 봄에 뿌린다. 종자 발아 때 유의할 사항은 새싹이 올라온 후 약 10일이 지나면 바로 땅에 심어야 한다는 것이다. 그렇지 않으면 바람이 잘 통하지 않아 쉽게 어린 묘종이 상하기 때문이다.

● 패랭이꽃_ 꽃(흰색)

● 패랭이꽃_ 종자 결실

384 풀솜대

Smilacina japonica A. Gray

- ▶ 이 명 : 솜대, 솜죽대, 솜때, 지장보살, 왕솜대, 큰솜죽대, 품솜대
- ▶ 과 명 : 백합과
- ▶ 개화기 : 5~7월

생육 특성

풀솜대는 전국 각처의 산에 자라는 여러해살이풀이다. 생육환경은 반그늘과 부엽질이 많은 토양에서 잘 자란다. 키는 20~50cm이고, 잎의 길이는 6~15cm, 폭은 2~5cm로서 줄기를 따라 두 줄로 나 있으며, 긴 타원형으로 끝이 좁아진다. 꽃은 흰색으로 원줄기 끝에 작은 꽃들이 뭉쳐 하나의 꽃을 이루며 핀다. 열매는 9월경에 달리고 둥글며 붉은색이다. 잎이 지상부로 올라오면 얼핏 보기에는 둥굴레와 많이 닮은 것처럼 보이지만 잎의 크기와 줄기를 보면 확연히 다른 것을 볼 수 있다.

관리 및 번식법

화단에 심으면 좋고 잎이 많은 봄에는 물을 1~2일에 한 번씩 주고 잎이 떨어지고 없는 가을에는 4~6일에 한 번씩 준다. 9월경에 익는 종자를 바로 화단에 뿌리거나 마디로 되어 있는 뿌리를 가을에 캐내어 나눈 후 화단이나 화분에 옮겨심기한다.

● 풀솜대_ 새순 나오는 모습

● 풀솜대_ 열매

385 피나물

Hylomecon vernalis Maxim.

- ▶ 이 명 : 노랑매미꽃, 매미꽃, 봄매미꽃, 선매미꽃
- ▶ 과 명 : 양귀비과
- ▶ 개화기 : 4~5월

생육 특성

피나물은 우리나라 중부 이북의 숲에서 자라는 여러해살이풀이다. 생육환경은 주변에 습기가 많은 반그늘에서 자란다. 키는 약 30cm 정도 되고, 줄기 아래에 난 잎은 크고 깃 모양이며, 윗부분의 잎은 작은 잎이 3~5장 정도 달리고 가장자리에 불규칙한 톱니가 있다. 꽃은 선명한 노랑색이고 원줄기 끝의 잎겨드랑이에서 1~3개의 긴 꽃줄기가 나와 끝에 한 송이씩 달린다. 열매는 6~7월경에 맺으며 길이 3~5cm, 지름이 0.3cm 정도로 뾰족하게 달리는데, 안에는 많은 종자가 들어 있다. 줄기를 자르면 붉은색 액체가 나오기 때문에 '피나물'이라고 한다.

관리 및 번식법

화분이나 물기가 많은 화단에 심는다. 잎이 많은 식물이므로 관수를 자주 해주어야 한다. 이는 자생지 조건을 보면 주변 습도가 높은 곳과 물기가 많은 곳에서 자라기 때문이다. 6~7월에 달리는 종자를 바로 화분이나 화단에 뿌리거나 종자를 종이에 싸서 냉장보관 후 가을이나 봄에 뿌리고 가을이나 이른 봄에 뿌리를 잘라 포기나누기를 한 후 뿌리가 발 발달되면 옮겨심기를 한다.

● 피나물_ 잎

● 피나물_ 종자 결실

386 피막이

Hydrocotyle sibthorpioides Lam.

▶ 이 명 : 피막이풀, 피마기풀
▶ 과 명 : 산형과
▶ 개화기 : 7~8월

생육 특성

피막이는 남부지방의 산과 들에서 자라는 상록 여러해살이풀이다. 생육환경은 습기가 많은 경사지나 습지 근처에서 자란다. 키는 5~10cm이고, 잎은 어긋나고 잎꼭지는 길고 원형이며 밑은 심장형이고 얕게 7~9개로 갈라지며 갈래는 이 모양의 톱니로 된다. 꽃은 흰색 또는 자주색이며 잎겨드랑이에서 3~5송이씩 위로 올라가며 달린다. 열매는 10월경에 둥글고 납작하게 달린다. 관상용으로 이용되며 전초를 약용으로 쓴다.

관리 및 번식법

습기가 많은 곳에 심거나 마른 경사지에 심어도 좋다. 특히 줄기가 옆으로 가면서 계속 뿌리를 내리기 때문에 토사 유출의 위험이 있는 곳에 심으면 좋다. 10월경에 달리는 종자를 이듬해 봄에 뿌리거나 잎이 뻗으면 줄기를 잘라서 삽목하면 된다.

● 피막이_ 꽃봉오리

● 피막이_ 종자 결실

387 하늘말나리

Lilium tsingtauense Gilg

- ▶ 이 명 : 우산말나리
- ▶ 과 명 : 백합과
- ▶ 개화기 : 7~8월

생육 특성

하늘말나리는 우리나라 전역에서 자라는 여러해살이풀이다. 생육환경은 반그늘이며 부엽질이 많은 토양이나 모래 성분이 많은 토양에서 자란다. 키는 60~90cm이고, 잎은 크게 돌려나는 잎은 줄기 중앙에 6~12개씩 달리는데, 타원형으로 뾰족해진 끝과 점차적으로 좁아진 밑부분이 직접 원줄기에 달리거나 작게 어긋나는 줄기 윗부분에 달린다. 길이는 9cm, 폭은 2cm 정도 되지만 위로 올라갈수록 더 작아진다. 꽃은 황적색 바탕에 자주색 반점이 많이 있고, 지름은 4cm 정도이고 원줄기 끝과 측지 끝에 1~3개의 꽃이 위를 향해 달린다. 열매는 9~10월에 익으며, 편평하다. 관상용으로 쓰이며 어린잎의 줄기와 비늘줄기는 식용으로 이용된다.

관리 및 번식법

반그늘이면서 토양이 비옥한 화단에 심는다. 중간 잎이 무성하기 때문에 봄이나 여름에는 2~3일 간격으로 물을 주는 것이 좋고 물 빠짐이 좋은 땅에 심는다. 작은 인편으로 되어 있어 조심해서 알뿌리를 떼어내 이용하거나 9~10월경에 익은 종자를 바로 또는 이듬해 봄에 화분이나 화단에 뿌린다.

● 하늘말나리_ 꽃봉오리

● 하늘말나리_ 시드는 모습

388 하늘매발톱

Aquilegia japonica Nakai & H. Hara

▶ 과 명 : 미나리아재비과
▶ 개화기 : 4~6월

생육 특성

하늘매발톱은 우리나라 각처의 산에서 자라는 여러해살이풀이다. 생육환경은 양지나 반그늘에서 자라고 토양은 비옥하다. 키는 약 1m 정도이고, 잎의 길이는 5~7cm, 폭은 6~8cm이고 2~3갈래로 깊게 갈라지며, 뒷면은 분백색이다. 꽃은 흰색, 연분홍색 등이 있고 가지 끝에서 아래를 향해 달린다. 꽃잎 끝부분은 5갈래로 매발톱처럼 구부러져 있으며 꽃봉오리 때는 아래를 향하지만, 꽃이 피면서 점점 하늘을 보고, 씨가 맺힐 때는 하늘을 향해 있다. 열매는 7~8월경에 달리고 종자는 검은색으로 광택이 많이 나며 씨방에 많이 들어 있다.

관리 및 번식법

화분이나 화단에 심는다. 물 빠짐이 좋은 곳이면 어디서나 잘 자라며, 물은 2~3일 간격으로 준다. 종자가 익는 7월에는 뿌리지 말고 종자를 종이에 싸서 냉장보관하였다가 8월 말경 화분이나 화단에 뿌리거나 이듬해 봄에 뿌린다. 새싹이 올라와 본잎이 전개되면 바로 옮겨 심어야 한다. 그렇지 않으면 바람이 잘 통하지 않아 어린 싹이 상하기 때문이다.

● 하늘매발톱_ 새순 올라오는 모습

● 하늘매발톱_ 종자 결실

389 하늘타리

Trichosanthes kirilowii Maxim.

- ▶ 이 명: 쥐참외, 하늘수박, 하늘수박, 자주꽃하늘수박
- ▶ 과 명: 박과
- ▶ 개화기: 7~8월

생육 특성

하늘타리는 우리나라 중부 이남의 마을 주변과 들에 나는 덩굴성 여러해살이풀이다. 생육환경은 물 빠짐이 좋은 양지 혹은 반그늘에서 자란다. 잎은 단풍잎처럼 5~7개로 갈라지고 표면에 짧은 털이 있으며 어긋난다. 꽃은 연한 황색 또는 흰색으로 암수가 달리 달리고, 꽃줄기는 수꽃이 약 15cm, 암꽃이 약 3cm 정도로 끝에 한 개의 꽃이 달리며, 꽃잎은 각 5개로 갈라진다. 열매는 10월경에 지름 약 7cm 정도로 둥글게 달리고 오렌지색으로 익으며 연한 다갈색의 종자가 많이 들어 있다. 관상용으로 쓰이고 뿌리는 식용 또는 약용되며, 열매는 약용으로 쓰인다.

관리 및 번식법

물 빠짐이 좋고 빛을 많이 받을 수 있는 화단이나 화분에 철사와 같이 덩굴이 감고 갈 수 있는 것을 만들어주고 심는다. 물은 2~3일 간격으로 준다. 10월에 얻은 종자를 바로 뿌리거나 종이에 싸서 냉장보관 후 이듬해 봄에 뿌린다. 가을에 포기나누기를 한다.

● 하늘타리_ 잎

● 하늘타리_ 열매

390 한계령풀

Leontice microrhyncha S. Moore

- ▶ 이 명 : 메감자
- ▶ 과 명 : 매자나무과
- ▶ 개화기 : 5월

생육 특성

한계령풀은 우리나라 중부 이북의 고산에서 자라는 여러해살이풀이다. 생육환경은 반그늘 혹은 양지의 토양이 비옥하고 물 빠짐이 좋은 곳에서 자란다. 키는 30~40cm이고, 잎은 한 개가 달리며 1cm 정도 자란 후 3개로 갈리진 다음 다시 3개씩 갈라지고, 반원형 또는 원형으로 원줄기를 완전히 둘러싼다. 꽃은 황색으로 길이와 폭이 약 1cm 정도이며 많은 꽃이 원줄기 끝에 달린다. 열매는 7~8월경에 둥글게 달린다.

관리 및 번식법

재배하기 어려운 품종이다. 8월에 익은 종자를 받아 화단에 바로 뿌리거나 종이에 싸서 냉장보관 후 이듬해 이른 봄에 뿌린다. 또한 가을이나 이른 봄에 포기나누기를 한다.

● 한계령풀_ 잎 올라오는 모습

● 한계령풀_ 꽃 피기 전

391 한련초

Eclipta prostrata (L.) L.

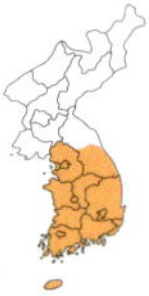

- ▶ 이 명 : 하년초, 할년초, 한련풀
- ▶ 과 명 : 국화과
- ▶ 개화기 : 8~9월

생육 특성

한련초는 경기도 이남의 길가나 밭에서 나는 한해살이풀이다. 생육환경은 양지 혹은 반그늘에서 자란다. 키는 10~60cm이고, 잎의 길이는 3~10cm, 폭은 0.5~2.5cm로 양면에 굵은 털이 있으며 가장자리에 잔 톱니가 있고 마주난다. 꽃은 지름이 약 1cm 정도로 가지 끝과 원줄기 끝에 한 개씩 달린다. 열매는 검은색으로 11월경에 길이 약 0.3cm 정도로 달린다.

관리 및 번식법

장소는 어느 곳이나 잘 자라며 화단에 심으면 좋다. 11월에 얻은 종자를 보관 후 이듬해 봄에 뿌린다. 모본이 있던 장소는 줄기가 마른 가을이나 이른 봄에 호미나 작은 농기구를 이용하여 흙을 부드럽게 하면 종자 발아율이 높아진다. 줄기를 자르면 일반 식물들과는 달리 검은색 수액이 나온다. 그래서 예전에는 이 식물을 이용해 머리를 염색하거나 천을 염색하기도 했다. 하지만 최근에는 제초제를 많이 뿌려 많은 개체를 볼 수 없다.

● 한련초_지상부

392 할미꽃

Pulsatilla koreana (Yabe ex Nakai) Nakai ex Nakai

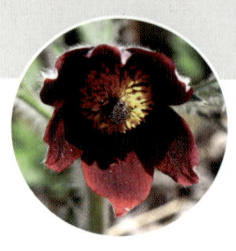

- **이　명** : 노고초, 가는할미꽃(중국)
- **과　명** : 미나리아재비과
- **개화기** : 4~5월

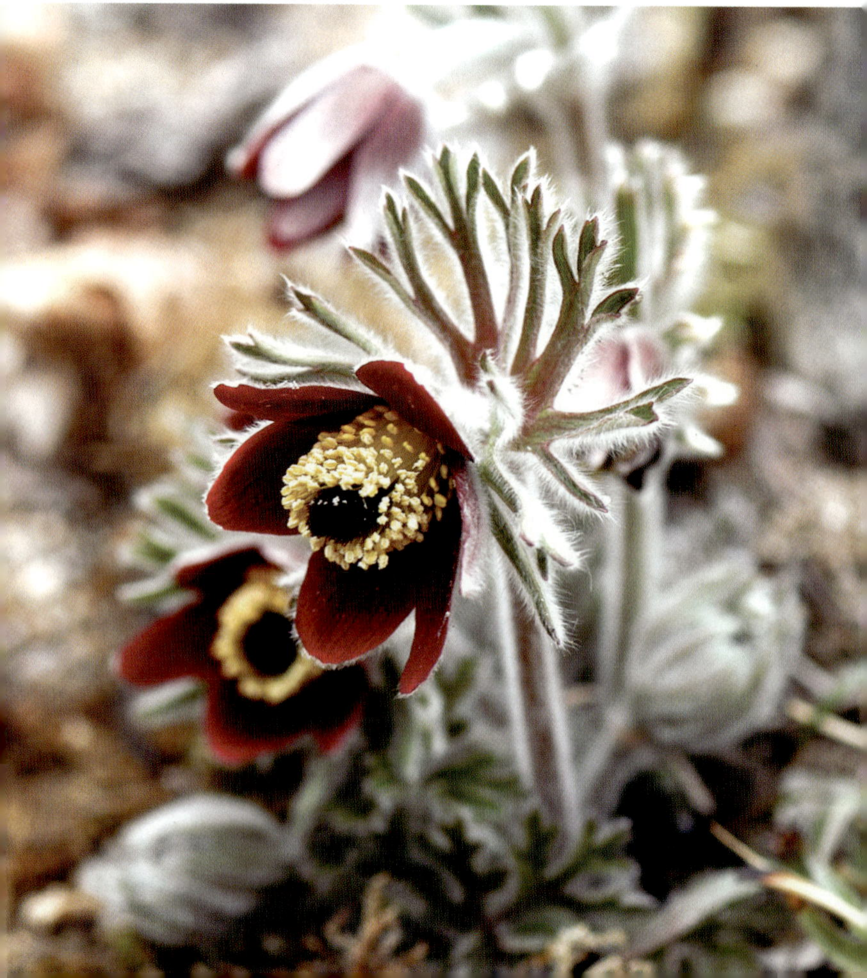

생육 특성

할미꽃은 제주도를 제외한 전국의 각처에서 자라는 여러해살이풀이다. 생육환경은 양지바른 곳의 토양이 중성화된 곳에서 서식한다. 키는 30~40cm이고, 잎의 길이는 30~40cm이고 새의 날개처럼 깊게 2~5갈래로 갈라지며 전체에 긴 흰색 털이 빽빽하게 나서 흰빛이 돌지만 표면은 짙은 녹색이고 털이 없다. 꽃은 붉은색으로 길이는 약 3cm 정도 되며, 잎 끝에서 줄기가 올라와 줄기 끝에 한 개의 꽃이 긴 종 모양으로 달린다. 꽃잎 표면에는 잔털이 많이 나 있고, 안쪽은 검붉은 자주색을 하고 있다. 열매는 5~6월경에 익으며 긴 난형이고 겉에는 가는 흰색 털이 있으며 아래쪽에 검은색의 종자가 붙어 있다.

관리 및 번식법

화분이나 화단에 심는다. 모래가 많고 물 빠짐이 좋은 땅의 햇볕이 잘 드는 곳에 심는다. 물은 봄에 2~3일 간격으로 주고 여름과 가을에는 4~5일 간격으로 준다. 종자를 이용하는 것이 가장 좋다. 6월경 익은 종자를 바로 화분이나 화단에 뿌리는 것이 발아율이 가장 높으며, 냉장보관하면 기간에 따른 차이는 있지만 발아율이 높지 않다.

● 할미꽃_ 잎 전개되는 모습

● 할미꽃_ 종자 결실

393 할미밀망

Clematis trichotoma Nakai

- ▶ 이 명 : 할미질빵, 셋꽃으아리, 큰잎질빵, 큰질빵풀
- ▶ 과 명 : 미나리아재비과
- ▶ 개화기 : 6~8월

생육 특성

할미밀망은 우리나라 각처의 산기슭에서 나는 낙엽활엽 덩굴식물이다. 생육환경은 물 빠짐이 좋은 반그늘 혹은 양지에서 자란다. 키는 약 5m 정도까지 자라고, 잎의 길이는 6~8cm로 양면에 털이 있지만 표면에는 털이 거의 없고 3~5개의 소엽으로 구성되고 마주난다. 꽃은 흰색으로 잎겨드랑이에서 나와 1대에 3개씩 달린다. 열매는 9~10월경에 난형으로 약 15개 정도가 모여 달리고, 연한 황색 털이 있는 긴 암술대가 남아 있다. 어린잎은 식용으로 쓰인다.

관리 및 번식법

물 빠짐이 좋고 빛을 많이 받을 수 있는 화단이나 화분에 철사와 같이 덩굴이 감고 갈 수 있는 것을 만들어주고 심는다. 물은 2~3일 간격으로 준다. 10월에 얻은 종자를 바로 뿌리거나 종이에 싸서 냉장보관 후 이듬해 봄에 뿌린다.

394 함박꽃나무

Magnolia sieboldii K. Koch

- ▶ 이 명 : 함백이꽃, 흰뛰함박꽃, 얼룩함박꽃나무, 산목련, 목란, 산목란
- ▶ 과 명 : 목련과
- ▶ 개화기 : 5~6월

생육 특성

함박꽃나무는 우리나라 각처의 깊은 산 중턱 골짜기에서 나는 낙엽활엽 소교목이다. 생육환경은 물 빠짐이 좋고 토양 비옥도가 높은 곳에서 자란다. 키는 3~7m 정도이고, 잎의 길이는 6~15cm, 폭은 5~10cm로 표면에는 광택이 많이 나고 털이 없으며 뒷면은 회녹색으로 맥을 따라 털이 있다. 꽃은 흰색이며 지름은 7~10cm로 꽃밥과 수술대는 붉은빛이 돌고 강한 향기가 난다. 열매는 원형으로 9~10월경에 길이 3~4cm로 달리고, 종자는 붉은색으로 길이는 0.8~0.9cm이다.

관리 및 번식법

화단 정원수로 이용하면 좋다. 향이 많이 나며 낮은 곳에 심으면 바람을 타고 향이 퍼지므로 가능하면 낮은 곳을 택하여 심는다. 10월에 익은 종자를 비닐이나 종이에 싸서 땅속에 묻거나 냉장보관 후 이듬해 이른 봄에 뿌린다. 봄과 가을에는 새 가지를 이용하여 삽목한다.

● 함박꽃나무_ 잎

● 함박꽃나무_ 종자 결실

395

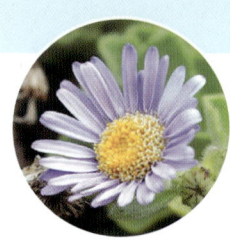

해국

Aster sphathulifolius Maxim.

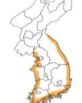

- 이 명 : 왕해국, 흰해국
- 과 명 : 국화과
- 개화기 : 7~11월

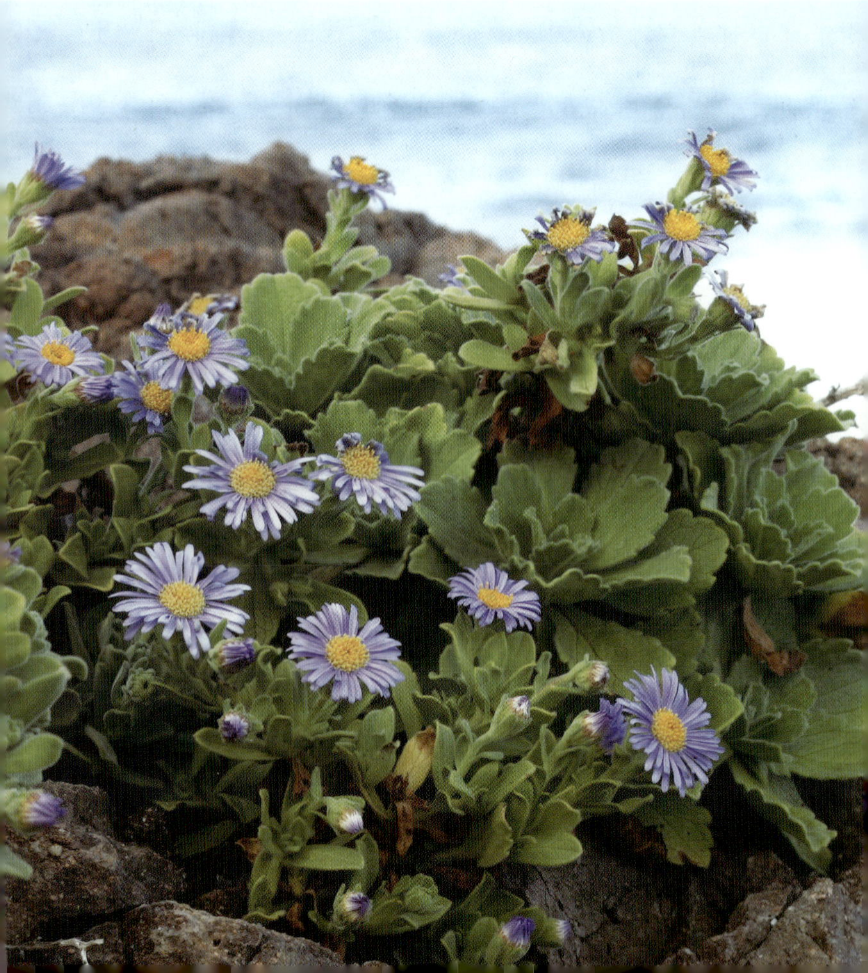

생육 특성

해국은 우리나라 중부 이남의 해변에서 자라는 여러해살이풀이다. 생육환경은 햇볕이 잘 드는 암벽이나 경사진 곳에서 자란다. 키는 30~60cm이고, 잎은 양면에 융모가 많으며 어긋난다. 잎은 위에서 보면 뭉치듯 전개되고 잎과 잎 사이는 간격이 거의 없는 정도이다. 겨울에도 잎은 고사하지 않고 상단부가 남아 있는 반상록 상태이다. 꽃은 연한 자주색으로 가지 끝에 하나씩 달리고 지름은 3.5~4cm이다. 11~12월경에 열매가 달리고 한 송이에 약 50~70여 개의 종자가 들어 있다.

관리 및 번식법

경사진 곳의 부엽질이 많은 토양과 햇볕이 잘 드는 곳에 심는다. 11월에 결실되는 종자를 바로 뿌리거나 냉장고에 보관 후 이듬해 봄에 뿌린다. 종자로 번식한 개체는 2년이 지난 후 개화하기 때문에 빨리 꽃을 보고 싶으면 옆에 나온 개체를 삽목하는 것이 좋다. 잎은 끈적거리는 감이 있어서 여름철에 애벌레가 많이 먹지만, 살충제를 뿌리지 않아도 되며 고온이 되면 잎에 흰가루병을 유발하는 세균이 번식하므로 이때는 살균제를 뿌려야 한다.

● 해국(흰색)_ 꽃

● 해국_ 종자 결실

396 해당화

Rosa rugosa Thunb.

▶ **과 명** : 장미과
▶ **개화기** : 5~7월

생육 특성

해당화는 우리나라 각처의 바닷가 모래땅과 산기슭에서 나는 낙엽활엽관목이다. 생육환경은 모래땅과 같이 물 빠짐이 좋고 햇볕을 많이 받는 곳에서 자란다. 키는 약 1.5m이고, 잎의 길이는 2~5cm, 폭은 약 1.2cm로 타원형이고 두터우며 표면에는 광택이 많고 주름이 있다. 잎 뒷면에는 잔털이 많으며 가장자리에는 잔 톱니가 있다. 줄기에는 작고 긴 딱딱한 가시가 촘촘히 있다. 꽃은 홍자색이고 지름은 6~9cm로 새로 난 가지의 끝에서 달리고 향이 진하게 난다. 꽃잎에는 방향성 물질이 많이 함유되어 있어 향수의 원료가 되기도 한다. 열매는 8월경에 붉은색으로 지름 2~2.5cm의 편편하고 둥근 모양으로 달리며 광택이 있다. 꽃과 열매는 관상용으로 쓰이며 향수의 원료나 약용으로도 이용한다.

관리 및 번식법

재배법이 많이 연구되어 현재는 많은 곳에서 재배가 이루어지고 있는 종이다. 화분에 심어도 좋지만 가시가 많기 때문에 어린이들의 손이 잘 닿지 않는 곳의 화단에 심어 관리하면 좋다. 향이 많이 나기 때문에 바람 부는 곳을 향해 심으면 장미향보다 더 은은한 향이 난다. 물은 2~3일 간격으로 준다. 종자 번식보다는 삽목을 권한다. 삽목은 새로 난 가지를 짧게(약 5~10cm) 자른 후 상토에 묻히는 부분의 가시를 칼이나 가위로 제거하고 심는다. 삽목 후 삽목상의 습도를 유지하기 위해서 위에 검은 막(차광망)이나 신문을 덮어준다.

● 해당화_ 잎　　　　● 해당화_ 줄기

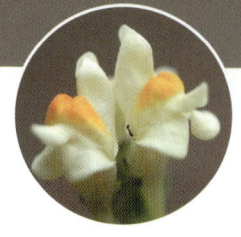

397 해란초

Linaria japonica Miq.

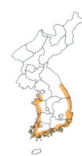

- **이 명** : 꽁지꽃, 꼬리풀, 운난초, 운란초
- **과 명** : 현삼과
- **개화기** : 7~8월

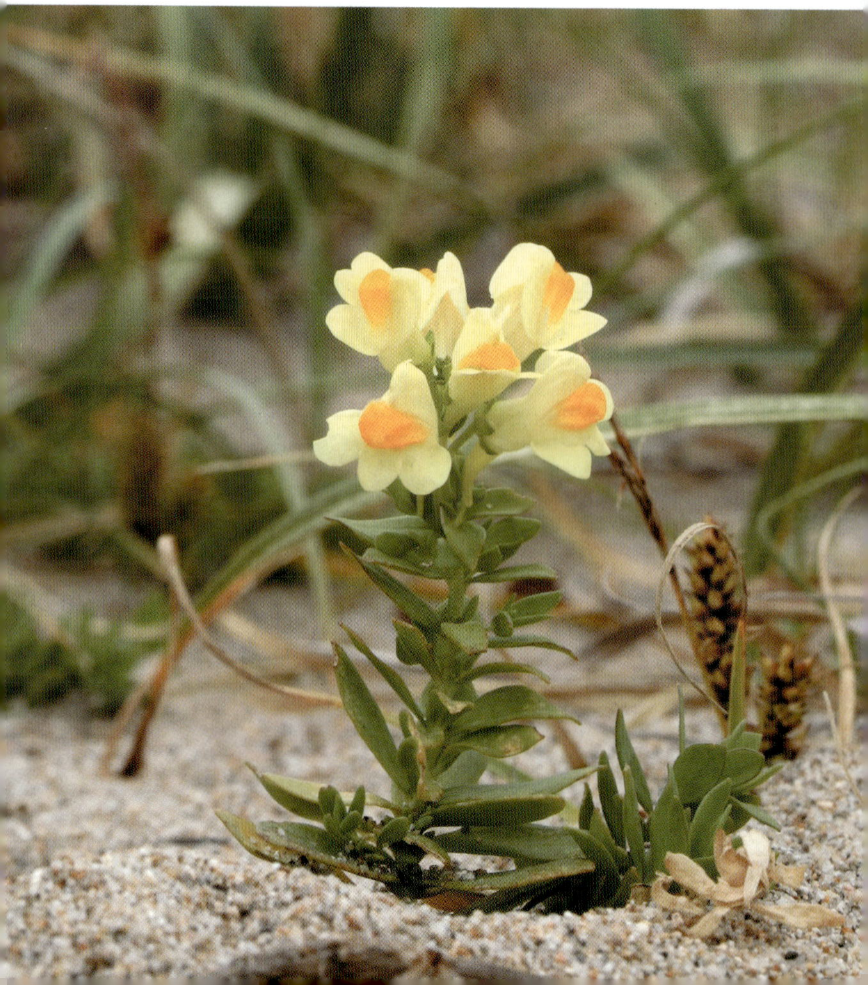

> **생육 특성** 해란초는 우리나라 동해안을 따라 남북으로 해변의 모래땅에 나는 여러해살이풀이다. 생육환경은 물 빠짐이 좋고 햇볕이 많이 들어오는 곳에서 자란다. 키는 15~40cm이고, 잎의 길이는 1.5~3cm, 폭은 0.5~1.5cm로 약간 뽀족하고 줄기 아래에 있는 잎은 3~4개가 돌아가며 달리고 윗부분에서 나는 것은 일반적으로 어긋난다. 꽃은 연한 노란색으로 줄기 끝에 길이가 약 1.5cm 정도로 달리며 꽃잎 뒷부분에서 달리는 작은 꽃줄기는 길이 0.5~1cm로 굵고 아래로 향한다. 열매는 9~10월경에 둥글게 달리고 안에는 길이 약 0.3cm의 종자가 들어 있다. 관상용으로 쓰이며 꽃을 포함한 지상부 전체를 약용으로 사용한다.

> **관리 및 번식법** 특정한 지역에서 자라는 식물이어서 재배하기 쉽지 않다. 10월에 받은 종자를 바로 뿌리거나 종이에 물을 묻혀 냉장고에 보관 후 이른 봄에 뿌린다. 종자 발아율은 높은 편이다.

● 해란초_ 새순 올라오는 모습

● 해란초_ 종자 결실

398 현호색

Corydalis remota Fisch. ex Maxim.

- ▶ 이 명 : 애기현호색, 댓잎현호색, 가는잎현호색, 빗살현호색, 둥근잎현호색
- ▶ 과 명 : 현호색과
- ▶ 개화기 : 4~5월

생육 특성 현호색은 우리나라 각처의 산과 들에 나는 여러해살이풀이다. 생육환경은 양지 혹은 반그늘의 물 빠짐이 좋고 토양이 비옥한 곳에서 자란다. 키는 약 20cm 정도이고, 잎의 표면은 녹색이고 뒷면은 회백색이며 어긋난다. 꽃은 연한 홍자색이며 길이는 약 2.5cm 정도 되고 5~10개가 원줄기 끝에 뭉쳐서 달린다. 열매는 6~7월경에 길이가 2cm, 폭이 0.3cm 정도로 달리고 종자는 광택이 나며 검은색이다.

관리 및 번식법 양지쪽에 물 빠짐이 좋은 곳을 선정하여 화분이나 화단에 심으면 좋다. 물은 2~3일 간격으로 준다. 7월에 받은 종자를 종이에 싸서 냉장보관 후 가을에 뿌리거나 이듬해 봄에 뿌린다. 가을에는 뿌리를 캐서 새로 생긴 작은 뿌리를 나누어 심는다.

● 현호색_ 꽃(흰색)

● 현호색_ 종자 결실

399 홀아비꽃대

Chloranthus japonicus Siebold

- ▶ 이 명 : 홀애비꽃대, 호래비꽃대
- ▶ 과 명 : 홀아비꽃대과
- ▶ 개화기 : 4~5월

생육 특성

전국의 산지에서 자라는 여러해살이풀이다. 생육환경은 양지와 반그늘의 토양이 푹신할 정도로 낙엽이 많고 부엽질이 풍부한 곳에서 자란다. 키는 20~30cm 정도이고, 잎의 길이는 4~12cm, 폭은 2~6cm로 끝이 뾰족하고 가장자리에 자줏빛을 한 톱니가 있으며 광택이 나는 난형 또는 타원형이다. 꽃은 흰색이고 길이가 2~3cm이며 한 개의 꽃줄기에 길고 흰 많은 꽃이 원을 그리며 뭉쳐 달린다. 꽃줄기 안쪽에는 노란색이 있고 줄기 끝에는 왕관 모양으로 된 것이 붙어 있다. 열매는 8~9월경에 익으며 길이는 0.2~0.3cm 정도이다.

관리 및 번식법

토양이 거름지고 물 빠짐이 좋은 화단을 선택해야 한다. 물은 2~3일 간격으로 준다. 여름이면 잎이 없어지기 때문에 표시를 해두었다가 가을이나 새싹이 올라오는 이른 봄에 포기를 나누거나, 익은 종자를 받아 냉장보관한 후 가을이나 이른 봄 화분에 뿌린다.

● 홀아비꽃대_ 새순 올라오는 모습

● 홀아비꽃대_ 종자 결실

400 홀아비바람꽃

Anemone koraiensis Nakai

- ▶ **이 명** : 홀애비바람꽃, 호래비바람꽃, 좀바람꽃, 홀바람꽃
- ▶ **과 명** : 미나리아재비과
- ▶ **개화기** : 4~5월

생육 특성

홀아비바람꽃은 전국 높은 산 숲 속 깊은 곳에서 자라는 여러해살이풀이다. 생육환경은 부엽질이 풍부하며 습기가 충분한 곳에서 자란다. 키는 20~50cm이고, 잎의 길이는 2cm, 폭은 4cm로 1~2개가 나고 높이는 3~7cm이며 표면과 가장자리에 털이 있고 뒷면에는 털이 없다. 꽃은 흰색으로, 지름은 약 1.2cm이며 꽃줄기가 원줄기에서 1개 나와 끝에 하나의 꽃이 달리고 꽃줄기에는 긴 털이 있다. 열매는 7~8월경에 납작한 타원형으로 달린다.

관리 및 번식법

서늘한 곳을 좋아하는 식물이기 때문에 집 안에서 기르는 것은 적합하지 않다. 전문적인 재배를 원할 경우는 깊은 산속에서 키워야 한다. 8월경 결실되는 종자를 바로 뿌리거나 이듬해 2월경에 뿌린다. 자생지에서의 종자 발아율은 매우 높다. 자생지에서의 조건을 충족하는 곳이면 종자 발아율이 높을 것으로 생각된다.

● 홀아비바람꽃_ 잎

● 홀아비바람꽃_ 종자 결실

401 활나물

Crotalaria sessiliflora L.

▶ **과 명** : 콩과
▶ **개화기** : 7~9월

생육 특성

활나물은 우리나라 각처의 산과 들에서 자라는 한해살이풀이다. 생육환경은 반그늘 혹은 양지의 풀숲에서 자란다. 키는 20~70cm이고, 잎의 길이는 4~10cm, 폭은 0.3~1cm로 끝이 뾰족하고 어긋난다. 꽃은 청자색으로 원줄기와 가지 끝에 이삭 모양으로 달리고 뒷부분에는 잔털이 많이 나 있다. 열매는 9~10월경에 달리고 길이는 1~1.2cm로 긴 타원형이다.

관리 및 번식법

화단이면 어디에서나 잘 자란다. 10월에 얻은 종자를 보관 후 이듬해 봄 화단에 뿌린다. 모본이 있던 장소는 줄기가 마른 가을이나 이른 봄에 호미나 작은 농기구를 이용하여 흙을 부드럽게 하면 종자 발아율이 높아진다.

● 활나물_ 종자 결실

402 활량나물

Lathyrus davidii Hance

▶ 과 명 : 콩과
▶ 개화기 : 6~8월

생육 특성

활량나물은 우리나라 각처의 산과 들에서 나는 여러해살이풀이다. 생육환경은 반그늘 혹은 양지의 물 빠짐이 좋은 곳에서 자란다. 키는 80~120cm이고, 잎의 길이는 3~8cm, 폭은 2~4cm로 표면은 녹색이고 뒷면은 분백색으로 가장자리에 톱니가 있으며 2~4쌍의 작은잎으로 되어 있고 어긋난다. 꽃은 노란색이지만 후에 갈색으로 변하며 길이는 약 1.5cm로 밑을 향해 달린다. 열매는 10월경에 길이 6~8cm의 배 모양으로 달리고 팥 모양과 비슷한 종자가 약 10개 정도 들어 있다. 어린잎은 식용으로 쓰인다.

관리 및 번식법

물 빠짐이 좋고 거름기가 많은 화단에 심는다. 물은 3~4일 간격으로 준다. 10월에 얻은 종자를 바로 뿌리거나 종이에 싸서 냉장보관 후 이듬해 봄에 뿌린다. 가을이나 이른 봄에 새순이 올라올 때 포기나누기를 한다.

● 활량나물_ 잎

● 활량나물_ 꽃봉오리

403 회리바람꽃

Anemone reflexa Steph. & Willd.

- ▶ **과 명** : 미나리아재비과
- ▶ **개화기** : 5~6월

생육 특성

회리바람꽃은 강원도 이북지방에 자생하는 여러해살이풀이다. 생육환경은 반그늘이 지고 부엽질이 풍부한 곳에서 자란다. 키는 20~30cm이고, 잎은 뾰족하며 길이는 3~7cm, 폭은 0.9~2.5cm로 3개가 돌아가며 달리고 가장자리에 톱니가 있다. 꽃은 연한 노란색이며 꽃줄기의 길이는 2~3cm로 끝에 한 개의 꽃이 달리고 털이 있다. 열매는 6~7월경에 달리고 작은 씨가 많이 들어 있다. 꽃모양은 노란 방울이 모여 꽃을 형성한 것처럼 보이고 다른 바람꽃들과는 다른 모양을 하고 있는 것이 특징이다.

관리 및 번식법

재배하는 것은 까다로운 품종이다. 낙엽수가 많고 여름에는 그늘이 있어야 하며 바람이 잘 통하는 곳이어야 한다. 물 빠짐이 좋은 곳과 서늘한 곳이면 좋다. 6~7월에 종자를 받아 바로 화단에 뿌리는 것이 좋다. 종자를 종이에 싸서 냉장보관하면 발아율이 많이 낮아지기 때문이다.

● 회리바람꽃_ 꽃 피기 전

● 회리바람꽃_ 종자 결실

404 흑삼릉

Sparganium erectum L.

- ▶ **이 명** : 흑삼능, 호흑삼능
- ▶ **과 명** : 흑삼릉과
- ▶ **개화기** : 6~7월

생육 특성

흑삼릉은 우리나라 중부 이남의 연못이나 도랑가에 나는 여러해살이풀이다. 생육환경은 햇볕이 잘 들고 유속이 빠르지 않은 물가에서 자란다. 키는 70~100cm이고, 잎은 서로 감싸면서 자라 원줄기보다 길어지고 폭은 0.7~1.2cm로 뒷면에 한 개의 능선이 있으며 여름철에 잎 사이에서 꽃줄기가 자라 윗부분이 갈라지고 선형이며 녹색으로 끝이 뭉툭하다. 뿌리줄기는 짧게 옆가지를 내며, 줄기는 거칠고 강하며 곧게 서고 뿌리줄기를 흑삼릉(黑三稜)이라 한다. 꽃은 흰색으로 길이는 30~50cm이며 밑부분에는 암꽃, 윗부분에는 수꽃만 달린다. 열매는 9월경에 달리고 달걀 모양을 하고 있으며 길이는 0.6~1cm, 폭은 0.4~0.8cm이다. 관상용으로 쓰인다.

관리 및 번식법

실내에서 키울 때는 큰 화분에 흙과 물을 담아 햇볕이 좋은 곳에 두며, 실외에서는 웅덩이 근처에 심는다. 9월경 달리는 종자를 바로 뿌리거나 이듬해 봄에 뿌린다. 뿌리를 봄에 나누어 심기도 한다.

● 흑삼릉_ 종자 결실

405 흰괭이눈

Chrysosplenium pilosum var. *fulvum* (N. Terracc.) H. Hara

- ▶ 이 명 : 큰괭이눈, 힌괭이눈, 흰털괭이눈
- ▶ 과 명 : 범의귀과
- ▶ 개화기 : 4~6월

생육 특성

흰괭이눈은 우리나라 중부지방 이남의 습기가 많은 산에서 자라는 여러해살이풀이다. 생육환경은 반그늘이고 주변 습도가 높은 곳에서 자란다. 키는 약 15cm 정도이고, 잎의 길이는 1~2.3cm, 폭은 0.8~2cm이며, 표면은 털이 있고, 뒷면은 털이 없이 마주난다. 뿌리에서 옆으로 뻗는 줄기가 없고 원줄기는 밑에서부터 갈라지며 밑부분에는 갈색 털, 윗부분에는 흰색의 퍼진 털이 빽빽하게 있다. 꽃은 황록색이고 길이는 약 0.3cm, 폭은 약 0.2cm이며 줄기 끝에 달린다. 열매는 7~8월경에 달리고 종자는 검은색이다.

관리 및 번식법

화단이나 화분에 심으면 좋다. 물 빠짐만 좋게 하고 반그늘에서 키운다. 물은 2~3일 간격으로 준다. 8월에 받은 종자를 바로 뿌리는 것이 가장 좋고, 가을이나 이듬해 봄에 포기나누기를 한다.

● 흰괭이눈_ 꽃대 올라오는 모습

● 흰괭이눈_ 꽃봉오리

406 흰진범

Aconitum longecassidatum Nakai

- ▶ 이 명 : 흰진교
- ▶ 과 명 : 미나리아재비과
- ▶ 개화기 : 8~9월

생육 특성

흰진범은 우리나라 각처의 산지에서 자라는 여러해살이풀이다. 생육환경은 물 빠짐이 좋은 반그늘 혹은 양지의 토양이 비옥한 곳에서 자란다. 키는 약 1m 정도 되고, 잎은 밑부분의 잎이 3~7개로 갈라지며 윗부분의 잎은 3~5개로 갈라지고 전체적으로 털이 있다. 꽃은 연한 황백색이며 원줄기 끝과 윗부분의 잎겨드랑이에서 마치 오리들이 집단적으로 모여 있는 것과 같은 모습으로 달린다. 열매는 10~11월경에 삼각형 모양으로 달린다.

관리 및 번식법

물 빠짐이 좋고 반그늘이 진 화단에 심는다. 직접 햇빛을 받고 물 빠짐이 좋지 않은 곳에 심으면 2~3년 지나면 뿌리가 상해 꽃을 볼 수 없다. 물은 2~3일 간격으로 준다. 11월에 얻은 종자를 냉장보관한 후 이듬해 봄 화단에 뿌리거나 새순이 올라오는 이듬해 봄에 포기나누기를 한다.

● 흰진범_ 잎

● 흰진범_ 꽃봉오리

407 히어리

Corylopsis gotoama var. *coreana* (Uyeki) T. Yamaz

▶ 이 명 : 송광납판화, 납판나무, 조선납판화
▶ 과 명 : 조록나무과
▶ 개화기 : 4~5월

생육 특성

히어리는 지리산 일대와 전라남도 및 중부지방에서 자라는 낙엽활엽관목이다. 생육환경은 비탈진 곳의 물 빠짐이 좋은 곳에서 자란다. 키는 2~4m 정도이고, 잎은 심장형으로 길이는 5~10cm이며 가장자리에 물결 모양의 뾰족한 톱니가 있고 꽃이 핀 후 잎이 나온다. 꽃은 노란색이고 5장의 꽃잎이 아래를 향해 달려 핀다. 열매는 9월경 둥글게 달리고 안에는 검은색 종자가 들어 있다.

관리 및 번식법

조경용으로 적합하며 물 빠짐이 좋은 곳에 심는다. 이른 봄 새로 나온 가지를 가을에 잘라 삽목하는 것이 좋고, 종자를 이용할 때는 가을에 땅속에 묻어놓았다가 이른 봄에 꺼내어 화분에 뿌린다.

● 히어리_ 잎이 나오는 모습

● 히어리_ 목질부(수피)

부록
야생화 이름의 유래

야생화 이름의 유래

1. 자생지를 나타내는 말
1) **갯** : 해안이나 갯벌, 계곡, 냇가 등지에서 자란다.
   예 갯개미취, 갯메꽃, 갯방풍, 갯질경이
2) **골** : 습한 골짜기에서 자란다.
   예 골등골나물, 골사초
3) **구름** : 구름이 있는 높은 산지인, 주로 백두산이나 북부 고원지대에서 자라며, 꽃이나 잎들은 구름처럼 뭉쳐 피어 자란다.
   예 구름국화, 구름떡쑥, 구름송이풀, 구름체꽃, 구름패랭이, 구름사초
4) **두메** : 구름과 마찬가지로 백두산 같은 북부 고산지대에 자란다.
   예 두메양귀비, 두메분취, 두메투구꽃, 두메고들빼기, 두메잔대
5) **벌** : 확 트인 벌판에서 자란다.
   예 벌개미취, 벌노랑이, 벌등골나물, 벌깨풀
6) **물** : 습기가 많은 곳이나 물가에서 자란다.
   예 물봉선, 물머위, 물미나리아재비
7) **돌** : 야생 혹은 돌이 많은 곳에서 자란다.
   예 돌단풍, 돌마타리, 돌바늘꽃, 돌양지꽃, 돌나물
8) **바위** : 바위에서 자란다.
   예 바위솔, 바위떡풀, 바위구절초, 바위채송화
9) **산** : 높은 산에서 자란다.
   예 산구절초, 산수국, 산솜방망이, 산괭이눈, 산골무꽃
10) **섬** : 육지와 단절된 섬에서만 자라며, 대부분 울릉도 특산 식물을 말하는 경우가 많다.
    예 섬초롱꽃, 섬백리향, 섬쑥부장이, 섬천남성, 섬기린초, 섬말나리, 섬쥐손이

2. 진위를 나타내는 말
1) **참** : 진짜라는 의미에서 유래한다.
   예 참나리, 참바위취, 참좁쌀풀, 참개별꽃
2) **나도** : 원래는 완전히 다른 분류군이지만 비슷하게 생긴 데서 유래한다.
   예 나도바람꽃, 나도송이풀, 나도양지꽃, 나도옥잠화
3) **너도** : '나도'와 같은 의미로 완전히 다른 분류군이지만 비슷하게 생긴 데서 유래한다.
   예 너도바람꽃, 너도골무꽃
4) **개** : 기준으로 삼는 식물에 비해 품질이 낮거나 모양이 다른 것에서 유래한다.
   예 개구릿대, 개쑥부장이, 개망초, 개여뀌, 개연꽃

5) **뱀** : 뱀과 관련이 있거나, 기준을 삼는 식물에 비해 품질이 낮거나 모양이 다른 데서 유래한다.
   예 뱀무, 뱀딸기
6) **새** : 기준으로 삼는 식물에 비해 품질이 낮거나 모양이 다르다는 것에서 유래한다.
   예 새콩, 새삼, 새머루

3. 식물 기관의 모양이나 특성을 나타내는 말

1) **가는** : 잎이 가는 데서 유래한다.
   예 가는잎구절초, 가는잎돌쩌귀, 가는장구채, 가는층층잔대
2) **가시** : 가시가 있는 데서 유래한다.
   예 가시여뀌, 가시연꽃, 가시엉겅퀴, 가시오갈피
3) **갈퀴** : 갈퀴가 있는 데서 유래한다.
   예 갈퀴나물, 갈퀴덩굴
4) **긴** : 꽃 또는 식물체의 일부분이 긴 데서 유래한다.
   예 긴담배풀, 긴병꽃풀, 긴산꼬리풀, 긴잎쓴풀, 긴오이풀
5) **끈끈이** : 끈끈한 즙액이 있는 데서 유래한다.
   예 끈끈이대나물, 끈끈이주걱, 끈끈이장구채
6) **선** : 줄기가 곧게 선 데서 유래한다.
   예 선괭이밥, 선이질풀, 선씀바귀, 선괭이눈
7) **우산** : 잎이 우산같이 생긴 데서 유래한다.
   예 우산나물, 우산잔대, 우산방동사니
8) **털** : 털이 있는 데서 유래한다.
   예 털동자꽃, 털머위, 털여뀌, 털중나리
9) **톱** : 톱 모양으로 거치가 있는 데서 유래한다.
   예 톱잔대, 톱풀, 톱분취, 톱바위취

4. 색을 나타내는 말

1) **금, 은** : 식물의 색이 금이나 은색인 데서 유래한다.
   예 금마타리, 금붓꽃, 금새우난초, 은난초, 은대난초
2) **광대** : 광대의 복장과 같이 울긋불긋한 데서 유래한다.
   예 광대수염, 광대나물, 광대버섯, 광대싸리

5. 식물의 크기를 나타내는 말

1) **각시** : 식물의 크기가 작은 데서 유래한다.
   예 각시붓꽃, 각시원추리, 각시둥굴레, 각시투구꽃
2) **땅** : 초형이나 키가 작은 데서 유래하거나 혹은 꽃의 방향에서 유래한다.
   예 땅나리, 땅비싸리, 땅채송화, 땅빈대
3) **애기** : 초형이나 키가 작은 데서 유래한다.
   예 애기나리, 애기현호색, 애기괭이눈, 애기원추리
4) **왜** : 키가 작거나 일본이 원산지인 데서 유래한다.
   예 왜개연꽃, 왜솜다리, 왜현호색, 왜제비꽃, 왜당귀
5) **좀** : 키가 작은 데서 유래한다.
   예 좀고추나물, 좀쪽의다리, 좀붓꽃, 좀가지풀
6) **병아리** : 초형이나 키가 작은 데서 유래한다.
   예 병아리풀, 병아리난초, 병아리다리
7) **큰** : 같은 이름을 가진 식물에 비해 초형이나 키가 큰 데서 유래한다.
   예 큰구슬붕이, 큰꽃으아리, 큰복주머니란(광릉요강꽃), 큰앵초
8) **왕** : 키가 큰 데서 유래한다.
   예 왕고들빼기, 왕제비꽃, 왕원추리, 왕별꽃, 왕갈대
9) **참** : 초형이나 키가 큰 데서 유래한다.
   예 참쪽의다리, 참좁쌀풀, 참나리, 참당귀
10) **말** : 초형이나 키가 큰 데서 유래한다.
    예 말나리, 말냉이, 말냉이장구채
11) **수리** : 초형이나 키가 큰 데서 유래한다.
    예 수리취
12) **선** : 식물이 직립해 있는 데서 유래한다.
    예 선가래, 선괭이눈, 선갈퀴, 선괭이밥
13) **눈** : 식물이 누워 있는 데서 유래한다.
    예 눈개승마, 눈개쑥부장이, 눈양지꽃, 눈범꼬리

참고문헌 및 웹사이트

- 국가표준식물목록(2012), 산림청
- 꼭 알아야 할 한국의 야생화(2008), 허북구·박석근, 중앙생활사
- 꽃도감-600가지[개정판](2004), 한국화훼장식교수연합회, 부민문화사
- 꽃의 이름을 묻다(1998), 이하석, 문학동네
- 대한식물도감(1989), 이창복, 향문사
- 몸에 좋은 산야초(2003), 장준근, 넥서스BOOKS
- 백두고원(2002), 김태정·이영준·한상훈, 대원사
- 봄 여름 가을 한국의 야생화(2010), 한국야생화연구회, 아이템북스
- 봄꽃 쉽게 찾기(2008), 윤주복, 진선books
- 쉽게 찾는 수생식물(2004), 김태정·강은희, 현암사
- 쉽게 찾는 야생화(2010), 김태정, 현암사
- 야생화 기르기(2008), 코야마 유키오 외, 그린홈
- 야생화 쉽게 찾기(2003), 송기엽·윤주복, 진선출판사
- 야생화-202 식물도감[손안에미니북1](2009), 장은옥·서정근, 수풀미디어
- 야생화도감[아하! 포켓](2005), 김완규, 지식서관
- 야생화도감-가을편(2010), 정연옥 외, 푸른행복
- 야생화-애장본(2004), 송기엽, 진선출판사
- 우리 꽃 야생화를 찾아서(2009), 김광섭, 디자인소리
- 우리 산야에 피는 야생화(2006), 박노복 외, 문예마당
- 우리가 정말 알아야 할 우리 꽃 백가지 2(2010), 김태정, 현암사
- 울타리 안에서 키우는 야생화 재배와 이용(2009), 박노복·정연옥, 푸른행복
- 제주도 야생화(2004), 서재철, 일진사
- 집에서 키우는 사계절 야생화(2006), 김필봉, 학마을B&M
- 채색의 시간-한국의 야생화 편(2008), 김충원, 진선아트북
- 한국식물도감(2002), 이영노, 교학사
- 한국의 야생화(1997), 김태정, 국일미디어
- 한국의 야생화(2003), 이유미, 다른세상
- 한국의 야생화(2007), 김태정, 교학사
- 한국의 야생화[우리 산과 들에 숨쉬는 보물](2010), 자연을 담는 사람들, 문학사계
- 世界有用植物事典(1989), 堀田滿 외, 平凡社
- 국가생물종지식정보시스템(www.nature.go.kr), 국립수목원